Anton Delbrück

**Gerichtliche Psychopathologie**

ein kurzes Lehrbuch für Studierende, Ärzte und Juristen

Anton Delbrück

**Gerichtliche Psychopathologie**
*ein kurzes Lehrbuch für Studierende, Ärzte und Juristen*

ISBN/EAN: 9783743686540

Hergestellt in Europa, USA, Kanada, Australien, Japan

Cover: Foto ©berggeist007 / pixelio.de

Weitere Bücher finden Sie auf **www.hansebooks.com**

# GERICHTLICHE

# PSYCHOPATHOLOGIE.

EIN KURZES LEHRBUCH

FÜR

STUDIERENDE, ÄRZTE UND JURISTEN

VON

## Dᴿ· ANTON DELBRÜCK,

SECUNDARARZT DER KANTONALEN IRRENANSTALT BURGHÖLZLI, PRIVATDOCENT AN DER
UNIVERSITÄT ZÜRICH.

LEIPZIG.
JOHANN AMBROSIUS BARTH.
1897.

# Vorwort.

In den Vorlesungen über „Gerichtliche Psychopathologie", die ich seit dem Jahre 1891 an der Universität Zürich gehalten habe, sah ich mich vielfach genötigt, von der in den gebräuchlichen Lehrbüchern üblichen Darstellung nicht unerheblich abzuweichen, um den durch die modernen Forschungen gewonnenen Anschauungen des Strafrechts und der criminellen Anthropologie gerecht zu werden. Dies veranlasste mich, die Notizen für meine Vorlesungen in einem kurzen Lehrbuch zusammen zu stellen. Ich habe mich dabei bemüht, das jetzt allgemein Gültige und allgemein Diskutierte, wenn auch mit besonderer Berücksichtigung der neueren Anschauungen, in Kürze möglichst objektiv wiederzugeben. Doch hielt ich es für angezeigt, im Interesse der Kürze und Übersichtlichkeit der Darstellung Litteraturangaben durchweg zu vermeiden; man findet solche für die oben genannten Gebiete ausführlich in von Liszt's „Lehrbuch des Deutschen Straf rechts" Berlin, Guttentag und Kurella's „Naturgeschichte des Verbrechers" Stuttgart, Enke. So instruktiv es jedenfalls gewesen wäre, in den theoretischen Text Krankengeschichten einzuflechten, so hätte ich solchen doch nur in grösserer Anzahl und Ausführlichkeit wirklichen Wert beimessen können. Bei dem geringen Umfang, den ich dem Lehrbuch geben wollte, habe ich deshalb auch d a r a u f verzichtet. Man findet eine sehr instruktive Zusammenstellung ausführlicher Krankengeschichten, die zum Teil auch im Text des Lehrbuches citiert worden sind, in Kölle's Sammlung: „Gerichtlich - Psychiatrischer Gutachten aus der Klinik von Herrn Professor Forel in Zürich" Stuttgart, Enke.

Die Zahl der der Irrenanstalt zur Begutachtung überwiesenen gerichtlichen Fälle ist recht erheblich. Die mir hierdurch gebotene

praktische Thätigkeit einerseits, der theoretische Unterricht, den ich
mit praktischen Übungen zu verbinden pflege, andererseits, bot mir
mannigfache Anregung zur Arbeit. Meine Thätigkeit an der säch-
sischen Provinzial-Irrenanstalt Alt-Scherbitz und vor Allem auch an
der Hamburger Irrenanstalt Friedrichsberg hatte mir früher schon
Gelegenheit gegeben, die deutschen Verhältnisse kennen zu lernen.
Ganz besonders wertvoll aber waren mir schliesslich bei Abfassung
meiner Arbeit noch die Verhandlungen des „Vereins Schweizerischer
Irrenärzte", der sich seit 1891 ausschliesslich mit gesetzgeberischen
Aufgaben in seinen Jahressitzungen beschäftigt hat. Die Arbeiten
des Vereins, an welchen ich intensiv Teil zu nehmen reichliche Ge-
legenheit hatte, wurden dadurch besonders interessant, dass sie
sich anschlossen an die Vorarbeiten für ein schweizerisches Straf-
gesetz und Civilgesetz. Die Redaktoren der Gesetzentwürfe, Herren
Professor Carl Stoos in Bern, jetzt in Wien, und Professor Eugen
Huber in Bern beteiligten sich und unterstützten uns lebhaft in den
Verhandlungen des Vereins; dem gemeinschaftlichen Arbeiten mit den
Herren Juristen verdanke ich vielseitige Anregung und Belehrung.
Wegen ihres bedeutenden wissenschaftlichen Rufes dürfen die von
ihnen redigierten Gesetzentwürfe ein weit über die Grenzen der
Schweiz hinausreichendes Interesse beanspruchen. Dies rechtfertigt
es wohl zur Genüge, wenn ich in meinem Lehrbuche wiederholt darauf
hingewiesen habe.

Den Dank, welchen ich meinem hochverehrten Lehrer und Chef,
Herrn Professor Forel, für eine achtjährige Anregung und Belehrung
schuldig bin, glaubte ich am besten dadurch Ausdruck geben zu
können, dass ich ihm die nachstehende Arbeit widmete.

Zürich, im September 1897.

**Anton Delbrück.**

# Inhalt.

## Anhang.

# Allgemeiner Teil.

---

Delbrück, Psychopathologie.

# Kapitel 1.

# Die Grundbegriffe der gerichtlichen Psychopathologie.

Die wesentliche Aufgabe der gerichtlichen Psychopathologie besteht in der Hervorhebung und Besprechung derjenigen psychopathologischen Erscheinungen, welche in der forensischen Praxis von besonderem Belang sind. Ausserdem aber muss sie sich mit manchen Fragen beschäftigen, welche zum Teil in andere Gebiete übergreifen, weil eine scharfe Grenze zwischen geistiger Krankheit und Gesundheit nicht existiert. Alle Bemühungen, eine solche aufzurichten, beruhen auf einem inneren Widerspruch. Diese Theorie musste bei Publikum und Juristen auf ¡Widerspruch stossen, weil sie mit dualistischer Weltanschauung und der von den absoluten Strafrechtstheorieen postulierten Willensfreiheit nicht gut vereinbar ist. Da diese bis vor etwa 15 Jahren im Strafrecht fast ausschliessliche Gültigkeit hatten, so war eine wirkliche Verständigung zwischen Juristen und medicinischen Sachverständigen unmöglich. Dadurch entstanden beträchtliche Misshelligkeiten. Die neueren Strafrechtstheorieen basieren nicht auf der früher postulierten Willensfreiheit und erkennen deshalb Zurechnungsfähigkeit und Unzurechnungsfähigkeit als relative Begriffe im Princip an. Mit Anhängern aller dieser Theorieen ist eine wirkliche Verständigung von unserer Seite möglich und ein friedliches Zusammenarbeiten zwischen Juristen und Medicinern muss dann zu erspriesslichem Resultate führen.


Die Aufgaben der gerichtlichen Psychopathologie sind im Wesentlichen einem jeden bekannt: Wenn sich bei der Strafuntersuchung wegen eines Verbrechens herausstellt, dass der Thäter unzurechnungsfähig war, so wird er nicht bestraft; oder wenn ein Geisteskranker z. B. einen Kaufvertrag abschliesst, so kann derselbe für ungültig erklärt werden, sofern der Nachweis der Geistesstörung zur kritischen Zeit geliefert wird; kurz jede Handlung eines Geisteskranken verliert durch die Krankheit ihre rechtliche Bedeutung. Man kann deshalb auch ein für alle Male oder für eine bestimmte Zeit einem Geisteskranken die Berechtigung entziehen, rechtlich relevante Handlungen vorzunehmen, die jedem volljährigen Gesunden zustehen, indem man

1*

ihn bevormundet. — In allen solchen Fällen giebt das zuständige Gericht das bezügliche Urteil ab, sobald es sich von der Krankheit des Betreffenden überzeugt hat. Zu diesem Zwecke holt es das Gutachten eines medicinischen Sachverständigen ein, welcher den Betreffenden untersuchen und dann seinen Befund dem Richter klarlegen muss. Hierzu bedarf es für den Sachverständigen also eigentlich nur medicinischer, beziehungsweise psychiatrischer Bildung, und wenn man aus der gerichtlichen Psychopathologie ein besonderes Lehrfach macht, so kann dessen Aufgabe zunächst nur darin bestehen, aus dem grossen Gebiete der Psychopathologie diejenigen Momente zusammenzustellen, welche vor Gericht besonders häufig von Belang und von besonderer Wichtigkeit sind. Dieser Aufgabe wird auch der grössere (besondere) Teil dieses Lehrbuches gewidmet sein. Der Reihe nach werden wir die verschiedenen Krankheitsbilder kurz skizzieren und auf diejenigen besonderen Erscheinungen darin hinweisen, welche vor Allem zur Begutachtung vor Gericht Veranlassung geben. Diese unsere Aufgabe mag ein Beispiel aus der allgemeinen gerichtlichen Medicin veranschaulichen. Die Anatomie, die Physiologie, die Entwicklungsgeschichte, zum Teil die Geburtshilfe lehren, jede von anderem Gesichtspunkte, wie sich der Embryo in seinen einzelnen Organen aus der Eizelle allmählich entwickelt und in welchen Zeiträumen sich diese Entwicklung im Einzelnen vollzieht. Für den Gerichtsarzt ist es aber z. B. von besonderer Wichtigkeit, das Alter einer Kindesleiche festzustellen. Es wird daher die Aufgabe der gerichtlichen Medicin sein, aus dem von oben genannten Specialfächern gelieferten Thatsachenmaterial alle diejenigen an der Leiche erkennbaren Merkmale übersichtlich zusammenzustellen, welche auf ein bestimmtes Alter der Frucht hindeuten. In gleicher Weise hätte die gerichtliche Psychopathologie z. B. bei dem Altersblödsinn, der sogenannten Dementia senilis darauf hinzuweisen, dass bei dieser Krankheit sehr häufig Perversionen des Geschlechtstriebes vorkommen und solche Kranke deshalb oft wegen Sittlichkeitsverbrechen vor Gericht gestellt werden; zugleich wäre dabei zu betonen, bei welchen anderen Geistesstörungen ähnliche Perversitäten vorkommen und wie sich derartige Verbrechen von denjenigen der Gesunden eventuell unterscheiden. Die Aufgabe der gerichtlichen Psychopathologie bestände demnach im Wesentlichen nur in der besonderen Gruppierung und Betonung der bei den einzelnen Psychosen beobachteten Krankheitserscheinungen nach dem genannten Gesichtspunkte. Ehe wir aber an diese unsere Hauptaufgabe herantreten, wird es sich empfehlen, etwas eingehender die wichtigsten rechtlichen Fragen zu besprechen, welche zu psychiatrischer Begutachtung Veranlassung geben können und sodann einige allgemeine Anhaltspunkte zu geben für die Art der Untersuchung eines Exploranden und die besonderen Aufgaben des Sachverständigen im Prozessverfahren. Hierzu jedoch erscheint es uns wünschenswert, namentlich bei der gegenwärtigen Sachlage der einschlägigen Verhältnisse, die Aufgabe unseres Specialfaches im Allgemeinen etwas näher zu bestimmen, als dies in obigen Sätzen geschehen ist.

Unsere Aufgabe ist complicierter, als es auf den ersten Blick erscheint und geht über die soeben gezogenen Grenzen hinaus. Diese waren doch schliesslich immer die Grenzen der klinischen Psychiatrie überhaupt. Nun ist allerdings die Ansicht weit verbreitet und findet sich vielfach in geradezu dogmatischer Form ausgesprochen, dass sich der Gerichtsarzt streng auf die rein klinische Beurteilung des Falles beschränken müsse und sich um andere Fragen in keiner Beziehung bekümmern dürfe. Wir pflichten dieser Ansicht nicht bei. Wäre sie richtig, so hätte es in gewissem Sinne keinen grossen Wert, aus der gerichtlichen Psychopathologie ein besonderes Lehrfach zu machen. Die rein klinisch-psychiatrische Ausbildung müsste vielmehr jeden Arzt, beziehungsweise jeden Irrenarzt ohne Weiteres befähigen, ein gerichtliches Gutachten abzugeben, in gleicher Weise wie jeder Bautechniker in der Lage ist, vor Gericht sein sachverständiges Gutachten abzugeben, sobald dort bautechnische Fragen zur Beurteilung kommen; ein „gerichtliches Baufach" giebt es weder als Specialwissenschaft noch als besonderes Lehrfach. Wenn die gerichtliche Psychopathologie heutigen Tages allgemein sogar als ein Specialzweig der Wissenschaft anerkannt wird, so deutet das schon darauf hin, dass es sich hier um mehr als um rein klinische Fragen handelt. Die Grenzen der medicinischen Wissenschaft und besonders der medicinischen Praxis sind überhaupt keine scharfen. In den verschiedensten socialen Fragen wird der Arzt um sein Urteil gefragt, und seine Mitwirkung ist zu ihrer Lösung unerlässlich. So gehen auch z. B. die Aufgaben der Hygiene weit über das Gebiet der rein klinischen Beurteilung hinaus. In gleicher Weise muss sich nach unserer Überzeugung die gerichtliche Psychopathologie in ausgiebigster Weise mit den verschiedensten, der Psychiatrie verhältnismässig fernliegenden socialen Fragen und Verhältnissen notwendig auseinandersetzen, so dass man sie nicht nur als besonderes Fach lehren muss, sondern wohl geradezu als eine Specialwissenschaft bezeichnen darf.

Wenn ich nun den besonderen Umstand, welcher unsere Aufgabe zu einer so complicierten und weitgehenden macht, kurz nennen soll, so will ich mich in folgendem Fundamentalsatz zusammenfassen:

Der Begriff der Geisteskrankheit ist kein absoluter;
eine irgend näher zu bezeichnende Grenze zwischen
geistiger Gesundheit und geistiger Krankheit giebt es
nicht, vielmehr sind die Übergänge zwischen beiden
fliessend. Zur Veranschaulichung des Gesagten möchte ich auf die
entsprechenden Verhältnisse bei körperlichen Krankheiten hinweisen.
Ein Mensch, welcher eine Lungenentzündung hat, und sei sie auch
noch so leicht, wird gewiss von Jedermann als krank bezeichnet werden;
ebenso allenfalls noch derjenige, welcher einen sehr heftigen Schnupfen hat,
der ihn wenigstens bis auf einen gewissen Punkt arbeitsunfähig macht.
Wenn dagegen Jemand einen ganz leichten Schnupfen hat, der ihn zu
dreimaligem Niesen veranlasst, so wird ihn sicherlich Niemand krank
nennen. Wie steht es aber mit einem Schnupfen von mittlerer
Intensität? — Gerade für die praktisch hier wichtigsten geistigen
Störungen wird ein Vergleich mit den körperlichen Missbildungen noch
zutreffender sein. Einen Menschen mit hochgradigen Klumpfüssen
oder X-beinen (sogenanntem genu valgum, welches zu erheblichen
Gehstörungen Veranlassung geben kann) wird man entschieden als
Krüppel bezeichnen können, aber durchaus nicht jeden Menschen mit
X-beinen. Ob man einen solchen nun z. B. für militäruntauglich erklären oder ihm eine Operation anraten soll, wird in erster Linie von
der Intensität des betreffenden Leidens abhängen, sodann aber von
dem sonstigen Stande der Bildung und Gesundheit des Körpers. In
der Praxis wird man sehr häufig auf Fälle stossen, in welchen es
lediglich dem Gutdünken des betreffenden Beurteilers anheimgestellt
ist, wie er sich entscheiden will. Bestimmte untrügliche Anhaltspunkte lassen sich da durchaus nicht aufstellen und werden sich niemals
aufstellen lassen. Genau so verhält es sich mit den Geisteskrankheiten
und anderweitigen geistigen Abnormitäten, wie wir bei Besprechung
der einzelnen Formen sehen werden. Diese Übergangsformen zwischen
geistiger Krankheit und Gesundheit sind in neuerer Zeit sehr häufig
zum Gegenstand ausführlicher Untersuchungen und Besprechungen
gemacht worden, und meine vorstehenden Ausführungen werden auf
keinen unbedingten Widerspruch stossen. Trotzdem schien es mir
notwendig hier ausführlich auf diesen Punkt hinzuweisen, einmal weil
er für die Beurteilung einer grossen Zahl forensischer Fälle praktisch
von fundamentaler Wichtigkeit ist, dann aber auch, weil die principielle
Stellungnahme in dieser Frage, wie ich glaube, auf diejenige in den
Grundlagen unserer gesammten Disciplin von wesentlicher Bedeutung
ist. Endlich muss betont werden, dass viele Psychiater, obwohl sie
die Aufstellung solcher „Übergangsformen" im Princip anerkennen,

doch immer wieder bestrebt sind, specifische Merkmale ausfindig zu machen und zu beschreiben, welche es ermöglichen sollen, im einzelnen Falle mit wissenschaftlicher Genauigkeit festzustellen, ob eine bestimmte geistige Abnormität krankhaft sei oder nicht; und wo dies nicht gelingt, erhofft man wenigstens den Erfolg diesbezüglicher Bestrebungen von der Zukunft. Wir halten alle diese Bestrebungen für verfehlt im Princip, weil sie im Widerspruch stehen mit jener oben formulierten — und im Allgemeinen anerkannten — Grundanschauung.

Um die Frage wieder an einem besonderen Fall zu erläutern, so will man z. B. moralische Defekte dann als krankhaft erkennen, wenn sie „organisch bedingt" sind, im anderen Falle aber als „gewöhnliche Charakterfehler", welche durchaus nicht der Beurteilung des Psychiaters unterstehen. Dieser Anschauung liegt nun allerdings die richtige Erkenntnis zu Grunde, dass sehr häufig hochgradige moralische Defekte (oft, aber durchaus nicht immer mit körperlichen Missbildungen gepaart) in Folge ererbter Anlage auftreten, welche ihr materielles Substrat nach moderner physiologischer Anschauung naturgemäss im Gehirn, dem „Organ" der moralischen Eigenschaften überhaupt haben muss. In solchen Fällen sind also die moralischen Defekte zweifellos durch die besondere ererbte Beschaffenheit des Gehirns, also „organisch" bedingt. Hierin unterscheiden sich diese moralischen Defekte aber in keiner Weise von anderen „gewöhnlichen" Charakterfehlern, von anderen Charaktereigenschaften überhaupt, seien es nun gute oder schlechte. Denn der gesammte Charakter ebenso wie seine einzelnen Eigenschaften sind doch Funktionen des Gehirns und also durch dessen specifische Beschaffenheit, das heisst organisch bedingt. Findet sich in dem Charakter eines Menschen also ein Fehler, oder mit anderen Worten, eine Abnormität, so ist dieser „Fehler" etwas „Pathologisches" oder „krankhaft" und genau ebenso „organisch bedingt", wie z. B. eine hervorragende musikalische Befähigung oder eine über das gewöhnliche Mass hinausgehende Gutmütigkeit, welche doch sicherlich ihren Grund in einer besonderen Beschaffenheit des Gehirns haben müssen. Die „organische Bedingung" kann also in keiner Weise ein Unterscheidungsmerkmal für die Frage krank oder gesund abgeben. — Mit scheinbar grösserer Berechtigung wird als solches der Umstand angesprochen, dass in dem einen Falle die Charakterabnormität angeboren oder ererbt ist, in dem anderen Falle aber durch die Erziehung — im weitesten Sinne des Wortes — erworben. Dagegen ist nun zunächst das einzuwenden, dass die Entwicklung des Charakters niemals durch einen dieser Faktoren allein bestimmt wird, sondern immer beide zusammenwirken, der ererbten Anlage aber im Zweifel die grössere Bedeutung beizu-

messen ist. Auch der sorgfältigsten Dressur wird es selbst im günstigsten
Falle niemals gelingen, einer Katze nur eine Spur von dem Gehorsam
und der Anhänglichkeit beizubringen, wie sie ein Hund aufweist, auf
dessen Erziehung nicht die geringste Sorgfalt verwendet worden ist.
In gleicher Weise wird es auch der sorgfältigsten Erziehung nicht
gelingen, aus dem geborenen moralischen Idioten einen braven Menschen
zu machen. Auf der anderen Seite wird sorgfältige Dressur selbst
dem ungelehrigsten Hund viele Eigenschaften anerziehen können, welche
dem nicht dressierten abgehen. Der Einfluss der Erziehung soll also
in keiner Weise in Abrede gestellt werden. Es lässt sich aber in
keinem Falle sagen, diese Charaktereigenschaft ist ausschliesslich
Folge der Erziehung, jene ausschliesslich Folge der ererbten Anlage.
Nun könnte man einwenden, dass man je nach dem Überwiegen des
einen oder anderen Momentes einen Charakterfehler als krankhaft
oder als normal bezeichnen sollte; und hierfür liesse sich immerhin
das vorbringen, dass der mehr durch schlechte Erziehung bedingte
Charakterfehler sehr viel mehr Aussicht auf Heilung oder Besserung
biete, als der mehr auf angeborener Anlage beruhende, und damit
wäre denn wenigstens ein praktisch sehr wichtiger Unterschied angegeben. Aber auch dieser Satz hätte nur relativen Wert, und zwar
nicht nur in dem oben schon ausgeführten Sinne, denn die Aussicht
auf Besserung eines moralisch defekten Menschen wird auch dann nur
ganz minimal sein, wenn die ungünstigen Einflüsse der Erziehung bei
guter ererbter Anlage von frühester Kindheit bis etwa zum 30. Jahre
ununterbrochen eingewirkt haben, dass heisst bis zu einer Zeit, wo
die Plasticität des Gehirns schon bedeutend abgenommen hat und
dasselbe den bessernden Einflüssen einer Erziehung nur mehr wenig
zugänglich ist. Vor Allem ist ein Charakterfehler, wie er auch entstanden sein mag, niemals etwas Normales und ein „gewöhnlicher“
oder „normaler“ (denn diese Bedeutung kann das Wort „gewöhnlicher“
in jener Gegenüberstellung mit dem krankhaften nur haben) Charakterfehler ist ein contradictio in adjecto. Und somit wiederhole ich, alle
jene Bestrebungen, ein specifisches Merkmal für das Krankhafte jener
eigentümlichen geistigen Eigenschaften zu suchen, beruhen auf einem
inneren Widerspruch. Ob man eine bestimmte Persönlichkeit noch
als geistig gesund oder schon als geisteskrank bezeichnen will, das
hängt in sehr vielen Fällen nicht von der Qualität, sondern nur von
der Quantität des Abnormen ab. Diese lässt sich aber leider nicht in
Zahlen ausdrücken. Sonst wäre es für das Gesetz wenigstens möglich,
für alle streitigen Fälle eine bestimmte, wenn auch willkürliche
Grenze zu normieren, wie man dies z. B. bei der Körpergrösse in Bezug

auf die Diensttauglichkeit für den Militärdienst allgemein gethan hat. Dies geht für die Beurteilung der Geisteskrankheit nicht an, und es ist unausbleiblich, dass je nach dem Gutdünken des betreffenden Beurteilers das Urteil bald so, bald so ausfallen muss. Es ist vor Allem nicht nur erklärlich, sondern notwendig, dass das Urteil beeinflusst wird durch die besondere rechtliche Frage, welche zur Begutachtung des Geisteszustandes Veranlassung gab. Diese Frage geht aber über die klinisch psychiatrische Beurteilung des Falles hinaus und ist zu entscheiden nicht durch den Sachverständigen, sondern durch den Richter. Beide haben hier zusammenzuwirken und eine Verständigung zwischen ihnen muss erzielt werden. Dies ist die Quelle zahlreicher Collisionen und Verwicklungen, die sämmtlich vermieden würden, wenn die Grenze zwischen geistiger Gesundheit und Krankheit keine fliessende wäre. Diese Schwierigkeiten ändern aber nichts an der Thatsache, mit der man sich notwendiger Weise abfinden muss; sie werden um so leichter zu überwinden sein, je klarer man sich über ihre wahre Ursache Rechenschaft giebt. Statt dessen begegnen wir nun, wie erwähnt, selbst in der Psychiatrie vielfach, Bestrebungen, die Thatsache zu verdunkeln. Die Ursache dieser falschen Bestrebungen liegt wiederum in der Sache selbst.

Eben weil sich der medicinische Sachverständige in allen jenen Grenzfällen nicht auf die rein klinische Beurteilung beschränken k a n n, sondern sich notwendiger Weise auch über Fragen äussern muss, die zum Teil in andere Gebiete gehören, war es unvermeidlich, dass Andere als Psychiater darüber miturteilten, nämlich das grosse Publikum sowohl wie die Juristen. Diesen aber liegt die richtige Einsicht in jene Grundfrage viel ferner, als dem Psychiater, ja sie mussten jenen unseren Fundamentalsatz, dass geistige Krankheit und Gesundheit nur relative Begriffe seien, sogar zum Teil unbedingt bestreiten, wenn sie nicht mit ihren sonstigen Grundanschauungen in Widerspruch geraten wollten — ich denke hier an die dualistische Weltanschauung und die Annahme der Willensfreiheit. Für den Dualisten ist die Seele und der Charakter etwas von der Materie des Körpers Unabhängiges und insofern in keiner Weise organisch bedingt. Die geistige Krankheit aber wird heutigen Tages ziemlich allgemein auch vom Laien als eine Krankheit des Gehirns mit irgendwelchem materiellen Substrat anerkannt — und doch nur von wenigen extravaganten Köpfen als eine Schickung des Teufels angesehen. Für den Dualisten ist deshalb die geistige Erkrankung ein Anderes, Fremdes, welches die normale, vom Körper unabhängige Seele stört; es ist deshalb durchaus verständlich, wenn eine grosse Menge von Laien, welche eine dualistische Welt-

anschauung haben, in geistiger Krankheit und Gesundheit absolute
Gegensätze erblicken. Ebenso muss dies folgerecht derjenige Jurist
thun, welcher die Willensfreiheit für ein Postulat hält, ohne welches
die Begriffe von Schuld und Strafe dahinfallen und ein Strafrecht
überhaupt nicht existieren kann. Diese Ansicht lag aber bis etwa Anfang der achtziger Jahre den allgemein anerkannten Strafrechtstheorieen
zu Grunde, und diese von den Juristen postulierte Willensfreiheit findet
sich deshalb auch noch heute in vielen psychiatrischen Abhandlungen
als unabänderliches juristisches Axiom hingestellt — wie wir gleich
sehen werden, mit Unrecht! Zunächst nur noch ein Paar historische
Bemerkungen, welche zum besseren Verständnis der gegenwärtigen
Sachlage dienen mögen.

Die Strafe, wie sie heute der Staat verhängt, hat sich ursprünglich aus der Privatrache entwickelt, welche aus der Hand des Einzelnen
zunächst in die der Familie, von da in die des Staates überging. Bei
diesem allmählichen Prozess verwandelte sich der ursprüngliche Hauptzweck der „Rache“ in denjenigen der „Vergeltung“, welcher von nun
an in den mannigfaltigsten Formen in den verschiedenen Strafrechtstheorieen eine mehr oder weniger grosse Rolle spielt. — Schon in der
primitivsten Form der Strafe, der Privatrache, aber findet sich, wie
mir scheint, wenn auch nur in sehr unvollkommener Weise, ein anderes
Moment, nämlich das Bestreben der Sicherung gegen allfällige weitere
Schädigungen von Seiten des Thäters. Dieser Zweck der Sicherung
bildete sich nun bei der allmählichen Umwandlung der Privatrache
in die Strafe des Staates mehr und mehr aus und gewann neben jenem
anderen Momente der Vergeltung in der Strafrechtstheorie immer
grössere Bedeutung. Die Jurisprudenz formulierte diese zwei Seiten
in dem Wesen der Strafe in den Worten: Es wird gestraft „quia
peccatum est“ und „ne peccetur“. Die absoluten Strafrechtstheorieen
nun berücksichtigen unter fast völliger Vernachlässigung des zweiten
Momentes in einseitiger Betonung des „quia peccatum est“ fast ausschliesslich dieses letztere, also das Moment der Vergeltung zum Auf-
bau einer Theorie der Strafe. Für eine solche, lediglich auf dem
Zwecke der Vergeltung aufgebaute Theorie ist nun allerdings die Annahme der Willensfreiheit eine conditio sine qua non, auf welcher also
notwendig die Begriffe der Zurechnungsfähigkeit und Unzurechnungsfähigkeit basiert werden mussten. Die Begriffe der Freiheit
und Unfreiheit sind aber absolute Gegensätze, also auch die der
Zurechnungsfähigkeit und Unzurechnungsfähigkeit, also auch die
der geistigen Krankheit und Gesundheit — wohl bemerkt für die bis
etwa Anfang der achtziger Jahre herrschenden Strafrechtstheorieen.

Deren Grundbegriffe waren also bis dahin völlig unvereinbar mit den Grundbegriffen der psychiatrischen Wissenschaft, welche seit Mitte des Jahrhunderts immer allgemeinere Anerkennung fanden. Auf diese Weise kam zu den unvermeidlichen, durch die Natur der Sache gegebenen Collisionen dieser innere Zwiespalt der Grundbegriffe der beiden Disciplinen hinzu und vermehrte die Widersprüche und Gegensätze in fast unleidlicher Weise. In der That sehen wir, wie sich Juristen, Theoretiker wie Praktiker einerseits und medicinische Sachverständige andererseits bis zum heutigen Tage vielfach wie zwei feindliche Parteien einander gegenüberstehen. Da aber der Richter in der Praxis die Macht der Entscheidung in der Hand hat, sehen wir die medicinischen Sachverständigen eifrig bestrebt, durch äusserliche Compromisse, wenn auch keinen inneren Frieden, so doch wenigstens einen äusserlich friedlichen modus vivendi herzustellen. Diesem Bestreben sind alle jene Theorieen entsprungen von „organisch bedingten" und „gewöhnlichen" Charakterfehlern, von „ererbten" und durch „schlechte Erziehung" erworbenen Charaktereigenschaften, endlich auch jene Theorieen von einer „relativen" Willensfreiheit, die in juristischen und namentlich auch medicinischen Büchern eine so grosse Rolle spielen — alles Theorieen, die einen inneren Widerspruch in sich tragen. Deshalb konnten sie auch niemals zu einer wirklichen Verständigung führen. In gewiss berechtigtem Verlangen nach einer solchen verirrten sich nun viele Psychiater einerseits in juristisch-philosophische Speculationen über die Begriffe der Schuld und der Strafe und der Zurechnungsfähigkeit, die recht eigentlich in das Gebiet der Jurisprudenz gehören — andererseits errichteten sie selbst für die eigene Thätigkeit künstliche enge Grenzen, deren Überschreitung in geradezu dogmatischer Weise dann als schwerer Kunstfehler hingestellt wurde — ich meine die Ansicht, dass sich der Sachverständige ausschliesslich auf die rein klinische Beurteilung beschränken müsse, in einem Gutachten um keinen Preis eine Bemerkung über die Gemeingefährlichkeit eines Exploranden fallen lassen dürfe u. dergl. m.

Alle soeben erwähnten Missstände betreffen die Theorie und die Praxis des Prozessverfahrens. Wichtiger sind die durch diese Missverständnisse entstehenden übeln praktischen Consequenzen. So scheut sich z. B. im Civilrecht der Richter — von jener falschen Voraussetzung ausgehend mit Recht — einen Menschen zu entmündigen, von dessen Geistesstörung Er sich nicht sicher überzeugen kann. Denn bei der Annahme des absoluten Gegensatzes läuft er Gefahr, ein absolutes Unrecht zu begehen. Thatsächlich liegt die Sache in der überwiegenden Mehrzahl streitiger Entmündigungsfälle aber so, dass es sich nur darum handelt, zu entscheiden, ob der Betreffende in dem Grade geisteskrank ist, dass die Bevormundung notwendig oder wünschbar ist. Es ist deshalb durchaus widersinnig, wenn der Richter in seinem Urteil die dringende Wünschbarkeit der Bevormundung zwar anerkennt, aber dieselbe trotzdem nicht ausspricht, weil er von doktrinärem Standpunkt aus die Geistesstörung nicht für genügend erwiesen hält. Der betreffende Patient, ein Querulant, dessen Vermögensverhältnisse durch schleunige Bevormundung noch gut hätten geregelt werden können, erlitt durch jenes Urteil bedenkliche pekuniäre Verluste und war auch, abgesehen davon, nicht einmal mit dem Urteil zufrieden, sondern benutzte es nur zu neuen Beschwerden und Prozessen, die nun wahrscheinlich den letzten Rest seines Vermögens verschlingen werden. Der gesunde Menschenverstand eines Betreibungsbeamten und anderer Laien hatten in diesem Falle die Geisteskrankheit richtig erkannt, von welcher sich der Doktrinarismus des Richters nicht überzeugen konnte und so wurde die ökonomische Existenz des Mannes ruiniert. Schlimmer noch gestalten sich die Verhältnisse in criminellen Fällen, wie ja auch die Frage der strafrechtlichen Zurechnungsfähigkeit vor Allem zu theoretischen Streitigkeiten und Missverständnissen Veranlassung giebt. Mit gewisser — aber eben nicht absoluter Berechtigung erklären manche Mediciner jeden moralisch defekten Menschen, jeden Gewohnheitsverbrecher für total unzurechnungsfähig und wollen so alle diese Leute vollständig der richterlichen Gewalt entziehen. Die Juristen betrachten dies mit gewissem Recht als einen Übergriff in ihre Rechte und neigen deshalb dazu, entgegen dem ärztlichen Gutachten und in völliger Ignorierung desselben, den betreffenden Verbrecher einfach nach dem § des Strafgesetzbuches zu bestrafen. Die Folge davon ist, dass die Gesellschaft durchaus nicht gegen solche gemeingefährlichen Verbrecher in genügender Weise geschützt wird, wenigstens in allen denjenigen Fällen nicht, wo das Verbrechen, welches den Betreffenden gerade mit dem Strafgesetz in Conflict brachte, nur eine kurzzeitige Freiheitsstrafe zulässt. — Wenn sich der moralische Defekt aber zufällig mit anderen psychopathischen Eigenschaften combiniert (was sehr häufig vorkommt), entscheidet das Gericht häufig doch wieder im Sinne des ärztlichen Gutachtens. Der Betreffende kommt dann zunächst in eine Irrenanstalt, der aber häufig die nötigen Competenzen fehlen, ihn entgegen dem Verlangen seiner Vertreter dort zu behalten. Ausserdem sind diese Leute ein recht störendes Element in der Irrenanstalt. Zum Teil deshalb, zum Teil, um Meinungsdifferenzen mit dem Richter zu vermeiden, zum Teil aus psychiatrisch-doktrinären Gründen verfallen nun manche Psychiater wieder in den

Fehler, alle solche Leute einfach für gesund zu erklären und ein moralisches Irresein als Krankheit überhaupt nicht anzuerkennen, was theoretisch nur zum Teil gerechtfertigt ist, praktisch aber zu den oben angeführten Übelständen führt. Diejenigen Psychiater aber, welche den theoretisch wie praktisch wohl zu erörternden Mittelweg einschlagen wollen und besondere Anstalten für diese Mischformen verlangen, finden bei dem absoluten Juristen naturgemäss kein Verständnis.

Diese kurzen Andeutungen über Ursachen und Folgen der gegenwärtigen Meinungsdifferenzen mögen vorerst genügen. Es kann durchaus nicht unsere Aufgabe sein, jene uns im Wege stehenden Ansichten, den Dualismus und die postulierte Willensfreiheit hier zu widerlegen, oder irgend auf die Erörterung ihrer Berechtigung oder Nichtberechtigung einzutreten. Es kam uns einzig darauf an, die Ursachen des Missverständnisses zu beleuchten und darauf hinzuweisen, dass mit Anhängern dieser Theorieen eine Verständigung nicht möglich war. Es ist deshalb ganz erklärlich, wenn sich die Psychiater zunächst mit einem gewissen Unwillen und einer Art von Ermüdung von dem Studium der einschlägigen Fragen abwandten und · auch in neuerer Zeit mehr von theoretischem Standpunkt aus sich mit den Thorieen der Criminalanthropologie beschäftigen, deren Auswüchse einseitig bekrittelnd, ohne genügend zu beachten, welche neue Lage der Dinge entstanden ist durch den Umschwung, welcher in den letzten 15 Jahren in der Strafrechtswissenschaft eingetreten ist. Die Unhaltbarkeit der absoluten Strafrechtstheorieen mehr und mehr erkennend, der naturwissenschaftlichen Forschungsmethode und ihren Theorieen im Allgemeinen mehr und mehr Beachtung schenkend, im Besonderen aber angetrieben durch die unleugbare Überzeugungskraft der von Lombroso und seinen Schülern aufgestellten criminalanthropologischen Theorien nämlich haben eine grosse Anzahl moderner Strafrechtslehrer die absoluten Strafrechtstheorieen völlig fallen lassen, und wie sehr sie auch sonst in ihren Lehren von der neuen italienischen Schule abweichen mögen, dem anderen Momente der Strafe, dem „ne peccetur" wieder mehr Berücksichtigung geschenkt.

Für alle Theorieen aber, welche diesen Zweckgedanken in der Strafe wieder in der gehörigen Weise würdigen, ist die Annahme der Willensfreiheit keine conditio sine qua non. Es giebt deshalb heutzutage eine grosse Zahl angesehener Strafrechtslehrer, die da, wie wenig sie sonst mit der italienischen Schule sympathisieren mögen, erklären: Die Begriffe von Schuld und Strafe und Zurechnungsfähigkeit sind sehr wohl zu construieren ohne jenes „Postulat"; manche

sogar behaupten geradezu, dass diese Begriffe erst mit der Annahme
der Willensunfreiheit ihre Berechtigung erlangen. Für alle diese
Theorieen sind die Begriffe Zurechnungsfähigkeit und Unzurechnungsfähigkeit relative Begriffe, und sie alle erkennen principiell die Berechtigung jenes Übergangsgebietes an, das bisher so mannigfaltige
Schwierigkeiten bereitet hatte. Mit allen diesen juristischen Theorieen
ist eine Verständigung unsererseits sehr wohl möglich, und es erscheint
mir zunächst vor Allem nötig, sich darüber zu verständigen, dass auf
diesem Übergangsgebiet sowohl in der Theorie wie in der Praxis Aufgaben existieren, die nicht ausschliesslich in die Domäne des Einen
oder des Anderen gehören, sondern gemeinschaftlich gelöst werden müssen.

Dass hier manche Schwierigkeiten existieren, haben wir bereits
gesehen. Dieselben werden sich nach der Einigung in jenen Fundamental-
fragen aber vielleicht leichter lösen lassen, als es auf den ersten Blick
scheinen mag. Wir werden im nächsten Kapitel sehen, wie die Wünsche
und praktischen Forderungen der modernen Strafrechtslehrer sich im
Wesentlichen mit denjenigen der Psychiater decken, und dass somit
ein gemeinschaftliches friedliches Zusammenarbeiten der Juristen und
medicinischen Sachverständigen sehr wohl möglich und sehr viel er-
spriesslicher ist, als die bis zum heutigen Tage noch vielfach gebräuch-
liche Befehdung.

---

## Kapitel 2.

# Die wichtigsten rechtlichen Fragen, welche zu psych-iatrischer Begutachtung Veranlassung geben.

### § 1.
### Die Unzurechnungsfähigkeit und die verminderte Zurechnungsfähigkeit.

Die gesetzlichen Definitionen der Unzurechnungsfähigkeit sollten dem Relativen
des Begriffes Rechnung tragen und möglichst allgemein gehalten sein. — Definitionen
von Forel, von v. Liszt, § 51 des deutschen R.Str.G.B.: § 44 des Züricher Str.G.B.,
Artikel 8 des Vorentwurfs zu einem eidgenössischen Str.G.B. — Die gesetzlichen
Bestimmungen über die verminderte Zurechnungsfähigkeit sind unter dem Druck
der bezüglichen Strafrechtstheorieen entstanden. Gesetzliche Bestimmungen in Deutschland und der Schweiz. — Die gesetzliche Anerkennung einer v. Z. ist, von Rücksichten auf das Prozessverfahren abgesehen, notwendig, weil die v. Zurechnungs-

fähigen nicht milder, überhaupt nicht quantitativ anders bestraft, sondern qualitativ anders behandelt werden müssen, als die Vollsinnigen. Beispiele hierfür. In den Forderungen bezüglich Behandlung des wichtigsten Teiles der v. Z., nämlich der moralischen Idioten oder Gewohnheitsverbrecher gehen Psychiater und Criminalisten einig, indem sie besondere Anstalten, „Strafabsonderungshäuser", für sie verlangen. — Die Einweisung der bezügl. Verbrecher in diese Anstalten ist den Gerichten zu überbinden aus Opportunitätsrücksichten, weil erstens die Errichtung dieser Anstalten so am ersten möglich sein wird, zweitens es die Aufgabe der staatlichen Justizbehörde ist, die Gesellschaft vor diesen Leuten zu schützen, drittens dadurch dem Vergeltungsgedanken Rechnung getragen wird ohne Beeinträchtigung der wesentlichen Strafzwecke.

In die gleichen Anstalten müssen demnach sowohl Verbrecher als andere Patienten eingewiesen werden. — Ein analoges Verhältnis findet sich bereits bei den jugendlichen Personen: Hinsichtlich der allmählich erworbenen geistigen Reife erkennt das Gesetz seit lange 3 Grade der Zurechnungsfähigkeit an. — Altersbestimmungen der „Jugendlichen" in den Gesetzgebungen. — Das „Unterscheidungsvermögen" in den bezügl. Bestimmungen entspricht nicht den billiger Weise zu stellenden Anforderungen. — Strafunmündige Kinder und Jugendliche ohne Unterscheidungsvermögen sowohl, wie solche mit demselben werden vom Gericht in Besserungsanstalten eingewiesen — ebenso solche Kinder, welche noch nicht mit dem Strafgesetz in Conflikt gekommen sind. — Diese Praxis entspricht durchaus der von uns geforderten hinsichtlich der V.Z. im Allgemeinen.

Das Wort „zurechnungsfähig" wird auch im alltäglichen Leben oft gebraucht und Jedermann weiss, was man darunter versteht. Die specielle strafrechtliche „Zurechnungsfähigkeit" aber ist ein juristischer Begriff und müssen wir es deshalb der Rechtswissenschaft überlassen, ihn zu erläutern und zu präcisieren. Den medizinischen Sachverständigen geht nur der besondere Fall etwas an, wo die Zurechnungsfähigkeit wegen geistiger Störung entfällt, und haben wir insofern allerdings nur zu entscheiden, ob der zu Untersuchende krank oder gesund ist, so dass für uns die Begriffe Zurechnungsfähigkeit und Unzurechnungsfähigkeit mit denen der geistigen Krankheit oder Gesundheit praktisch zusammenfallen. Da uns aber im Falle einer Begutachtung die Fragen nach der Zurechnungsfähigkeit von Seiten des Gerichts den bezüglichen Gesetzesstellen entsprechend gestellt und von uns beantwortet werden müssen, so ist es für uns von Wichtigkeit zu wissen, wie das Gesetz diesen Fall der Unzurechnungsfähigkeit in Folge geistiger Störung formuliert. Da die Gesetzgebung wiederum von der Rechtswissenschaft beeinflusst wird, so interessieren uns indirekt auch wieder die diesbezüglichen Lehren und Definitionen der wissenschaftlichen Vertreter des Strafrechts.

Der Lehren und Definitionen dieses Begriffs sind nun ungeheuer viele, und es würde uns zu weit führen, auch nur die wichtigeren

anzuführen, oder gar zu kritisieren und auf ihre Brauchbarkeit oder
Unbrauchbarkeit zu prüfen. Wir werden später sehen, wie sich der
medicinische Sachverständige gegenüber ungeeigneten Fragen abseiten
der Gerichte zu verhalten hat, welche zu beantworten ihm unmöglich
ist. Hier werden wir uns darauf beschränken müssen, unsere
wichtigsten Wünsche und Forderungen in Bezug auf die Formulierung
des Begriffes klarzulegen und dann zur Illustration einige, zugleich
praktisch besonders wichtige Beispiele anzuführen.

In erster Linie müssen wir verlangen, dass dem Relativen des
Begriffes in allen Definitionen der Zurechnungsfähigkeit Rechnung
getragen werde, wie im vorigen Kapitel ausführlich erläutert wurde.
Zweitens ist die Definition möglichst allgemein zu halten. Zunächst
ist die Hereinziehung des Begriffes der Willensfreiheit gänzlich zu
vermeiden, weil dadurch nur endlosen metaphysischen Controversen
und Widersprüchen aller Art Thür und Thor geöffnet wird. Dieser
Forderung wird übrigens von juristischer Seite schon ziemlich allgemein Rechnung getragen. Von medicinischem Standpunkte aber
müssen wir besonders verlangen, dass nähere Bezeichnungen der
geistigen Krankheit möglichst vermieden werden. Wir werden nämlich im speciellen Teile sehen, dass die Einteilung der Psychosen
noch immer grosse Schwierigkeiten bereitet. Die Folge davon ist, dass
die bezüglichen Krankheitsnamen von den verschiedenen Autoren oft
in sehr verschiedenem Sinne gebraucht werden, mithin im Gesetz,
welches sich möglichst allgemeinverständlich ausdrücken und Missverständnisse möglichst ausschliessen soll, gar nicht am Platze sind. Als
ein Beispiel für die Wandelbarkeit der Begriffe, welche den Namen
anhaften, sei nur darauf hingewiesen, dass im preussischen Landrecht
die Worte „Blödsinn" und „Wahnsinn" in ganz anderem und geradezu
entgegengesetzten Sinne angewendet werden, als es heutzutage in
der Psychiatrie Gebrauch ist. Der Sachverständige im Geltungsbe-
reiche jenes Rechts kann sich deshalb nicht anders helfen, als dass
er im Gegensatz zum sonstigen Sprachgebrauch von „Wahnsinn" und
„Blödsinn" „im Sinne des Landrechts" in seinen Gutachten spricht.
Derartige Unzuträglichkeiten werden vermieden, wenn man an Stelle
jener Worte solche von allgemeinerer Bedeutung setzt. — Hierbei
muss allerdings zugegeben werden, dass sich der Sinn dieser Worte auch
im allgemeinen Sprachgebrauche vielfach verändert (ich erinnere an
das Wort „Narr") und es deshalb sehr schwer ist, Worte zu finden,
die zu gar keinem Missverständnisse Anlass geben. So versteht man
auch z. B. unter „Geisteskrankheiten" oder „Geistesstörungen" vielfach
nur die im Laufe des Lebens erworbenen Erkrankungen im Gegen-

satze zu den angeborenen Störungen des sogenannten „Blödsinns“. Ferner rechnet der Laie eine vorübergehende „Bewusstlosigkeit“ nicht zu den Geistesstörungen, zu welchen sie im klinischen Sinne entschieden gehört. Man findet deshalb in gesetzlichen Bestimmungen vielfach den „Blödsinn“ und namentlich die „Bewusstlosigkeit“ neben der „Geisteskrankheit“ besonders hervorgehoben. Aus den genannten Gründen lässt sich dagegen nicht viel einwenden. Alle Missverständnisse auszuschliessen ist unmöglich, weil thatsächlich die Begriffe nicht so scharf getrennt sind, sondern in einander übergehen, und deshalb keine unzweideutigen Worte für die Begriffe existieren können.

Endlich sei noch hervorgehoben, dass man vielfach „Willensbestimmung“ und „Urteilskraft“ oder ähnliche Worte einander gegenübergestellt findet. Damit sind allerdings zwei wesentliche Momente der psychischen Fähigkeit überhaupt und somit auch der geistigen Störung bezeichnet, das „Triebleben“ und das „Vorstellungsvermögen“. Beide lassen sich aber nie völlig von einander trennen; insofern hat ihre besondere Gegenüberstellung keinen Wert. Immerhin kann eins von beiden in hervorragendem Masse pathologisch beeinflusst sein, so z. B. das Triebleben bei der sogenannten „Manie“ und das Vorstellungsvermögen bei der „Paranoia“, wie wir später genauer sehen werden. In beiden Fällen ist trotzdem völlige Unzurechnungsfähigkeit vorhanden. Es müssen deshalb die beiden Momente wenigstens durch ein „oder“, nicht nur durch ein „und“ mit einander verknüpft sein.

Doch genug der allgemeinen kritischen Bemerkungen. Es mögen nun einige wichtige Citate hier Platz finden. Ich führe zunächst die Definition eines Psychiaters, Forel, an, welcher unbekümmert um alle juristischen Spitzfindigkeiten vom rein naturwissenschaftlichen Standpunkt aus die „Zurechnungsfähigkeit“ definiert als „die plastische Fähigkeit einer adäquaten Anpassung unseres Gehirnlebens an die Aussenwelt und specieller an das Gehirnleben anderer Menschen. — Menschen, welche in dieser oder jener Richtung stets oder meistens nur inadäquat reagieren können, sind als unzurechnungsfähig zu betrachten“. So sehr diese Definition dem psychiatrischen Bedürfnisse entsprechen würde, so sei ihr, weil eben die Zurechnungsfähigkeit nun einmal ein juristischer Begriff ist, die Definition eines der bedeutendsten modernen Strafrechtslehrer, von Liszt, gegenübergestellt, welcher in einer unseren obigen Forderungen durchaus entsprechenden Weise sagt: „Voraussetzung einer strafrechtlichen Verantwortlichkeit und mithin Inhalt der Zurechnungsfähigkeit ist nicht eine dem Kausalgesetz

entrückte Willensfreiheit, sondern nur die der Regel
gemässe Bestimmbarkeit des Willens durch Vorstellungen
überhaupt, durch die unser gesammtes Verhalten regeln-
den allgemeinen Vorstellungen der Religion, des Rechts,
der Klugheit insbesondere."

Neben diesen theoretisch-wissenschaftlichen Definitionen seien dann
noch folgende Gesetzesparagraphen angeführt, nämlich der § 51 des
deutschen Reichsstrafgesetzbuches, welcher lautet:

„Eine strafbare Handlung ist nicht vorhanden, wenn der Thäter zur Zeit der
Begehung der That sich in einem Zustande (von Bewusstlosigkeit oder) krankhafter
Störung der Geistesthätigkeit befand, durch welchen seine freie Willensbestimmung
ausgeschlossen war."

Abgesehen von der zu Missverständnissen Anlass gebenden „freien"
Willensbestimmung ist hier dem Relativen des Begriffs nicht Rechnung
getragen, worauf wir gleich zurückkommen werden. Etwas glücklicher,
wenn auch nicht klar, lautet in beiden Beziehungen der ähnlich
klingende § 44 des Züricher Strafgesetzbuches:

„Die Strafbarkeit einer Handlung ist ausgeschlossen, wenn die Geistesthätigkeit
des Handelnden zur Zeit der Begehung der That in dem Masse gestört war, dass
er die Fähigkeit der Selbstbestimmung oder die zur Erkenntnis der Strafbarkeit
der That erforderliche Urteilskraft nicht besass."

Als eine sehr glückliche Formulierung muss dagegen der Artikel 8
des Vorentwurfs zu einem schweizerischen Strafgesetz von Carl Stoos
bezeichnet werden, der da lautet:

„Wer zur Zeit der That geisteskrank oder blödsinnig oder bewusstlos war, ist
nicht strafbar."

Doch genug der Worte, kommen wir zu der Sache selbst. Zurechnungsfähig ist jeder reife gesunde Mensch, unzurechnungsfähig jeder
schwer Geisteskranke oder Blödsinnige. Der Zurechnungsfähige wird
nach dem § des Strafgesetzbuches bestraft; der Unzurechnungsfähige
wird nicht bestraft, sondern in geeignete ärztliche Pflege oder Behandlung gegeben. Darüber ist man allgemein einig, wie die bezüglichen Gesetzesbestimmungen auch immer lauten mögen. Wie steht es
aber mit jenen Übergangsformen, jenen Zwischenstufen zwischen
Krankheit und Gesundheit. Soll ihnen das Gesetz Rechnung tragen
durch Anerkennung einer „verminderten Zurechnungsfähigkeit",[1]) und

---

[1]) Man hat gegen dieses Wort den Einwand erhoben, es gebe zu Missverständnissen Anlass, indem es etwas bedeute, was weniger sei als Zurechnungsfähigkeit.

wenn ja in welcher Weise? Das ist die wichtige Frage, über welche die Ansichten weit auseinandergehen, und zwar auch unter denjenigen, welche jene Zwischenstufen im Princip anerkennen. Nur mit ihnen ist natürlich eine Verständigung über diesen Punkt möglich. Die bezüglichen gesetzlichen Bestimmungen sind allerdings, wie mir scheint, wesentlich unter dem Einfluss jener principiell einander gegenüberstehenden theoretischen Anschauungen entstanden, so zwar, dass sich in (verhältnismässig) ganz alten und ganz modernen Gesetzgebungen die verminderte Zurechnungsfähigkeit vielfach anerkannt findet, in den zeitlich dazwischenliegenden (unter der ausschliesslichen Herrschaft der absoluten Strafrechtstheorieen entstandenen) Gesetzgebungen aber nicht. So fand sie sich vielfach in den älteren deutschen Landesgesetzgebungen vor 1870, fehlt aber im deutschen Reichsstrafgesetzbuch. In den 24 schweizerischen Strafgesetzbüchern findet sie sich in 12 (die entweder älter oder ganz neu sind) und vor Allem findet sie sich wieder in dem schon vorhin erwähnten Vorentwurf zu einem schweizerischen Strafgesetzbuch Artikel 9:

> „War die geistige Gesundheit oder das Bewusstsein des Thäters nur beeinträchtigt oder war er geistig mangelhaft entwickelt, so ist die Strafe zu mildern; sie fällt ganz weg, wenn der Thäter verwahrt oder versorgt wird."

Was lässt sich nun für und wider eine verminderte Zurechnungsfähigkeit anführen? Auch wenn man allein das Prozessverfahren im Auge hat, ist sie für den Psychiater schon dringend wünschenswert; denn die Frage des entweder — oder kann er in vielen Fällen gar

---

während es nur die untersten Stufen innerhalb des Bereiches der Zurechnungsfähigkeit bezeichnen solle. Ich halte den Einwand für unberechtigt. Erstens soll mit dem Wort in der That etwas bezeichnet werden, was weniger als die durchschnittliche Zurechnungsfähigkeit des gesunden Menschen ist. Zweitens liegt jenem Einwand wieder die irrtümliche Vorstellung zu Grunde, als ob das Bereich der Zurechnungsfähigkeit durch eine untere fixe Grenze abgeschlossen sei. Diese Grenze ist aber eben eine willkürliche künstliche, welche bei Anerkennung der 3 Grade (Zurechnungsfähigkeit, verminderte Zurechnungsfähigkeit und Unzurechnungsfähigkeit) mitten in die verminderte Zurechnungsfähigkeit hineinfallen würde, so dass sowohl ein Teil der sonst als zurechnungsfähig, als auch ein Teil der sonst als unzurechnungsfähig bezeichneten Menschen (sonst, d. h. bei Annahme von nur 2 Graden) in das Gebiet der vermindert Zurechnungsfähigen einzureihen wären. Die verminderte Zurechnungsfähigkeit wäre somit wenigstens zum Teil auch etwas, was weniger ist, als das Gesammtgebiet der (nur gegen Unzurechnungsfähigkeit abgegrenzten) Zurechnungsfähigkeit. — Doch, wie dem auch sein mag, jedenfalls ist das Wort eingebürgert, und Jedermann weiss, was darunter zu verstehen ist; deshalb wollen wir es beibehalten.

nicht beantworten. Wenn es trotzdem geschehen soll, lässt er sich
leicht verleiten, den Thatsachen Gewalt anzuthun. Je nachdem dies
nun in diesem oder jenem Sinne geschieht, können im gleichen Fall
2 Sachverständige scheinbar zu ganz entgegengesetzten Gutachten gelangen, während es sich thatsächlich um 2, wenig von einander unter-
schiedene Spielarten derselben Ansicht handelt. Durch solche Missverständnisse kommt dann die Psychiatrie mit Unrecht in Misskredit.
Wenn sich aber der Sachverständige weigert, die an ihn gestellte
Frage mit bündigem „Ja" oder „Nein" zu beantworten — was natürlich
das einzig Richtige ist — so ist damit wieder der Richter unzufrieden.
Abgesehen davon kann es ihm allerdings für das Prozessverfahren
gleichgültig sein, ob das Gesetz eine V. Z. kennt oder nicht.

Indessen das Prozessverfahren ist ja schliesslich Nebensache; es
ist nur Mittel zum Zweck einer geeigneten Behandlung des Verbrechers. Im Hinblick hierauf nun halten viele Juristen und mit
ihnen manche von der Jurisprudenz ins Schlepptau genommene
Psychiater [1]) eine V. Z. für überflüssig, indem sie sagen, die Weite der
Strafrahmen und die Institution der „mildernden Umstände" seien
genügend, um der thatsächlich verminderten Zurechnungsfähigkeit im
einzelnen Falle Rechnung zu tragen; d. h. das Gericht kann, wenn das
Gesetz für das betreffende z. B. Delikt 3—5 Jahre Zuchthaus androht,
auf das Mindestmass von 3 Jahren, und in Anerkennung mildernder
Umstände sogar auf noch weniger erkennen. In der That weiss man
heutzutage im Allgemeinen mit vermindert Zurechnungsfähigen nichts
Anderes anzufangen, als die Strafe zu mildern. Und so lange die
Dinge so liegen, liesse sich gegen jene Argumentation nicht viel einwenden. Dieselbe beruht aber, wie mir scheint, wieder auf einer ein-
seitigen Berücksichtigung des Vergeltungszweckes in der Strafe. Von
diesem Standpunkte aus wäre sie allerdings völlig gerechtfertigt.
Wenn man sich aber auf einen modernen Standpunkt stellt, welcher
die anderen, wichtigeren Strafzwecke, der Besserung und Unschädlichmachung gegenüber der Vergeltung in den Vordergrund stellt, so ist
die Prämisse jener ganzen Argumentation falsch! Die vermindert

---

[1]) Gerade bei dieser Frage zeigt sich recht deutlich, wie sehr sich manche
Psychiater in rein juristische Fragen — man möchte fast sagen, Vorurteile — ver-
rannt haben. Bei einer Erörterung dieser Frage wurde erst in letzter Zeit einmal
gegen die im Text ausgeführte Argumentation einzig und allein das angeführt, dass
das Gesetz die Anerkennung mildernder Umstände nicht bei allen Delicten zulasse.
Dies scheint mir aber eine Nebensache, die höchstens für den Juristen etwelches
Interesse haben könnte. Die Hauptsache ist bisher fast völlig über solche Neben-
dinge vergessen und ausser Acht gelassen worden.

Zurechnungsfähigen sind nicht quantitativ anders zu bestrafen, sondern qualitativ anders zu behandeln als die Vollsinnigen und die ganz Unzurechnungsfähigen. Hierin liegt der Kernpunkt der ganzen Frage von der verminderten Zurechnungsfähigkeit. Die Richtigkeit dieser Behauptung zu beweisen, wird eine wesentliche Aufgabe des speciellen Teiles dieses Lehrbuches sein. Immerhin sollen schon hier einige der beweiskräftigsten Beispiele angeführt werden. Vorher sei aber noch auf ein anderes Moment hingewiesen. Sofern man vermindert Zurechnungsfähige überhaupt qualitativ wie die Vollsinnigen bestrafen will — und es soll nicht in Abrede gestellt werden, dass dies, wenn auch selten, am Platz sein kann — so wäre eine Verschärfung der Strafe vielfach sehr viel eher am Platze, als eine Milderung. Erhofft man z. B. von einem Schwachsinnigen überhaupt noch irgend welche Besserung von einer Bestrafung im gewöhnlichen Sinne des Wortes, so wird er eine harte Strafe eher in ihrer Bedeutung auffassen, als eine milde, und sie sich eher merken. Je weniger man aber auf eine Besserung hoffen kann, desto nötiger ist es dann, ihn auf längere Zeit unschädlich zu machen, desto mehr kommt also dieser andere Strafzweck und zwar wiederum im Sinne einer Verschärfung in Betracht. Hierbei aber kommen wir schon wieder auf den wichtigsten Punkt, d. h. auf die qualitativ andere Strafe. Inwiefern eine solche am Platze ist, mögen folgende Beispiele erläutern:

Alle Alkoholiker, die ein wesentliches Contingent der vermindert Zurechnungsfähigen ausmachen, gehören, wenn man sie überhaupt internieren will, in ein Trinkerasyl, nicht in ein Zucht- oder Correktionshaus. Epileptiker, wiederum eine grosse Gruppe der halbkranken Verbrecher, gehören, die einen in eine Irrenanstalt, die anderen in eine Anstalt für Epileptische, wieder Andere vielleicht auch in ein Trinkerasyl. Schwachsinnige, wiederum ein grosser Procentsatz unter den vermindert Zurechnungsfähigen, gehören teils in besondere Anstalten für Schwachsinnige, teils in andere Pflegeanstalten oder Privatpflege mit geeigneter Aufsicht, teils wird man sie vielleicht auch noch für einige Zeit in einem Gefängnis unterbringen können. Moralische Idioten endlich, die wichtigste Gruppe der in Betracht kommenden Kranken, gehören in besondere, für sie zu errichtende Anstalten. Solche existieren bis jetzt nicht, das Verlangen danach aber wird ein immer allgemeineres, ganz besonders auch bei denjenigen Psychiatern, welche die moralische Idiotie mehr oder weniger als eine bestimmte Krankheitsform anerkennen. Diese Art Kranken erschweren in den gewöhnlichen Irrenanstalten die geeignete Behandlung der anderen Patienten un-

gemein und schädigen ausserdem den Ruf der Irrenanstalt beim Laien-
publikum. Man ist deshalb berechtigt, für sie besondere Anstalten zu
verlangen, auch soweit man sie für schwer krank oder ganz unzurechnungsfähig erklären wollte, in gleicher Weise, wie man z. B. Cholera-
kranke nicht in den allgemeinen Krankenhäusern verpflegt, sondern so
sehr als irgend möglich von anderen Kranken, wie auch von der
übrigen Gesellschaft isoliert. Das gleiche Bedürfnis liegt für die
moralischen Idioten vor und wird mit der Zeit zur Errichtung von
besonderen Anstalten führen.

Gerade bei dieser Frage zeigt sich nun aber, wie wichtig eine
Verständigung zwischen Juristen und Medicinern in diesen Dingen ist.
Für diese gleichen Leute nämlich, für welche die Psychiater, indem
sie sie als krank ansehen, besondere Irrenanstalten verlangen, für die verlangen die modernen Criminalisten, indem sie sie als mehr oder weniger
gesunde Verbrecher ansehen, besondere Zuchthäuser. Wenn die Juristen
schon seit längerer Zeit auf principielle Unterscheidung von Gelegenheits-
und Gewohnheitsverbrechern und ihre gesonderte Behandlung und
Internierung dringen, so hat man in neuerer Zeit wieder eine weitere
Unterscheidung zwischen besserungsfähigen und unverbesserlichen
Gewohnheitsverbrechern gemacht. Für diese letztere Categorie nun
verlangen die modernen Criminalisten Unschädlichmachung in gesonderten
Zuchthäusern oder „Strafabsonderungshäusern“, wie man diese Anstalten auch wohl genannt hat. Auch diese „Strafabsonderungshäuser“
sind bis jetzt, wie die Anstalten für moralische Idioten, nur ein
Wunsch der Criminalisten; aber das Verlangen danach wird immer
lauter und immer dringender. Wie wir vorhin schon angedeutet, sind
„unverbesserliche Gewohnheitsverbrecher“ und „moralische Idioten“
nur verschiedene Namen für denselben Begriff. Darauf werden wir im
speciellen Teil zurückzukommen haben. Hier kam es mir nur darauf
an, darauf hinzuweisen, dass Psychiater und Criminalisten in diesem
Punkte die gleichen Postulate aufstellen, die gleichen Ziele verfolgen,
und somit ihre Ansichten keineswegs irgend feindlich einander gegenüberstehen, sondern recht eigentlich zusammengehen. Diese Thatsache
zeigt zugleich recht deutlich, wie diese Gewohnheitsverbrecher sowohl
gesund, als krank, mithin weder zurechnungsfähig noch unzurechnungsfähig sind, und dass hier die Trennung der Thätigkeitsgebiete zwischen
Criminalisten und Medicinern ein Ding der absoluten Unmöglichkeit ist.

Diese vermindert Zurechnungsfähigen gehören also in ein „Strafabsonderungshaus“ (um diesen Namen vorläufig zu gebrauchen), aber
nicht alle, wie die vorerwähnten Beispiele der Alkoholiker, Epileptiker
und Schwachsinnigen andeuten. Wir wollen auch gleich hier betonen,

dass nicht ohne Weiteres alle unverbesserlichen Gewohnheitsverbrecher in ein Strafabsonderungshaus gehören, weil moralische Idiotie sehr selten ganz isoliert auftritt, sondern sich sehr häufig mit anderen constitutionellen Eigenschaften verbindet, so namentlich mit Alkoholismus, Epilepsie und intellektuellem Schwachsinn. Es muss deshalb jedes Mal auf Grund des ärztlichen Gutachtens entschieden werden, in welcher Anstalt der vermindert Zurechnungsfähige am besten versorgt, beziehungsweise zu seiner Heilung untergebracht wird. Wenn irgendwo, so ist gerade bei diesen Leuten die Forderung der modernen Criminalisten berechtigt, dass bei dem Strafurteil die Persönlichkeit des Verbrechers und nicht das einzelne Verbrechen zu berücksichtigen ist! Wenn das Strafgesetz denjenigen, welcher irgend ein bestimmtes Delikt begeht, mit einer besonderen Strafe bedroht, so geht es dabei mehr oder weniger von der Voraussetzung aus, dass der Betreffende im Besitze normaler Geisteskräfte sich befand. Je mehr sich der Verbrecher von dieser Norm entfernt, desto weniger passen die von dem Strafgesetz angedrohten Strafen, desto mehr ist seine besondere (abnorme, pathologische) Individualität zu berücksichtigen.

Aber selbst wenn man dieses Alles zugiebt, so lässt sich immer noch ein scheinbar wohlbegründeter Einwand gegen die Aufstellung einer V. Z. im Gesetz erheben. Man sagt: Wenn man die vermindert Zurechnungsfähigen einmal nicht nach dem § des Strafgesetzbuches bestrafen will, so soll man eben alle diese Leute, bei welchen sich das nicht empfiehlt, für unzurechnungsfähig erklären und damit dem Urteil des Richters, welcher nach jenen Gesetzesparagraphen zu urteilen hat, entziehen. Theoretisch ist das richtig. Praktisch aber erheben sich gegen diese Ansicht so schwerwiegende Bedenken, dass in absehbarer Zeit an eine solche Praxis gar nicht zu denken ist; ich meine hier wieder den Competenzstreit zwischen Juristen und Medicinern — wenn ich mich so ausdrücken darf.

Es scheint vor der Hand unmöglich, jedenfalls nicht ratsam, der Competenz der Criminalisten die Verwahrung der unverbesserlichen Gewohnheitsverbrecher vollständig entziehen zu wollen, welche doch das Hauptcontingent der V. Z. ausmachen. Erstens haben wir gesehen, dass sich mit dieser Aufgabe die Criminalisten in neuerer Zeit angelegentlichst beschäftigen und dass sie hier praktisch im Wesentlichen dieselben Ziele verfolgen, die uns von psychiatrischen Standpunkt erstrebenswert erscheinen. Es wäre thöricht, aus doktrinären Gründen hier den Criminalisten entgegenzuarbeiten, statt sich mit ihnen zur Erreichung des gemeinsamen Zieles zu verbünden.

Zweitens hat der Staat in allen civilisierten Ländern die Aufgabe

übernommen, auf dem Wege der Strafrechtspflege ganz im Allgemeinen
das Verbrechen zu bekämpfen. Es ist daher seine Pflicht, nicht nur
jeden Menschen durch Strafandrohung vom Verbrechen abzuschrecken
und den besserungsfähigen Verbrecher durch Ausübung der Strafgewalt zu bessern, sondern auch die Gesellschaft vor dem unverbesserlichen Gewohnheitsverbrecher zu schützen. Dessen Verwahrung gehört
deshalb nach altem eingebürgerten Gebrauch recht eigentlich in das
Ressort der Justiz des Staates. [1])

Drittens haben wir nun schon wiederholt gesehen, in welchem
Masse das Princip der Vergeltung, welches von Anbeginn in dem Begriffe der Strafe enthalten war, noch bis auf den heutigen Tag auf
die Strafrechtstheorieen und die ganze Denk- und Anschauungsweise der
Juristen und des Volkes überhaupt Einfluss ausübt. Es ist die Aufgabe der
Civilisation, diesen Vergeltungs- oder Rachegedanken im Begriff der Strafe
immer mehr und mehr zurückzudrängen und jenen anderen Strafzwecken
immer grössere Berücksichtigung zu schenken, aber von heute auf

---

[1]) Bei dieser Gelegenheit sei besonders auf die praktisch ungeheuer wichtige
pecuniäre Seite der Frage hingewiesen. Nach allgemeiner internationaler Überein-
kunft wird die Strafe verhängt von demjenigen Staate, in welchem das Verbrechen
begangen worden ist, und der betreffende Staat übernimmt damit auch alle Lasten
und Unkosten, welche durch die Vollziehung der Strafe verursacht werden. Sobald
aber ein Verbrecher für unzurechnungsfähig erklärt und damit der Strafgewalt des
betreffenden Staates entzogen worden ist, so fällt die Pflicht der Verwahrung mit
sämmtlichen Lasten und Unkosten demjenigen Staate anheim, in welchem der betreffende Kranke heimatberechtigt ist, oder noch präciser — da die Krankenpflege
allgemein den bezüglichen Gemeinden und nicht dem Staate als solchem überbunden
ist — der bezüglichen Heimatgemeinde. Diese weigert sich nun in sehr viel Fällen,
die Kosten für die Verwahrung des gemeingefährlichen Geisteskranken zu über-
nehmen und verlangt dann seine Entlassung aus der bezüglichen Anstalt — welche es
auch sei. Diesem Verlangen entgegenzutreten, fehlt nun bei den heutigen Verhältnissen
dem geschädigten Staate fast völlig die Macht. Es ist ihm deshalb die Möglichkeit
entzogen, seiner Pflicht nachzukommen, die Gesellschaft gegen gemeingefährliche
Menschen zu schützen. Dieser Übelstand fiele weg, wenn der Justizgewalt des
Staates die Befugnis erhalten bliebe, die geeignete Verwahrung des vermindert zurechnungsfähigen Verbrechers, des gemeingefährlichsten! anzuordnen und damit natürlich auch die Pflicht überbunden wurde, die bezüglichen Unkosten zu tragen. — Wie
diese lediglich staatsrechtliche Frage zu lösen sei, zu erörtern, ist natürlich keineswegs
die Aufgabe des Psychiaters. Seine Pflicht aber ist es, nachdrücklich auf den
beregten Übelstand hinzuweisen, weil er in praxi vielleicht noch mehr darunter
zu leiden und sich damit abzufinden hat, als der Criminalist. Hier haben wir
diese Frage deshalb erwähnt, weil ihre Lösung durch die Institution einer verminderten Zurechnungsfähigkeit unseres Erachtens wesentlich erleichtert wurde.
Die Frage ist praktisch sehr viel wichtiger als der Unbefangene vielleicht glaubt,
weil sich die Gewohnheitsverbrecher bekanntlich zu einem grossen Teile aus einem
internationalen Publikum rekrutieren.

morgen werden wir ihn nicht ausrotten können. Deshalb wird sich das Volk und werden sich manche Juristen vorerst noch sehr an dem Gedanken stossen, gerade unverbesserliche Gewohnheitsverbrecher völlig der Strafgewalt der Justiz entzogen zu sehen. Wenn nun das Gericht die Detention solcher vermindert Zurechnungsfähigen in ein „Strafabsonderungshaus" anordnete, so wäre damit jenem Sühneverlangen Genüge geleistet, ohne dass dem wesentlichen Strafzwecke der Unschädlichmachung Eintrag geschähe, und in diesem Sinne läge kein wesentlicher Grund vor, sich gegen ein solches Verfahren auszusprechen. Von diesem Gesichtspunkt aus wäre auch nichts gegen den Namen „Strafabsonderungshaus" einzuwenden. Doch möge immerhin erwähnt sein, dass manche die „Strafe" ganz aus dem Namen verbannt wissen wollen. Meines Erachtens ist der Name unwichtig. Wenn die Institution solcher Anstalten nur erst existiert, so wird das Volk bald die rechte Wertschätzung dafür haben. Man wird vor ihren Insassen sowohl Abscheu empfinden als Mitleid mit ihnen haben, dem thatsächlichen Sachverhalt entsprechend; denn diese Leute sind eben sowohl krank als gesund. Ich kann deshalb den moralischen Bedenken, welche gegen eine solche Institution erhoben werden, keine allzu grosse Bedeutung beimessen.

Wir kommen also nach sorgfältiger Erwägung aller einschlägigen Momente zu dem Resultat, dass vom psychiatrischen Standpunkte aus die V. Z. unbedingt zu empfehlen sei; für die 3 verschiedenen Categorieen aber würden sich im Princip dann folgende Massnahmen empfehlen:

1. Die Zurechnungsfähigen werden vom Gericht zu einer bestimmten nach den §§ des Strafgesetzbuches je nach Art ihres Verbrechens zu normierenden Strafe verurteilt.[1])

2. Die vermindert Zurechnungsfähigen werden vom Gericht in eine Anstalt eingewiesen, deren Charakter nicht nach dem bezüglichen Verbrechen, sondern nach der (mehr oder weniger abnormen) Individualität des Verbrechers zu bestimmen ist.

3. Die Unzurechnungsfähigen werden freigesprochen und der Competenz des Gerichtes entzogen.[2])

---

[1]) Wie sehr die modernen Criminalisten dazu neigen, bei der Bestrafung überhaupt nicht das einzelne Verbrechen, sondern die Individualität des Verbrechers zu berücksichtigen, beweist die von vielen Seiten empfohlene bedingte Verurteilung, eine Einrichtung, bei welcher nach erstmaligem kleinen Vergehen die Strafe zwar verhängt, aber zunächst aufgeschoben und nur im Falle des Rückfalles mit der 2. Strafe zusammen vollzogen werden soll.

[2]) Die Versorgung, Verpflegung oder sonstige Beaufsichtigung des Geistes-

Wie diese Verhältnisse des Weiteren zu regeln wären, können wir hier natürlich nicht weiter erörtern. Das Lehrbuch muss sich darauf beschränken, die allgemeinen Principien aufzustellen. Wenn wir dabei vielfach von Aufgaben gesprochen haben, deren Lösung der Zukunft vorbehalten ist, so müssen wir besonders betonen, dass es sich hierbei nicht um Theorieen einzelner Autoren handelt, sondern um Fragen, welche bereits von den verschiedensten Gesichtspunkten so ausführlich studiert und geprüft worden sind, dass sie als im Princip gelöst erachtet werden dürfen. Die Umsetzung dieser Theorieen in die Praxis ist recht eigentlich die Aufgabe der Gegenwart. Deshalb schien es mir nicht nur berechtigt, sondern geboten, auf diese Dinge hier ausführlicher einzugehen. Wie nahe die praktische Lösung dieser Aufgaben uns liegt, mögen noch einige weitere Citate aus dem bereits oben mitgeteilten Vorentwurf zu einem eidgenössischen Strafgesetzbuch beweisen.

Artikel 10. Erfordert die öffentliche Sicherheit die Verwahrung des Unzurechnungsfähigen oder vermindert Zurechnungsfähigen in einer Anstalt, so ordnet sie das Gericht an. Das Gericht verfügt die Entlassung, wenn der Grund der Verwahrung weggefallen ist.

Artikel 11. Erfordert der Zustand des Unzurechnungsfähigen oder vermindert Zurechnungsfähigen irrenärztliche Behandlung in einer Anstalt, so überweist das Gericht den Kranken der Verwaltungsbehörde zu angemessener Versorgung.

Artikel 23. Die Verwahrung von rückfälligen Verbrechern wird auf 10—20 Jahre verfügt. Die Verwahrung findet in einem Gebäude statt, das ausschliesslich diesem Zwecke dient.
Die Verwahrten werden streng zur Arbeit angehalten.

Artikel 26. Ist die Aufnahme des Trunksüchtigen in eine Heilanstalt für Trinker geboten, so ordnet sie der Richter auf ärztliches Gutachten hin unabhängig von einer Bestrafung für die Zeit von 6 Monaten bis zu 2 Jahren an.

Artikel 42. Der Aufenthalt des Sträflings in einer Heil- oder Pflegeanstalt gilt als Strafvollzug.

Dass bei der praktischen Durchführung der oben aufgestellten Principien noch mancherlei Schwierigkeiten beseitigt werden müssen, lässt sich nicht verkennen; dieselben einzeln zu besprechen, kann nicht die Aufgabe des Lehrbuches sein. Nur auf ein Moment von allgemeinerer Bedeutung glauben wir noch hinweisen zu müssen. Bei

---

kranken ist nicht Sache des Gerichtes, sondern derjenigen Behörde, welcher die Irrenpflege überhaupt anvertraut ist. Diese Behörde aber ist von allen Gerichtsbehörden völlig zu trennen.

Einrichtungen, welche den obigen Grundsätzen gerecht werden sollen, wird es sich nicht vermeiden lassen, dass in die gleiche Anstalt (sei es nun eine Trinkerheilanstalt, oder eine Irrenanstalt, oder ein „Strafabsonderungshaus"), die wir vom psychiatrischen Standpunkte aus mehr oder weniger als eine Krankenanstalt ansehen müssen, sowohl Leute, die ein Verbrechen begangen haben, eingewiesen werden, und noch dazu von Seiten des Gerichtes, als andere Patienten. Diese letzteren könnten an den ersteren bis auf einen gewissen Punkt mit Recht Anstoss nehmen. Dieses Bedenken erscheint den Juristen nun namentlich in Bezug auf die „Strafabsonderungshäuser" so gross, dass sie geradezu für Trennung der „Strafabsonderungshäuser" und Anstalten für moralische Idioten eintreten, als welche nach unserer Überzeugung, wie oben entwickelt, ziemlich identische Begriffe sind. Manche Psychiater andererseits wollen deshalb eben das Wort „Strafe" aus dem Namen verbannt wissen. Wenn wir vom Namen absehen, so ist gegen die sachlichen Bedenken Folgendes einzuwenden.

Erstlich besteht heutzutage allgemein die Praxis (mit nur ganz wenigen Ausnahmen), verbrecherische Geisteskranke in den Irrenanstalten mit den anderen Patienten zusammen zu versorgen. Warum sollte also nicht ein Gleiches bei den „Strafabsonderungshäusern" möglich sein. Jene Bedenken wären doch in Bezug auf die Irrenanstalten viel eher gerechtfertigt und sind in der That so gerechtfertigt, dass wir deshalb erstens wenigstens die Mitwirkung der Gerichte bei Versorgung verbrecherischer Geisteskranker ganz ausgeschlossen wissen möchten, um des äusseren Rufes der Irrenanstalten willen, zweitens — um der Sache willen — die moralischen Idioten in die Strafabsonderungshäuser versetzen möchten. Durch diese zwei Massregeln würde von den Irrenanstalten schon ein grosser Teil des auf ihnen jetzt lastenden Odiums genommen werden.

Zweitens möchten wir gerade den juristischen Bedenken gegenüber darauf aufmerksam machen, dass ganz die gleiche Praxis, die wir jetzt für die vermindert Zurechnungsfähigen im Allgemeinen und die Strafabsonderungshäuser verlangen, bereits für einen speciellen Fall der verminderten Zurechnungsfähigkeit existiert, ich meine „die Jugendlichen" und die Correktions- oder Erziehungshäuser, worauf wir überhaupt bei dieser Gelegenheit zu sprechen kommen wollen.

So sehr man sich auch vielfach gegen die V. Z. im Allgemeinen gesträubt hat, so wenig hat man Anstand genommen, sie für den speciellen Fall der nicht erwachsenen Menschen anzuerkennen, welche beinahe so lange als überhaupt ein Strafrecht existiert, in allen Gesetzgebungen eine Ausnahmestellung geniessen. Es bedarf ja auch gar

keiner besonderen Erläuterung, dass die geistige Reife des normalen
Menschen, die wir als Voraussetzung der Zurechnungsfähigkeit kennen
gelernt hatten, erst allmählich im Laufe des Kindes- und Jugendalters
erworben wird; in welchem Lebensjahre, ist an sich ebenso schwer
zu sagen, wie die Grenze zwischen geistiger Krankheit und Gesundheit
zu bezeichnen. Hier aber ist dem Gesetz die Möglichkeit gegeben,
eine Grenze, wenn auch willkürlich, in einer bestimmten Zahl zu
normieren, in gleicher Weise wie die zum Militärdienst berechtigende
Körpergrösse. So erklärte auch schon das spätere römische und
kanonische Recht Kinder bis zum 7. Jahre für straflos, während nur
das ältere römische Recht auch unmündige Kinder bestrafte. Aber
schon um die Zeit des mittelalterlichen Rechtes begnügte man sich
nicht mit Normierung dieser einen Grenze, sondern nahm vielmehr in
richtiger Würdigung der sehr allmählich sich entwickelnden geistigen
Reife zwei Grenzen, beziehungsweise drei Grade der Zurechnungsfähigkeit
an, welches Princip in fast allen modernen Gesetzgebungen befolgt
ist, indem man ganz unzurechnungsfähige Kinder, ganz zurechnungsfähige Erwachsene und „Jugendliche" unterscheidet. Die Zurechnungsfähigkeit dieser „Jugendlichen" (deren Alter das Gesetz fixiert) wird
unbedingt angezweifelt und muss in jedem einzelnen Fall mit Rücksicht
auf die besondere Verbrechensart festgestellt werden.

In Einzelheiten gehen die gesetzlichen Bestimmungen über die
„jugendlichen Personen" in den verschiedenen Gesetzgebungen sehr
auseinander. Zunächst schwankt die untere Altersgrenze zwischen
7 Jahren (England) und 14 Jahren (einige schweizerische Cantone),
die höhere zwischen 14 Jahren (England, Italien und andere) und
18 Jahren (Deutschland). Das französische Gesetz normiert keine
untere Grenze und lässt in jedem Falle die Zurechnungsfähigkeit
besonders feststellen — eine wohl in keiner Weise zu rechtfertigende
Bestimmung. Beiläufig sei bemerkt, dass im Allgemeinen die Tendenz
dahin geht, die Altersgrenzen eher hinauf- als herabzusetzen. Bei ihrer
Normierung wird auf die raschere körperliche und geistige Entwicklung
in den südlichen Klimaten Rücksicht zu nehmen sein. Einige Gesetzgebungen fixieren übrigens noch mehr Grade, indem z. B. der Canton
Tessin jugendlichen Personen im Alter von 10—14, 14—16, 16—18,
18—20 Jahren je besondere Grade der Strafmilderung zusichert,
worauf wir gleich zurückkommen werden.

Merkwürdiger Weise bestimmen alle Gesetzgebungen in gleicher
Weise, dass bei diesen „jugendlichen Personen" besonders festgestellt
werden muss, ob das betreffende Individuum Unterscheidungsvermögen
(„discernement" des code pénal) besitze. Trotz dieser Einstimmigkeit

kann diese einseitige Betonung des Urteilsvermögens keineswegs als glücklich bezeichnet werden, was auch von juristischer Seite vielfach anerkannt wird. Die Bestimmbarkeit des Willens durch Vorstellungen kann bei einem Kinde oder einer jugendlichen Person sehr wohl eine andere sein als bei einem Erwachsenen, auch wenn das Unterscheidungs- vermögen vorhanden ist. Z. B. weiss ein fünfjähriges Kind sogar schon sehr wohl, dass es verboten ist, in einem Conditorladen ein Zucker- törtchen wegzunehmen, und dass das Wegnehmen Strafe, in welcher Art es auch sei, nach sich zieht. Trotzdem wird man ein Kind für einen solchen Diebstahl keineswegs in gleicher Weise verantwortlich machen wollen, wie einen Erwachsenen. Die bezügliche Gesetzes- bestimmung sollte deshalb auch hier eine umfassendere, allgemeinere sein, wie bei Definition der Zurechnungsfähigkeit überhaupt.

Doch halten wir uns nicht mehr bei Worten auf, und kommen wir zur Sache, d. h. zu den Consequenzen, welche die allfällige Zu- rechnungsfähigkeit oder Unzurechnungsfähigkeit jugendlicher Personen nach sich zieht: Spricht sich das Gutachten dahin aus, dass das Unter- scheidungsvermögen der jugendlichen Person in Bezug auf den concreten Fall fehlt — oder hat das betreffende Individuum die untere Alters- grenze überhaupt noch nicht erreicht — also in beiden Fällen — so wird es für straffrei erklärt, doch kann das Gericht die Einweisung in eine Erziehungs- oder Besserungsanstalt anordnen (eventuell wenn die Vormundschaftsbehörde findet, dass .... Bestimmungen, die uns hier nichts weiter angehen). — Wird aber das Unterscheidungsver- mögen als vorhanden anerkannt, dann ordnen allerdings manche Gesetz- gebungen einfach eine Strafmilderung an (eventuell in ganz bestimmten Graden, wie z. B. der Canton Tessin), manche Gesetz- gebungen bestimmen aber ausdrücklich, dass die bezügliche Gefängniss- oder Zuchthausstrafe in Aufenthalt in einer Erziehungs- oder Besserungs- anstalt umgewandelt werden darf oder muss! — Die Analogie dieser Bestimmungen mit den von uns geforderten in Bezug auf Z., v. Z. und U. Z. im Allgemeinen, oder mit den bezüglichen Artikeln des Vor- entwurfes eines Eidg. Strafgesetzbuches, ist also unverkennbar.

Die Analogie geht aber noch weiter, und das ist es, worauf es uns hier ankommt. Naturgemäss nämlich drängt sich uns die Frage auf: Wie steht es mit der Einweisung von jugendlichen Personen, welche noch nicht mit dem Strafgesetz in Conflict gekommen sind, in die Correktionshäuser? Gesetzliche Bestimmungen existieren hierüber aller- dings nicht, aus dem einfachen Grunde, weil diese Besserungsanstalten fast nirgends staatliche Institutionen, sondern etwa durch Initiative der Gemeinden oder als wohlthätige Stiftungen u. s. w. entstanden sind.

Die bezüglichen Bestimmungen finden sich deshalb in den verschiedensten
Reglementen der einzelnen Anstalten, besonderen „Verordnungen" oder
„Erlassen" verstreut. Der Unterschied dieser staatsrechtlichen Begriffe
von „Verordnung", „Gesetz" u. s. w. aber ist etwas, was uns durchaus
nichts angeht. Uns kommt es hier lediglich auf die Thatsache an,
dass die Tendenz in allen civilisierten Ländern dahin geht, die Einweisung moralisch defekter Kinder in Besserungsanstalten auch unabhängig von vorausgegangenen Collisionen mit dem Strafgesetz zuzulassen.
Wenn dies nun bei Kindern und den „Besserungsanstalten" geht, warum
soll es nicht auch bei den vermindert Zurechnungsfähigen und den
Strafabsonderungshäusern im Allgemeinen gehen?! Wir wollen noch
einmal darauf hinweisen, dass die Sache vielleicht durch Wahl eines
harmloseren, das Krankhafte der Insassen mehr bezeichnenden Namens
der „Strafabsonderungshäuser" erleichtert würde, können aber darauf
kein allzu grosses Gewicht legen.

§ 2.

## Massnahmen bei Geisteskrankheit der Untersuchungs- und Strafgefangenen.

> Bei Verbrechern, die in Untersuchungshaft erkranken, ist das Verfahren für die
> Dauer der Erkrankung zu sistieren. „Geisteskranke Verbrecher", die während der
> Strafgefangenschaft erkranken, sind in die Irrenanstalt zu versetzen, ebenso wie die
> „verbrecherischen Geisteskranken" und nicht in besonderen Anstalten zu verwahren.
> Die Frage solcher ist nicht zu verwechseln mit derjenigen der „Strafabsonderungs-
> häuser".

Wesentlich andere Fragen, als bei zweifelhafter Zurechnungsfähigkeit zur Zeit eines Verbrechens kommen in Betracht, wenn erst
nach Ausübung eines solchen im Gefängnis die ersten Zeichen geistiger
Störung beobachtet werden. Ist der Kranke Untersuchungsgefangener,
wird allerdings in den meisten Fällen auch die Frage nach dem
Geisteszustand zur Zeit der That gestellt werden. Lässt sich derselbe
aber als normal und der spätere Beginn der Erkrankung nachweisen,
so ist nur der Patient behufs ärztlicher Behandlung in eine geeignete
Krankenanstalt zu versetzen und das gerichtliche Verfahren bis zur
Wiedergenesung zu sistieren. Hier handelt es sich natürlich um eine
rein klinische Beurteilung des Falles; höchstens kann die Frage entstehen, ob der Kranke vernehmungsfähig und welche Glaubwürdigkeit
seinen Aussagen beizumessen ist. Diese Frage deckt sich für uns

mit derjenigen der Zeugnisfähigkeit im Allgemeinen, auf die wir im § 5 zu sprechen kommen werden. Erweist sich die Krankheit schliesslich als unheilbar, ist das gerichtliche Verfahren überhaupt einzustellen. Wenn aber der betreffende Patient schon verurteilt ist und die Krankheit erst in der Strafgefangenschaft beobachtet wird, so kann die Frage der Zurechnungsfähigkeit nicht mehr aufgeworfen werden und es handelt sich dann nur darum, ob der Kranke für die Zeit seiner Erkrankung behufs ärztlicher Behandlung oder Pflege in eine Irrenanstalt versetzt werden soll. Körperliche Erkrankungen werden ja allerdings in den Gefängnislazaretten behandelt; bei Geisteskranken aber, die im Zweifel den Sinn und die Bedeutung der Gefangenschaft nicht mehr zu beurteilen vermögen, geht die Tendenz im Allgemeinen dahin, sie während der Zeit ihrer Erkrankung in eine Irrenanstalt überzuführen. Die bezügliche Behörde muss dann die zeitweilige oder dauernde Entlassung des Strafgefangenen aus dem Gefängnis anordnen und holt hierzu wieder das Gutachten eines Sachverständigen ein, der ja auch hier im Wesentlichen rein klinische Fragen zu beantworten hat; immerhin bestehen über die Verwahrung geisteskranker Verbrecher grundsätzliche Meinungsverschiedenheiten, die schon seit Mitte des Jahrhunderts eifrig verhandelt worden sind und zu einer umfangreichen Litteratur gerufen haben. Einmal, um für kurzdauernde Geistesstörungen das umständliche Verfahren, welches die Entlassung aus der Gefangenschaft erfordert, zu vermeiden, dann aber auch weil die gemeingefährlichen Verbrecher in den Irrenanstalten eventuell nicht mit genügender Sicherheit verwahrt werden können und für die Verpflegung der anderen Patienten Unzuträglichkeiten mit sich bringen, endlich um allen Weitläufigkeiten bei zweifelhafter Geistesstörung aus dem Wege zu gehen, hat man besondere Anstalten für geisteskranke Verbrecher gefordert und diesbezügliche praktische Versuche in England und Deutschland gemacht. Zum Teil hat man auch versucht, auf diesem Wege die Verwahrung unzurechnungsfähiger Verbrecher („verbrecherischer Geisteskranker") zu lösen, indem man auch diese in jenen Anstalten zusammen mit den geisteskranken Verbrechern versorgte. Insofern würde sich die Frage also zum Teil decken mit derjenigen der im vorigen Kapitel besprochenen „Strafabsonderungshäuser". Die Verquickung dieser Fragen scheint uns aber unstatthaft. Nicht die Thatsache, dass sich eine verbrecherische Handlung und eine Geistesstörung überhaupt bei einem und demselben Individuum finden, sollte für die Wahl der Anstalt, in welcher es versagt werden soll, massgebend sein, sondern die Art der Geistesstörung. Verbrecherische Geisteskranke und geisteskranke

Verbrecher gehören beide in die Irrenanstalt, sofern sie an einer ausgesprochenen Geistesstörung leiden, also z. B. sowohl der Paralytiker,
welcher erst im Zuchthaus an „Paralyse" (sogenannter „Gehirnerweichung") erkrankt, als derjenige, welcher in Folge der Paralyse ein
Verbrechen begeht. Dagegen sollten diejenigen Leute, welche in Folge
ihres moralischen Defektes eine Gefahr für die Gesellschaft bilden,
in den „Strafabsonderungshäusern" verwahrt werden, ob sie nun schon
einen schweren Mord begangen haben, oder durch eine äusserliche
Zufälligkeit an der Vollendung eines solchen verhindert worden sind.
Da hier überhaupt nur schwere Fälle von angeborenem moralischen
Defekt in Frage kommen können, spielt der Beginn der geistigen Erkrankung für die „Strafabsonderungshäuser" natürlich keine Rolle.

Allerdings können auch bei der angegebenen Trennung der Fragen
praktisch noch insofern Schwierigkeiten entstehen, als Leute mit angeborenem moralischen Defekt (und psychopathischen Eigentümlichkeiten überhaupt) leicht an akuten ausgesprochenen Geistesstörungen
erkranken, und es scheint, dass gerade solche Fälle zuerst Veranlassung
gegeben haben, die Errichtung von besonderen Anstalten für geisteskranke Verbrecher zu fördern. Bei solchen Kranken würde dann
allerdings weniger dagegen einzuwenden sein, wenn man sie im Hinblick auf ihre dauernden geistigen Anomalieen auch während einer
akuten Geistesstörung im „Strafabsonderungshaus" beliesse, welches ja
ohnehin in seinen baulichen Einrichtungen einer Irrenanstalt ähneln
müsste und psychiatrischer Leitung zu unterstellen wäre. Diese
Einzelfragen werden später leicht zu lösen sein, wenn überhaupt die
Institution eines „Strafabsonderungshauses" erst existiert. Zunächst
ist es jedenfalls nötig, die Forderungen klar zu präcisieren und wenn
dies erst geschehen, so dürfte die Streitfrage über die Wünschbarkeit
von Anstalten für geisteskranke Verbrecher aufgehen in derjenigen
über die Notwendigkeit von sogenannten „Strafabsonderungshäusern".

## § 3.
### Die civilrechtliche Handlungsunfähigkeit.

Der „Unzurechnungsfähigkeit" im Strafrecht entspricht die „Handlungsunfähigkeit" im Civilrecht; man hat die „natürliche Handlungsunfähigkeit", welche nachträglich für den konkreten Fall zu konstatieren ist, von der „formalen", welche
durch Bevormundung auf Grund des im Allgemeinen für die Zukunft zu beurteilenden Geisteszustandes dekretiert wird, wohl zu unterscheiden. Im Civilrecht wird
das Relative des Begriffs der Handlungsunfähigkeit längst allgemein anerkannt.

Die in Frage kommenden, sehr zahlreichen gesetzlichen Definitionen befriedigen nur zum Teil.

Bei Fällen natürlicher Handlungsunfähigkeit kann dem Relativen des Begriffs praktisch, nicht Rechnung getragen werden, wohl aber bei der Bevormundung: Je nach der besonderen Eigenart des Falles müssen die Gründe für und wider die Vormundschaft sorgfältig abgewogen werden. Dieselbe dient in den meisten Fällen dem Schutze des Patienten. Manche durch sie hervorgerufenen Unzuträglichkeiten lassen sich durch richtige Wahl der Art der Vormundschaft und der Persönlichkeit des Vormundes beseitigen. — In das Enmündigungsverfahren ist der Patient möglichst wenig hineinzuziehen. Alle Vorsichtsmassregeln in Form gesetzlicher Bestimmungen, welche ungerechtfertigte Bevormundungen verhüten sollen, nützen wenig. Der Schwerpunkt des Entmündigungsverfahrens liegt immer in der Gewissenhaftigkeit des Richters und des Sachverständigen.

Wie die Strafe als rechtliche Folge einer verbrecherischen Handlung nicht verhängt werden kann, wenn der Verbrecher zur Zeit der That geisteskrank („unzurechnungsfähig") war, so entfallen auch im Civilrecht die rechtlichen Folgen einer Handlung, wenn der Handelnde geisteskrank („handlungsunfähig") ist. Die civilrechtliche „Handlungsunfähigkeit" — ein Wort, welches zur Bezeichnung des bezüglichen Begriffes zwar nicht so allgemein gebräuchlich ist, wie das Wort „Unzurechnungsfähigkeit", z. B. im Bürgerlichen Gesetzbuch für das deutsche Reich keine Anwendung gefunden hat, den zu bezeichnenden Begriff aber in genügend klarer Weise für uns ausdrückt — die civilrechtliche Handlungsunfähigkeit kann auch wie die Unzurechnungsfähigkeit durch andere Momente als Geisteskrankheit bedingt sein; doch interessiert uns wieder nur dieser letztere besondere Fall. Die Frage der Handlungsunfähigkeit stellt sich aber für uns ganz anders als die der Unzurechnungsfähigkeit und haben wir zwei verschiedene Arten von Handlungsunfähigkeit wohl zu unterscheiden. Bei der einen wird wie im Strafrecht nachträglich in Bezug auf eine bestimmte konkrete Handlung die Handlungsfähigkeit eines Menschen auf Grund von Geistesstörung angefochten; diese Art bezeichnet der Jurist auch wohl als „natürliche Handlungsunfähigkeit". Bei der anderen Art aber handelt es sich darum, für die Zukunft einem Geisteskranken die Handlungsfähigkeit im Allgemeinen durch eine behördliche Verfügung abzusprechen und die bezüglichen Rechte und Pflichten einem hierzu zu bestellenden Vormund zu übertragen. Dadurch tritt dann nach dem juristischen Terminus im Gegensatz zu der „natürlichen" die „formale Handlungsunfähigkeit" ein. Es liegt auf der Hand, dass diese zwei Fälle, ganz abgesehen von ihren rechtlichen Folgen und juristischen Bezeichnungen, auch für den psychiatrischen

Sachverständigen von wesentlich verschiedener Bedeutung sind. Während er bei der Unzurechnungsfähigkeit in erster Linie den Geisteszustand des Exploranden in einem bestimmten Momente der Vergangenheit zu beurteilen hat, und das mutmassliche Verhalten des Kranken in der Zukunft erst in zweiter Linie in Betracht kommt, handelt es sich bei der formalen Handlungsunfähigkeit ausschliesslich um diese letztere Frage, das heisst um die Prognose, die ja allerdings auf Grund vergangener, beziehungsweise gegenwärtiger Thatsachen zu stellen ist.

Dass nun die Handlungsfähigkeit im Allgemeinen ein durchaus relativer Begriff sei, wird auf dem Gebiete des Civilrechts in Theorie und Praxis längst allgemein anerkannt; auch sie wird, wie die Zurechnungsfähigkeit oder Strafmündigkeit, in den Entwicklungsjahren allmählich erworben. Hier wie dort aber hat das Gesetz eine bestimmte Altersgrenze normiert, mit welcher die Handlungsfähigkeit beginnen soll; dieses Alter der bürgerlichen Mündigkeit ist meist höher angesetzt als das der Strafmündigkeit. Wie bei der letzteren aber nimmt das Gesetz Zwischenstufen an, indem es bald die Berechtigung zu Handlungen bestimmter Art auch solchen Personen zuerkennt, welche das Alter der allgemeinen Mündigkeit noch nicht erreicht haben (z. B. die Testierfähigkeit unter gewissen Bedingungen), bald sie Personen, die im Allgemeinen schon mündig sind, bis zu einem gewissen Alter abspricht (z. B. die Berechtigung der Eheschliessung, unter gewissen besonders bezeichneten Bedingungen). Während man aber entsprechende Abstufungen für die erwachsenen Geisteskranken im Strafrecht perhorrescierte und zum Teil noch perhorresciert, bestehen solche ganz allgemein im Civilrecht. So z. B. kennt das preussische Landrecht 2 verschiedene Grade der Geistesstörung, die es in allerdings sehr unglücklicher Weise als „Wahnsinn" und „Blödsinn" bezeichnet, und bestimmt, dass „Wahnsinnige in Ansehung der von dem Unterschiede des Alters abhängenden Rechte den Kindern (d. h. Menschen, welche das 7. Altersjahr noch nicht zurückgelegt haben), Blödsinnige aber den Unmündigen (d. h. Menschen, welche das 14. Lebensjahr noch nicht zurückgelegt haben) gleichgeachtet" werden sollen. Dem Sinne nach im Wesentlichen entsprechende Bestimmungen finden sich auch im deutschen Bürgerlichen Gesetzbuch; und ganz im Allgemeinen sind endlich die Rechte, welche bevormundeten Personen zugestanden, beziehungsweise aberkannt werden, in den verschiedenen Gesetzgebungen und in der gleichen wieder je nach Art der Vormundschaft (z. B. ob „ordentliche" oder „ausserordentliche") verschieden normiert. In allen solchen einzelnen Fällen kann nun allerdings insofern keine Schwierigkeit entstehen, als das Gesetz eben für jede specifische Art der Handlung festsetzt, welche Eigenschaften eine Person haben muss, um handlungsfähig zu sein. Bei Aberkennung der Handlungsfähigkeit durch die Bevormundung aber handelt es sich eben nicht um eine bestimmte Handlung, sondern um verschiedene mögliche, wenn auch durch das Gesetz wieder zum Teil beschränkte Handlungsarten. Es liegt also wiederum in der Natur der Sache, dass der Begriff der Handlungsfähigkeit auch hier ein unbestimmter, relativer ist.

Diesen Begriff zu definieren, müssen wir, wie bei der Zurechnungsfähigkeit, wieder der Rechtswissenschaft überlassen. Was die uns allein interessierenden besonderen Fälle, wo die Handlungsfähigkeit auf Grund von Geistesstörung beeinträchtigt ist, anlangt, so bietet die formale Handlungsunfähigkeit im Grossen und Ganzen keine besonderen Schwierigkeiten dar. Der anscheinend allgemein befriedigende Wortlaut verschiedener jetzt gültiger Civilgesetze „Wer in Folge von Geisteskrankheit oder Geistesschwäche seine Angelegenheiten nicht zu besorgen vermag" findet sich auch in dem ja noch nicht gültigen deutschen Bürgerlichen Gesetzbuch wie in dem Vorentwurf für ein schweizerisches „Bundesgesetz über das Privatrecht". Die meisten Gesetzgebungen führen Trunk- und Verschwendungssucht in besonderen §§ als Gründe für die Bevormundung an, indem sie darin, dem hergebrachten Brauche folgend, Laster erkennen, während wir beide Eigenschaften als geistige Erkrankungen auffassen müssen, wie wir im besonderen Teile sehen werden, wobei wir auch auf Wert und Bedeutung der Vormundschaft in diesen Fällen zurückzukommen haben.

Anders als bei der formalen liegt die Sache mit der natürlichen Handlungsunfähigkeit. Auch hier hat man, wie bei der Unzurechnungsfähigkeit und zum Teil auch der formalen Handlungsunfähigkeit vielfach versucht, die specielle geistige Störung zu präcisieren, welche die Handlungsunfähigkeit bedingen soll, so z. B. mit den schon wiederholt citierten Ausdrücken „Wahnsinn" und „Blödsinn" im Preussischen Landrecht. Oder man stellte psychologische Definitionen auf (zum Teil neben den Krankheitsnormen), indem man z. B. bestimmte, es komme darauf an, ob Jemand „des Vernunftgebrauches beraubt sei" oder „die Folgen seiner Handlungen berechnen könne" oder „einen bewussten Willen habe" — alles Formulierungen, die von psychiatrischem Standpunkte aus als ganz ungeeignet bezeichnet werden müssen. Auch das deutsche Bürgerliche Gesetzbuch hat in einer keineswegs glücklichen Weise für die natürliche Handlungsunfähigkeit die Definition der Unzurechnungsfähigkeit aus dem Reichsstrafgesetzbuch übernommen: „wer sich in einem die freie Willensbestimmung ausschliessen-

den Zustande krankhafter Störung der Geistesthätigkeit befand."
Dagegen giebt der Vorentwurf für ein schweizerisches Privatrecht
die von psychiatrischem Standpunkte wohl zu acceptierende Definition:
„Als handlundsunfähig sind alle Personen zu betrachten, die infolge
von Kindesalter, Geisteskrankheit, Geistesschwäche, oder aus anderen
Ursachen ausser Stande sind, die Beweggründe, die Folgen und den
sittlichen Charakter ihres Verhaltens r i c h t i g  z u  e r k e n n e n  u n d
e i n e r  r i c h t i g e n  E r k e n n t n i s  g e m ä s s  z u  h a n d e l n." Namentlich die Formulierung des Schlusses dieses Artikels scheint uns sehr
viel glücklicher als die sonst im Straf- und neuerdings nun auch im
Civilrecht beliebte, aber unglückliche „freie Willensbestimmung".
Auf genauere Citate gültiger gesetzlicher Bestimmungen müssen wir
verzichten, weil deren Zahl ja im deutschen Sprachgebiete eine wahr-
haft übergrosse ist.  Je allgemeiner der Ausdruck gewählt ist, desto
brauchbarer wird er auch hier, und hier erst recht sein. Wie sich
der Gerichtsarzt im einzelnen Falle mit der an ihn gestellten Frage
abzufinden hat, muss seiner Gewandtheit und seinem Takt überlassen
bleiben.

Sachlich bietet die natürliche Handlungsunfähigkeit dem Gerichtsarzt keine besonderen Schwierigkeiten dar.  Wenn z. B. ein Ver-
storbener ein Testament aufgesetzt oder ein Lebender einen Kaufvertrag abgeschlossen hat und nun behauptet wird, der Betreffende
sei zur kritischen Zeit in Folge von Geisteskrankheit handlungsunfähig gewesen, so stellt sich die Frage nach dem Geisteszustand zur
Zeit der betreffenden Handlung ja ähnlich wie bei der Frage der
strafrechtlichen Unzurechnungsfähigkeit; nur kommen dabei die mannigfaltigen Rücksichten auf die Zukunft und die Zweckmässigkeit, die
bei Unzurechnungsfähigen eine so grosse Rolle spielen, in Wegfall.
Auch hat eine allfällige „verminderte Handlungsfähigkeit", die wir
theoretisch natürlich postulieren müssen, praktisch keine Bedeutung,
weil man z. B. ein Testament nur entweder anerkennen oder für ungültig erklären kann, ebenso wie auch einen Kaufvertrag. Sollte durch
einen solchen ein Anderer von einem Geisteskranken geschädigt worden
sein, so haftet derselbe ohnehin wie alle Geisteskranken für den durch
ihn verursachten Schaden „nach billigem Ermessen des Richters",
gleichgültig ob er dafür verantwortlich gemacht werden kann oder nicht
— oder es haften dafür diejenigen, die zur Aufsicht des Kranken ver-
pflichtet waren.  Das zu beurteilen ist aber ausschliesslich Sache des
Richters und nicht des Sachverständigen. Für diesen können hier demnach
nur Schwierigkeiten der Diagnose, also der rein klinischen Beurteilung
entstehen, und hierdurch solche, sich das nötige Thatsachenmaterial

durch Zeugeneinvernahme u. s. w. zu verschaffen. Das sind aber Schwierigkeiten, wie sie bei jeder Expertise auftreten können; sie bedürfen deshalb hier keiner besonderen Erwähnung.

Dagegen ist es nun wieder bei der formalen Handlungsunfähigkeit in sehr vielen Fällen nicht möglich, sich auf die rein klinische Frage zu beschränken, ob der zu Untersuchende krank oder gesund ist; vielmehr muss sich der Gerichtsarzt die Frage vorlegen, ob vom ärztlichen Standpunkt aus die Vormundschaft und eventuell welche Art derselben angezeigt erscheint. Dies zu beurteilen ist vielfach der Arzt sehr viel eher im Stande, als der Richter. Es kommt dabei allein auf die Gesammtbeurteilung des bezüglichen Falles an. Die Schwierigkeiten, welche hier sehr häufig entstehen, werden durch alle noch so fein ausgeklügelten gesetzlichen Bestimmungen nicht aus der Welt geschafft werden. Wohl oder übel muss sich deshalb der Gerichtsarzt über die Folgen, welche eine allfällige Bevormundung nach sich zieht, eine möglichst klare Vorstellung zu machen suchen. Dass ihm dies oft sehr schwer wird und er dabei in Meinungsdifferenzen mit dem Richter geraten kann, das schafft die Thatsache nicht aus der Welt. Dieser Umstand aber zeigt wieder, was für ein compliciertes in mannigfache sociale Beziehungen eingreifendes — nicht auf die rein klinische Beurteilung beschränktes — Arbeitsfeld für die gerichtliche Psychopathologie hier vorliegt.

Welche Folgen nun die Bevormundung nach sich zieht, darüber lassen sich verschiedene für den Gerichtsarzt wichtige allgemeine Gesichtspunkte aufstellen: Zunächst haben wir im Auge zu behalten, dass es sich dabei vornehmlich wie erwähnt darum handelt, ob der zu Untersuchende fähig sei, seine „ökonomischen Angelegenheiten zu besorgen", oder „sein Vermögen selbst zu besorgen" — wie sich das Gesetz wohl auch ausdrückt. Es liegt nun auf der Hand, dass ein Mensch sehr wohl in manchen Beziehungen geistig krank sein kann, ohne dabei jene Fähigkeit eingebüsst zu haben, während dieselbe umgekehrt wieder fehlen kann bei in manchen anderen Beziehungen erhaltenen Geisteskräften, vor Allem aber bei manchen Krankheiten, welche dem Laien noch sehr leicht erscheinen; ich denke hier vor Allem an die ersten Stadien der progressiven Paralyse (sogenannten „Gehirnerweichung"). Man kann also durch die Bevormundung ebensowohl einen Menschen in berechtigten Interessen beeinträchtigen, als umgekehrt durch Nichtbevormundung einem Patienten schweren Schaden zufügen. Darauf müssen wir ganz besonders hinweisen. Man geht Unannehmlichkeiten keineswegs dadurch aus dem Wege, dass man im Zweifel einen Menschen nicht entmündigt — sondern übernimmt so oder so stets

eine grosse Verantwortung — eine Mahnung, die Richter und Arzt in
gleicher Weise zu beherzigen haben.

Hinsichtlich der Folgen für den Patienten liegen die Verhältnisse
bei der Entmündigung oft gerade umgekehrt als bei der Unzu-
rechnungsfähigkeitserklärung. Mit der letzteren — meint der Laie
vielfach — geschehe dem Patienten unbedingt eine grosse Wohlthat,
eine Meinung, welche auch vorwiegend zu dem so weit verbreiteten
Simulationsverdacht Veranlassung giebt. In gewisser Beziehung mag
ja die Meinung begründet sein. Auf der anderen Seite sieht man sich
doch aber auch oft genug genötigt, im Falle der Unzurechnungsfähigkeit die Gemeingefährlichkeit zu betonen und darauf zu dringen, dass
zum Schutze der Gesellschaft der Patient versorgt werde, welcher vielleicht im Falle seiner Zurechnungsfähigkeit diesmal mit einer kurzen
Strafe davon gekommen wäre. Zudem ziehen es Viele vor, verurteilt,
anstatt für einen „Narren" erklärt zu werden. Das haben uns schon
sehr viele Untersuchungsgefangene gesagt. Mit der dem Patienten
erwiesenen Wohlthat ist es also oft genug nicht weit her. — Ganz
anders ist es bei der Entmündigung. Eine solche wird von den Laien
gern für ein grosses Unglück für den Patienten gehalten, während
sie doch thatsächlich nur zum Wohle des Patienten dient. Es soll
zwar nicht in Abrede gestellt werden, dass sie vielfach auch im Interesse der Gesellschaft angezeigt ist. So kann z. B. ein submaniakalischer, leicht tobsüchtiger Kaufmann durch unüberlegte Spekulationen,
an denen er durch Entmündigung verhindert worden wäre, seine Ge-
schäftsfreunde in den pecuniären Ruin mit hineinreissen. Es kann ein
paralytischer Arzt, Apotheker, Lokomotivführer unsäglichen Schaden anrichten, während er durch Bevormundung an der Ausübung seines Berufes
gehindert worden wäre. Meistens aber ist die Bevormundung angezeigt im Interesse des Patienten selbst, zum Schutze gegen böswillige
Menschen, welche seine geistige Schwäche zu eigenem Vorteil auszu-
nutzen bestrebt sind, zum Schutze gegen seine krankhaften Triebe,
die ihn zu Handlungen verleiten, welche er nach seiner Genesung
schwer bereut, oder endlich zur Wahrung seiner Interessen, die er
selbst momentan zu wahren durch die Geisteskrankheit verhindert ist.
Die Sorge um das Vermögen des Patienten kann endlich auch im
Interesse der Familie liegen; häufig wird dies in höherem Sinne mit
dem Interesse des Patienten zusammenfallen, so z. B. bei einem paralytischen Familienvater, für den es persönlich bei seinem fortschreiten-
den Blödsinn schliesslich ganz gleichgültig ist, was aus seinem Vermögen wird, welcher aber zu der Zeit, da er noch handlungsfähig war,
den Wunsch hatte, im Falle seines Todes die Seinigen nicht in Not

und Elend zurückzulassen. Andererseits aber soll durchaus nicht in Abrede gestellt werden, dass Angehörige die Bevormundung eines Patienten oft genug nur in egoistischem Interesse verlangen.

Wir sehen also, dass in der Entmündigungsfrage die mannigfaltigsten Schwierigkeiten auftauchen können, und dass das Für und Wider sorgfältig gegeneinander abgewogen werden muss. In manchen Fällen lassen sich diese Schwierigkeiten durch die Art der Vormundschaft beseitigen, ich meine hinsichtlich der Dauer und der Wahl des Vormundes. Die Gesetzgebungen kennen sämmtlich eine doppelte Vormundschaft, eine sogenannte ordentliche und eine ausserordentliche (oft auch „Pflegschaft" genannt) für kürzere Zeit. Vielfach wendet man aber in praxi, wenn sie auch im Gesetz vorgesehen ist, diese letztere nicht gern an. Für heilbare Geistesstörungen ist sie im Zweifel immer zu empfehlen. Erstens ist es leichter und einfacher, sie wieder aufzuheben, und zweitens räumt sie dem ausserordentlichen Vormund weniger Rechte ein als dem ordentlichen. Durch diesen Umstand ist für die momentan notwendige Wahrung der Interessen gesorgt, ohne dass Gefahr vorhanden wäre, dass der Vormund Massnahmen trifft, die durchaus nicht im Interesse des Patienten liegen, dass z. B. der Vormund die ganze Fahrhabe des Patienten verkauft, die der später Genesende mit grossem Verlust wieder ersetzen muss und dazu grossem Ärger und Verdruss ausgesetzt ist, welche die eben erst glücklich wiedergewonnene Gesundheit in Frage stellen. Andererseits kann aber gerade dieser Umstand, dass die Rechte des ausserordentlichen Vormundes beschränkt sind, bei verwickelten ökonomischen Verhältnissen die Errichtung einer ordentlichen Vormundschaft notwendig erscheinen lassen. Es ist deshalb zu betonen, dass auch diese ordentliche oder dauernde Vormundschaft keine lebenslängliche zu sein braucht. Das Gesetz sieht die Möglichkeit der Aufhebung einer ordentlichen Vormundschaft auch immer vor. Der Sachverständige, welcher eine solche empfiehlt, thut aber doch gut, auf jene Eventualität in allen zweifelhaften Fällen besonders hinzuweisen. Der Antrag auf Aufhebung der Vormundschaft oder Entvogtigung wird jedoch von den Patienten oft gestellt, auch dann, wenn eine solche Massregel nicht am Platze ist. In allen solchen Fällen ist die Pflicht des Gerichtsarztes, welcher auch in diesem Falle natürlich wieder ein Gutachten abzugeben hat, den Fall sorgfältig zu prüfen und sich zu vergewissern, ob auch wirklich die Gründe, welche früher zur Bevormundung Veranlassung gegeben haben, nunmehr in Wegfall gekommen sind. Hinsichtlich der Dauer der Vormundschaft bereiten besondere Schwierigkeiten die periodischen Geistesstörungen, die wir im Besonderen

Teil näher kennen lernen werden. Will das Gesetz auf sie Rücksicht
nehmen, so kann das nur in der Weise geschehen, dass es für all-
fällig nötig werdende wiederholte Bevormundungen ein abgekürztes
Verfahren vorsieht. Endlich sei noch erwähnt, dass vielfach die gewiss
berechtigte Praxis besteht, die Bevormundung nicht über jeden Geisteskranken, der seine Angelegenheiten nicht zu besorgen vermag, einzu-
leiten, sondern nur über denjenigen, dessen Angelegenheiten überhaupt
einer Sorge bedürfen. Den entgegengesetzten Standpunkt vertritt das
französische Gesetz, welches für jeden Menschen, der in eine Irrenanstalt kommt, Bevormundung verlangt, eine Massregel, die bei
manchen heilbaren Fällen keinen anderen praktischen Erfolg hat, als
den Kranken, beziehungsweise dessen Familie, in überflüssiger Weise
blosszustellen.

Was nun die Wahl des Vormundes anbelangt, so besteht im Allgemeinen die vielfach berechtigte Praxis, nahe Verwandte zu Vor-
mündern zu ernennen. Es kann jedoch auch leicht passieren, dass
gerade diese bei der Sache interessiert sind in einer Weise, welche
nicht mit den Interessen des Patienten zusammenfällt. Aber auch
wenn ein solches Misstrauen objektiv unbegründet erscheint, und nur
in der krankhaften Auffassung des Patienten (es brauchen nicht immer
ausgesprochene Wahnideen zu sein) besteht, so ist es unbedingt nötig,
einen anderen, dem Patienten genehmen Vormund zu ernennen.
Hierauf wird im Allgemeinen viel zu wenig Rücksicht genommen, und
doch kann der Patient dadurch sehr in seinen Wahnideen bestärkt
und somit schwer geschädigt werden — während doch die Vormundschaft, wie erwähnt, in erster Linie zum Wohle des Patienten da ist.
Diese Verhältnisse kann der Arzt vielfach sehr viel besser übersehen,
als die Vormundschaftsbehörde, und wenn ihm auch formell nicht das
Recht zusteht, auf die Wahl des Vormundes einen Einfluss auszuüben,
so hat er doch unseres Erachtens nicht nur das Recht, sondern die
Pflicht, auf solche Verhältnisse die Behörde aufmerksam zu machen
— auch wenn das über die rein klinische Beurteilung des Falles
hinausgeht.

Ähnliche Rücksichten sind nun ferner vielfach auf den Patienten
selbst im Entmündigungsverfahren zu nehmen. Dasselbe ist in verschiedenen Staaten sehr verschieden geregelt. Die bezüglichen,
oft sehr umständlichen Formalitäten sollen im Wesentlichen den
Zweck haben, jede unberechtigte und leichtfertige Entmündigung zu
verhindern. Dass man in dem Verfahren vorsichtig und gewissenhaft
zu Werke geht, ist gewiss unbedingt notwendig; leider aber bieten die
bezüglichen Vorsichtsmassregeln gar nicht immer die gewünschte Sicher-

heit, erschweren ganz unnützer Weise das Verfahren, und können auch mancherlei Unzuträglichkeiten mit sich bringen. Dass man in zweifelhaften Fällen einen zweiten und noch mehr Sachverständige zuzieht, ist gewiss nur zu billigen; diese Massregel für alle Entmündigungsfälle obligatorisch zu machen, scheint uns unnötig, sie compliciert und verteuert ja stets das Verfahren. Die Hinzuziehung von möglichst der ganzen Sache fernstehenden Laien, z. B. in der Form von Geschworenengerichten, wie heutigen Tages noch hier und da empfohlen wird, hat natürlich gar keinen Sinn. Sie werden der Frage durchaus nicht ein besonders objektives Urteil entgegenbringen, sondern nur unbekümmert um die specielle Bedürfnisfrage lediglich nach allgemeinen Empfindungen urteilen; wie sehr diese hier irre führen können, wurde bereits oben angedeutet. Zu welchen Widersinnigkeiten derartige, auf völliger Unkenntnis der Thatsachen beruhende Theorieen in der Behandlung der Geisteskranken führen können, beweist z. B. eine Institution, welche noch heute in einigen Provinzen Italiens besteht, wonach es zur Aufnahme eines Patienten in einer Irrenanstalt der eidlichen Versicherung zweier unbeteiligter Laien bedarf, dass der Betreffende geisteskrank sei!!!

Scheinbar mehr Berechtigung hat die Bestimmung, dass der Richter, welchem doch die Entscheidung der Frage zusteht, die Pflicht hat, den zu Entmündigenden in einem Termin selbst zu vernehmen, oder wenigstens der Vernehmung durch den Sachverständigen beizuwohnen. Viel Wert hat — namentlich die erstere dieser Massregeln nicht. Denn das Verhalten eines Menschen während einer bestimmten sehr beschränkten Zeit unter besonderen Verhältnissen beweist oft sehr wenig für sein psychisches Gesammtverhalten. Hierüber kann sich der Richter nur Rechenschaft geben an Hand des ärztlichen Gutachtens. Die Vorladung des Patienten zum Termine kann diesen aber sehr aufregen und seine allzu häufige Hereinziehung in das Entmündigungsverfahren überhaupt ihn sehr schädigen. Solche Massregeln sind deshalb möglichst zu vermeiden. Wo man sie in den gesetzlichen Bestimmungen nicht ganz umgehen will, sollten dann für besondere Fälle wenigstens Ausnahmen zulässig sein. Das Gleiche ist von der in den meisten Gesetzgebungen enthaltenen Bestimmung zu sagen, dass das Entmündigungsurteil dem Patienten zuzustellen sei mit der Mitteilung, dass ihm das Recht der Berufung bei der höheren Instanz zustehe. Bei allen in Freiheit lebenden Patienten versteht sich diese Massregel ja von selbst. Bei Pfleglingen der Irrenanstalten aber, deren Leiter und Aufsichtsorgane ja ohnehin unabhängig von der Entmündigung über die Notwendigkeit der Internierung in der Anstalt zu ent-

scheiden haben und dafür verantwortlich sind, wird jene Massregel zu
einer leeren, vielfach schädlichen Formalität. Will man dem Patienten
überhaupt diese Zustellung einhändigen, muss man ihm auch die Einsicht der Akten gestatten u. s. w. u. s. w. Alle diese Massregeln können den
Patienten in seinen Wahnideen bestärken und dadurch schwer schädigen. Im deutschen Reich ist deshalb dem Irrenanstaltsdirektor laut
Reichsgerichtsentscheidung gestattet, alle bezüglichen Schriftstücke den
Patienten vorzuenthalten. Endlich sei erwähnt, dass aus naheliegenden
Gründen jede Bevormundung öffentlich bekannt gemacht wird. Diese
Massregel ist bei Patienten, die und solange sie in einer Irrenanstalt
interniert sind, überflüssig und könnte aus Rücksicht auf den Kranken,
wie auf seine Familie in vielen Fällen füglich unterbleiben.

Die meisten jener vermeintlichen Vorsichtsmassregeln nützen im
Ganzen wenig, sind häufig überflüssig, häufig schädlich. Der Schwerpunkt des Entmündigungsverfahrens wird immer in der richtigen Beurteilung des Krankheitsfalles durch den Sachverständigen liegen unter
Berücksichtigung aller in Betracht kommenden Verhältnisse und — da
die Behörde und nicht der Sachverständige zu entscheiden hat — in
der richtigen, den Fall wirklich allseitig beleuchtenden Begutachtung!
Darüber vergleiche man das Kapitel 4, hier kam es nur darauf an,
die allgemeinen Gesichtspunkte zu erörtern.

## § 4.

### Geistesstörung als Ehehindernis und Ehescheidungs-<br>grund.

Eheschliessungen psychopathischer Personen sind nach Möglichkeit zu vermeiden. — Ehescheidung auf Grund von Geistesstörung sollte, wenn auch nicht
allzu leicht, so doch möglich sein!

Einiger allgemeiner Erläuterungen bedarf noch die Geisteskrankheit als Ehehindernis und Ehescheidungsgrund. Geisteskranken ist
natürlich allgemein die Eingehung einer Ehe nicht erlaubt. Es steht
dann verschiedenen Personen das Recht zu, oder es liegt ihnen auch
die Pflicht ob, nach Verkündigung einer Ehe Einsprache zu erheben
wegen Geistesstörung eines Teiles. Darüber ist dann von der Behörde
das Gutachten eines Sachverständigen einzuholen. In solchen Fällen
können nun wieder die Übergangsformen zwischen geistiger Krankheit
und Gesundheit Schwierigkeiten bereiten. Im Zweifel werden auch

hier die Rücksichten auf die Consequenzen der Massregel ausschlaggebend sein. Nun kommen allerdings Fälle vor, in denen man unter günstigen Verhältnissen von einer Eheschliessung einen guten Einfluss auf den Zustand des Halbkranken erhoffen darf (z. B. bei einem Alkoholiker). Dem gegenüber steht aber natürlich immer das Risiko, welches der andere Teil läuft, insofern als bei solchen Leuten immer die Gefahr einer schwereren Erkrankung gross ist. Vor Allem ist die Gefahr, dass solche zu Geistesstörungen immer sehr disponierende Individuen diese Disposition auf allfällige Nachkommen vererben, stets sehr gross; und diese Rücksicht sollte im Zweifel immer ausschlaggebend sein. Diese Fragen werden dem Arzt in der Privatpraxis allerdings grössere Schwierigkeiten bereiten als vor Gericht. Wenn von diesem die Frage der Geistesstörung gestellt wird, werden die bezüglichen psychopathischen Eigenschaften meist so hochgradig sein, dass die Entscheidung keine allzu grossen Schwierigkeiten bereitet. Prinzipiell lässt sich hier nur die Frage aufwerfen, ob man Schwachsinnigen das Heiraten verbieten will, was bis jetzt im Allgemeinen nicht üblich ist, sich aus dem oben angeführten hygienischen Grunde aber jedenfalls empfehlen würde. Übrigens kommt es natürlich auch vor, dass die Einsprache wegen Geistesstörung nur den Deckmantel für andere unlautere Absichten bildet. Deshalb muss der Sachverständige stets auf der Hut sein und die Mitteilungen möglicher Weise interessierter Zeugen mit grösster Vorsicht aufnehmen.

Andere Momente kommen für die Ehescheidung in Betracht. Die Frage, ob eine solche auf Grund von Geistesstörung zulässig sein soll, ist noch viel umstritten. Das schweizerische Gesetz bejaht sie, die deutschen Landesgesetzgebungen bejahen sie aber nur zum Teil. Die verschiedenen Entwürfe für das deutsche Bürgerliche Gesetzbuch sprachen sich bald bejahend, bald verneinend aus, bis endlich das definitive Gesetz die Ehescheidung in diesem Falle zuliess. Die Bedenken, welche gegen die Zulässigkeit einer solchen Massregel erhoben werden, sind unseres Erachtens scholastische, welche gegenüber den wichtigen Rücksichten auf die Praxis nicht stichhaltig sind. Teils wendet man ein, die Ehescheidung solle überhaupt nur zulässig sein auf Grund selbstverschuldeter Momente, teils und das ist der wichtigste allgemeine Einwand, der Sachverständige könne sich in der Beurteilung der Unheilbarkeit — einer von allen Gesetzgebungen geforderten Bedingung — irren. Dass die Sachverständigen auch in dieser Beziehung nicht unfehlbar sind, ist ja zweifellos richtig und dass man in sehr vielen Krankheitsfällen die Unheilbarkeit nicht mit Bestimmtheit voraussagen kann, ebenfalls. In allen diesen Fällen aber wird sich der Arzt auch nicht dafür aussprechen — grösste Vorsicht ist da natürlich unbedingt notwendig! — Es giebt jedoch leider Krankheits-fälle genug, in welchen die Unheilbarkeit nur mit allzu grosser Sicher-heit vorausgesagt werden kann; dass sich ein Sachverständiger einmal in einem solchen Falle irrt, wird sicherlich zu den allergrössten Selten-heiten gehören, die an Zahl gegenüber den anderen Fällen gar nicht in Betracht kommen. Und in wie vielen solcher ungemein seltenen Fällen die inzwischen erfolgte Ehescheidung wirklich ein Unglück für die beiden Beteiligten ist, ist dann immer noch eine weitere Frage. In Rücksicht auf andern Falls mögliche Nachkommenschaft des ge-nesenen Teils ist sie jedenfalls immer ein Glück.

Diesen rein doktrinären Rücksichten auf den kranken Teil gegen-über müssen diejenigen auf den gesunden unbedingt massgebend sein. Man denke an eine junge Mutter mit unerzogenen Kindern, deren Mann an unheilbarer Geistesstörung erkrankt und nun bis an sein, eventuell sehr spät erfolgendes Lebensende in der Irrenanstalt ver-bleibt und die Frau in Folge seiner Wahnideen bei jedem Besuch mit Schmäh- und Schimpfreden überhäuft, während sie nun schutz- und hilflos, ohne Ernährer, ohne Erzieher für ihre Kinder in der Welt steht; oder man denke sich den umgekehrten Fall der Erkrankung der Frau! Soll man es solchen Leuten unmöglich machen, durch Wieder-verheiratung einen neuen Hausstand zu gründen? Die unausbleibliche Folge werden Kummer, Not und Sorgen für Mutter und Kinder in vielen Fällen sein und gewiss nur allzu oft Verhältnisse, die das Ansehen der Ehe ungemein schwächen müssen, welches man doch gerade durch die Verweigerung der Ehescheidung schützen will (Concubinat u. s. w.). Diese Verhältnisse lernt der Psychiater am allerbesten kennen und deshalb ist es seine Pflicht, darauf aufmerksam zu machen.

Dass man die Ehescheidung auf Grund von Geistesstörung nicht allzu leicht machen soll, ist selbstverständlich. So verlangen die meisten Gesetzgebungen längere Dauer (durchschnittlich 3—5 Jahre) und mut-massliche Unheilbarkeit, der § 1569 des deutschen Bürgerlichen Ge-setzbuches zudem, dass die Krankheit „einen solchen Grad erreicht hat, dass die geistige Gemeinschaft zwischen den Ehegatten aufge-hoben, auch jede Aussicht auf Wiederherstellung dieser Gemeinschaft ausgeschlossen ist". Dazu wird die Begutachtung mindestens eines, mitunter mehrerer Sachverständiger verlangt. Über anderweitige vielfach empfohlene Vorsichtsmassregeln gilt das über das Entmün-digungsverfahren in dieser Hinsicht Gesagte.

Dies die allgemeinen Gesichtspunkte de lege ferenda. Die bezüg-lichen an den Sachverständigen gestellten Fragen sind hier an sich

leicht zu beantworten. In der Praxis entstehen höchstens Schwierigkeiten hinsichtlich der fraglichen Dauer, Prognose und damit Diagnose,
also lediglich Schwierigkeiten rein klinischer Natur!

## § 5.

### Die Zeugnisfähigkeit, Verbrechen an Geisteskranken, Unfall- und Krankenversicherungen.

Die Fähigkeit, ein glaubwürdiges Zeugnis abzulegen, kann auch bei Geisteskranken vorhanden sein. — Bei Verbrechen an Geisteskranken ist der Sachverständige
nicht kompetent in der Frage, ob der Verbrecher um die Geisteskrankheit gewusst
hat. — Bei Unfall- und Krankenversicherungen entstehen lediglich Schwierigkeiten
rein klinischer Natur.

Der Fragen, welche im Laufe eines Prozesses zu psychiatrischer
Begutachtung Veranlassung geben können, sind naturgemäss sehr viele.
Wir haben uns im Vorstehenden auf diejenigen beschränkt, welche
einer besonderen Besprechung zu bedürfen schienen, und führen in
diesem § nur noch kurz einige auf, die an sich zwar wichtig genug
sind, aber doch nur psychiatrische Schwierigkeiten bieten können,
zunächst die Zeugnisfähigkeit. In jedem Prozesse kann es ja vorkommen, dass die Glaubwürdigkeit eines Zeugen auf Grund von
Geistesstörung angezweifelt wird. Dabei handelt es sich nun lediglich
um die Glaubwürdigkeit ganz bestimmter Angaben und darüber kann
man sich in vielen Fällen sehr wohl auf Grund einer eingehenden
Prüfung des ganzen Krankheitsfalles ein zuverlässiges Urteil bilden.
Bald wird man solche Angaben auf Wahnideen und Sinnestäuschungen
zurückführen können, bald auf Phantasieen und pathologischen Hang
zur Lüge, auf eine geschwächte Reproduktionstreue überhaupt; es kann
aber auch vorkommen, dass die Angaben eines Geisteskranken den
gleichen Anspruch auf Zuverlässigkeit machen können, wie die eines
Gesunden. So z. B. mussten wir eine Schwachsinnige, die der Blutschande mit ihrem Vater beschuldigt worden war, für unzurechnungsfähig erklären, weil ihr Urteilsvermögen nicht ausreichte, zwischen
dem geschlechtlichen Umgang unter Eheleuten und demjenigen zwischen
Vater und Tochter hinsichtlich der Strafbarkeit irgend einen Unterschied zu erkennen. Trotzdem lag gar kein Grund vor, ihren Aussagen und ihrem Gedächtnis bezüglich der konkreten Thatsache des
mit dem Vater vollzogenen Beischlafes irgend zu misstrauen. In vielen
Fällen wird man die Frage offen lassen müssen; niemals aber darf

natürlich der Arzt die Richtigkeit der Aussage eines Kranken behaupten, sondern kann sie immer nur mit der durchschnittlichen Glaubwürdigkeit eines Gesunden vergleichen.

Auch bei Verbrechen an Geisteskranken wird immer ein Gutachten über den Geisteszustand des Geschädigten vom Sachverständigen eingeholt werden. Er hat dann in erster Linie die Geistesstörung als solche zu konstatieren und zweitens zu untersuchen, ob und in wie weit in Folge derselben der Kranke den Betreffenden zu der bezüglichen Handlung proviziert, bezw. ihm abnorm geringen Widerstand geleistet hat. Für den Richter wird allerdings der Schwerpunkt des Falles immer in der Frage liegen, ob der Angeklagte die Geistesstörung des Geschädigten erkannt hat oder hätte erkennen müssen. Diese Frage aber ist der Sachverständige als solcher am wenigsten in der Lage zu beurteilen, weil es sich hier eben nicht um eine sachverständige, sondern um eine laienhafte Beurteilung des Kranken handelt.

Grosse Schwierigkeiten können endlich die Begutachtungen bei Entschädigungsansprüchen bereiten, die an Unfall- und Krankenkassen gestellt werden oder auch direkt an Private, welche auf irgend eine Weise die Geistesstörung eines Menschen veranlasst haben. Hier handelt es sich aber stets nur um die rein psychiatrische Beurteilung der Ursache der bezüglichen Krankheit. Besondere Beziehungen zwischen der Begutachtung und dem fraglichen Prozess bestehen höchstens bei Fällen von sogenannter traumatischer Neurose, worauf wir im Besonderen Teil zurückkommen werden.

Kapitel 3.

# Die psychiatrische Beurteilung des Exploranden im Allgemeinen.

## § 1.

### Die Untersuchung Geisteskranker.

Zur Beurteilung eines Kranken sind nötig psychiatrische Kenntnisse im Allgemeinen und Kenntnis der Thatsachen im besonderen Fall. Diese letztern verschafft man sich durch 1. Einsicht der Prozessakten, welche mit psychiatrischem Verständnis gelesen werden müssen, 2. Einvernahme weiterer Zeugen, 3. Einsicht von Schriftstücken des Exploranden, 4. ein- oder mehrmalige persönliche Untersuchung oder Versetzung desselben in eine Irrenanstalt.

Bei Untersuchung eines Exploranden hat man zu forschen nach 1. allfälligen Ursachen der Krankheit (ererbte Anlage, Alkoholvergiftung, Krankheiten und Verletzungen während des Lebens, Erziehung und sonstiges Schicksal), 2. den vorhandenen Anzeichen einer psychopathischen Disposition, 3. den Erscheinungen ausgesprochener Geistesstörung, 4. dem Verhalten des Expl. in Bezug auf die besondere zu begutachtende Frage, soweit es psychiatrisch von Interesse ist.

Zur richtigen Beurteilung eines Geisteskranken, über den man ein Gutachten abgeben soll, ist, abgesehen natürlich von allgemeiner psychiatrischer Vorbildung, die Kenntnis der Thatsachen im besonderen Fall nötig. Wie man sich die letztere in der gerichtlichen Praxis zu verschaffen hat, dafür sei zunächst eine kurze Anleitung gegeben.

Auch bei dieser Gelegenheit müssen wir wiederum daran erinnern, wie wichtig für den Psychiater die Kenntnis der bezüglichen Rechtsfragen sein kann. Es wird sich deshalb in jedem Fall empfehlen, die bezüglichen Prozessakten einzusehen. Man hat allerdings, von dem Dogma ausgehend, dass sich der Psychiater auf die rein klinische Beurteilung beschränken müsse, schon behauptet, die Kenntnis der Prozessangelegenheit könne den Sachverständigen nur beirren, und fanatische Anhänger jenes Dogmas haben geradezu verlangt, dass ihm die Einsicht der Akten verweigert werden sollte. Wir brauchen wohl nicht hervorzuheben, dass wir diese Ansicht für grundfalsch halten. Sie läuft im Wesentlichen darauf hinaus, dass in allen Dingen das Urteil eines Menschen um so objektiver sei, je weniger er von der Sache versteht! — Drängt die Zeit nicht, so kann es zwar interessant sein, den Exploranden zunächst einmal ohne alle Vorkenntnisse zu untersuchen und zu sehen, was dabei herauskommt. Vor definitiver Abgabe des Gutachtens aber ist die Einsicht der Akten in den meisten Fällen unerlässlich. Vielfach werden sie dem Sachverständigen zugleich mit der Aufforderung zur Begutachtung zugestellt. Geschieht dies nicht, so hat er sie vom Gericht einzufordern. Wird die Aushingabe verweigert, so wird es im Zweifel das Beste sein für den Sachverständigen, auch seinerseits die Abgabe eines Gutachtens zu verweigern.

Bei Kenntnisnahme der Akten handelt es sich aber durchaus nicht allein um die rechtlichen Beziehungen, die oft genug natürlich nur von nebensächlichem Interesse sind; sondern man findet in den Akten oft die wertvollsten Anhaltspunkte für die Beurteilung der

Persönlichkeit des Exploranden. In dieser Beziehung erfordert das Aktenstudium eine gewisse Übung und Geschicklichkeit. Viele Thatsachen, die für den Richter nur wenig oder gar kein Interesse mehr (d. h. in dem gegenwärtigen Stadium des Prozesses) haben, können für den Psychiater von grösstem Interesse sein, so z. B. das Benehmen des Expl. bei der Verhaftung, worüber die ersten Polizeiberichte Aufschluss geben, oder Zeugenaussagen über seine Persönlichkeit, die für den Richter nach Feststellung der Identität des Angeklagten belanglos geworden sind, oder Rapporte des Gefangenwärters über das Verhalten des Expl. im Gefängnis u. dergl. m.

In diesem Sinne kann für den Sachverständigen eine Ergänzung der Akten wünschenswert sein durch schriftliche oder mündliche Einvernahme weiterer Zeugen, der Angehörigen, des Pfarrers der Wohngemeinde des Expl. und derjenigen, wo er erzogen wurde, seiner Lehrer, oder auch der Zeugen für eine bestimmte Handlung, des Gefangenwärters u. s. w. Von allen diesen Leuten kann man sich die weitere Auskunft direkt erbitten, oder, wo sie verweigert wird, durch Vermittlung der bezüglichen Gerichtsstelle, welche das Gutachten verlangt hat. Bei direkter mündlicher Einvernahme soll man stets ein möglichst genaues Protokoll anfertigen, um die Belege stets zur Hand zu haben. — Alle solche Angaben sind natürlich schon vom Sachverständigen in Bezug auf ihre Glaubwürdigkeit sorgfältig zu prüfen.

Wo man sich Schriftstücke vom Expl. selbst verschaffen kann, soll man es nicht unterlassen; sie können, wie wir im besonderen Teil sehen werden, von grösstem Wert sein, namentlich weil sie ein objektives, dem Gutachten nötigenfalls beizulegendes Bild von dem seelischen Verhalten des Expl. zu einer bestimmten Zeit geben können.

Endlich soll der Sachverständige in keinem Falle unterlassen, den Exploranden mindestens einmal selbst zu untersuchen, soweit das überhaupt möglich ist (was z. B. bei Anfechtung eines Testamentes nicht der Fall ist. — Dann kann die Einsicht des Sektionsprotokolls von grossem Werte sein, wenn eine Sektion überhaupt gemacht worden ist; eine solche noch vorzunehmen, wird zur kritischen Zeit meist nicht mehr möglich sein). Die persönliche Untersuchung des Expl. kann zwar in seltenen Fällen von untergeordnetem Werte sein, so z. B. bei Begutachtung des Geisteszustandes zur Zeit einer weiter zurückliegenden Handlung eines Menschen, dessen gegenwärtige Geistesstörung von keiner Seite mehr angezweifelt wird. Auch in solchen Fällen aber wird der gegenwärtige Zustand des Patienten als ein Stadium im Gesammtverlaufe der Krankheit Beachtung verdienen. In sehr vielen

Fällen jedoch wird die eigene Untersuchung des Expl. überhaupt das wesentlichste Thatsachenmaterial zu seiner Beurteilung bieten. — Vielfach empfiehlt es sich, den Expl. unangemeldet an seinem gegenwärtigen Wohnort aufzusuchen. Seine Umgebung, sein Zimmer, seine momentane Beschäftigung können schon wichtige Fingerzeige geben. Wie man Kranke überhaupt nie anlügen darf, soll man auch in solchen Fällen den Zweck seines Kommens dem Expl. — wenn auch natürlich in schonender Weise — mitteilen und sich nicht für etwas Anderes ausgeben als man ist. Dann aber thut man gut, nicht mit der Thür in das Haus zu fallen. Man wird durch ein allgemeines Gespräch sich bemühen, das Vertrauen des Expl. zu erwerben, und bei dieser Gelegenheit womöglich Erhebungen über sein Vorleben anstellen. Das bietet einen naheliegenden Gesprächsstoff. Zugleich sieht man, wie es mit der allgemeinen Urteilsfähigkeit des Expl. bestellt ist und man kann dann nach Massgabe der Verhältnisse auf die eigentliche Krankenuntersuchung übergehen, welche, wie wir sehen werden, das gesammte seelische und körperliche Verhalten zum Gegenstand haben muss. — Gelingt es bei der ersten Untersuchung nicht, sich ein abschliessendes Urteil zu bilden, so wird man die Untersuchung mehrmals wiederholen, bis dies der Fall ist, oder die Versetzung des Expl. in eine Irrenanstalt behufs weiterer Beobachtung beantragen. Diese Massregel hat den grossen Vorzug, dass man ihn durch geschultes Personal unausgesetzt Tag und Nacht beobachten lassen kann und dass ausserdem eine oft wiederholte ärztliche Untersuchung dadurch wesentlich erleichtert wird. In manchen Fällen wird eine einmalige Untersuchung ausreichend sein; in sehr vielen aber sind die angegebenen Vorsichtsmassregeln durchaus notwendig, weil das psychische Verhalten vieler Kranken sehr wechselnd ist und eine kurze Untersuchung auch bei schwer Kranken ein völlig negatives Resultat ergeben kann, oder auch ein täuschendes, ganz anders als bei den meisten körperlichen Erkrankungen. — Die Versetzung eines Untersuchungs- oder Strafgefangenen in die Irrenanstalt behufs Beobachtung kann das Gericht, bezw. die Behörde auf Antrag des Sachverständigen hin anordnen; in civilrechtlichen Fällen wird dazu meist die Einwilligung des Expl. nötig sein. In manchen Strafprozessordnungen ist die Dauer der Beobachtung in der Anstalt auf höchstens 6 Wochen fixiert. Diese Zeit wird in den meisten Fällen genügen; wo sie nicht ausreicht, kann das Gericht dann, falls überhaupt die Zeit fixiert ist, ausnahmsweise eine Verlängerung der Frist gestatten; das kann unter besonderen Umständen erwünscht sein; oft aber werden die folgenden

6 Wochen der Beobachtung nicht mehr Klarheit über den Fall bringen, als die ersten und dann wird es sich empfehlen, vorläufig ein Gutachten abzugeben mit einem entsprechenden Vorbehalt, dass erst der weitere Verlauf der Krankheit die Diagnose sicherstellen werde.

Was nun die Thatsachen selbst anbelangt, welche man mit Hilfe der eben bezeichneten Methoden zu erforschen hat, so wird deren Schilderung die wesentlichste Aufgabe des besonderen Teiles sein. Doch wollen wir hier einige allgemeine Gesichtspunkte hervorheben. Da ist nun vor Allem zu betonen, dass der Sachverständige immer die ganze Persönlichkeit und die Krankheitsgeschichte in ihrem Verlauf von Anfang bis zu Ende zu studieren hat und sich niemals auf die Beantwortung der besonderen an ihn gerichteten Frage beschränken darf; diese zu beantworten wird ihm nur möglich sein auf der Basis der richtigen Erkenntnis der Gesammtpersönlichkeit. Es mag bei dieser Gelegenheit wieder daran erinnert werden, dass auch die modernen Kriminalisten immer mehr betonen, man habe bei Zumessung der Strafe weniger das Verbrechen, als den Verbrecher zu berücksichtigen. Besonders wichtig ist zunächst die Erforschung allfälliger Krankheitsursachen; diejenigen derselben, welche für die einzelnen Krankheiten vornehmlich in Betracht kommen, werden wir im besonderen Teil kennen lernen. Im Allgemeinen hat man sich aber davor zu hüten, Eine Ursache allein für eine Krankheit verantwortlich zu machen; meist handelt es sich um ein Zusammentreffen verschiedener Ursachen, welche in gleichem Sinne schädlich auf das Individuum einwirken. Die wichtigste Ursache geistiger Abnormität ist die ererbte Anlage, weil sie einerseits trotz günstigster Umstände während des Lebens geistige Abnormitäten bedingen kann, andererseits für die Schädlichkeiten, welche das Individuum während des Lebens treffen, die günstige, beziehungsweise ungünstige Disposition schafft. Auf eine ererbte Disposition darf man schliessen, wenn in der Familie des Expl. schon geistige Abnormitäten (Geistes- und Gehirnkrankheiten, Nervenkrankheiten, Selbstmord, Trunksucht, Verbrechen [besonders Gewohnheitsverbrechen], einseitige Begabungen, auffallende Charaktere) beobachtet worden sind. Es genügt sehr häufig auch bei gebildeten Leuten nicht, nur zu fragen: „Kamen derartige Dinge in Ihrer Familie vor?“; vielmehr muss man sich nach der Lebenstellung und den Schicksalen der einzelnen Familienglieder ausdrücklich erkundigen, und zwar nach Vater, Mutter, Geschwister, Grosseltern, Onkel, Tanten und deren Kindern. Sehr oft erhält man bei solchen Fragen die wertvollsten Anhaltspunkte, nachdem die erste allgemeine Frage negativ beantwortet worden war. Ausserdem kann man sich bei derartiger Nachfrage am ersten ein Bild von der Wichtigkeit der bezüglichen Angaben bilden. Es kommt besonders darauf an 1. wie nahe die bezüglichen Personen mit dem Expl. verwandt sind, 2. wie viele Familienglieder, von denen überhaupt irgend etwas bekannt ist, krank waren, 3. an welchen der oben angeführten Krankheiten die Betreffenden gelitten haben. Für diesen letzteren Punkt gilt im Allgemeinen die Regel: Je mehr eine Krankheit durch erbliche Belastung im Allgemeinen bedingt ist, desto schwerer wiegt die gleiche Krankheit als belastendes Moment, wenn sie bei Familienmitgliedern beobachtet wurde. So haben z. B. Gehirnschläge und Altersblödsinn verhältnismässig wenig, auffallende Charaktere und Epilepsie besonders viel zu bedeuten als belastendes Moment. Das Nähere hierüber ist im besonderen Teile nachzusehen.

Von den schädlichen Ursachen, welche den Organismus während des Lebens treffen können, ist in erster Linie die alkoholische Vergiftung zu nennen; man hat dabei aber zu unterscheiden die chronische Vergiftung, welche das Keimplasma der Eltern betraf, und die chronische und die akute Vergiftung des Individuums selbst. Alkoholismus der Eltern ist also in doppeltem Sinne als belastend zu betrachten: Die Trunksucht ist ein Zeichen psychopathischer Degeneration, der thatsächliche Missbrauch wirkt direkt vergiftend auf Nachkommenschaft. Andere Vergiftungen als die durch Alkohol kommen weit seltener in Betracht.

Unter den körperlichen Krankheiten, welche eine psychopathische Disposition des Individuums bedingen können, sind vornehmlich zu berücksichtigen: schwere Erkrankungen im Embryonal- und Kindesalter, namentlich wenn sie schwerere Hirnerscheinungen (Krämpfe, sogenannte „Gichter") hervorgerufen haben, Kopfverletzungen, namentlich solche des Hirnschädels, Syphilis, Typhus und andere Infektionskrankheiten, überhaupt alle körperlichen Erkrankungen, welche die Konstitution des Organismus im Allgemeinen schwächen. Die Syphilis gilt besonders als wichtige, wenn nicht ausschliessliche Ursache der schon mehrfach erwähnten Gehirnerweichung. Verdacht auf Syphilis muss man haben bei geschlechtlichen Excessen, die wohl namentlich im Sinne der mit ihnen immer verbundenen Gefahr syphilitischer Infektion schädlich wirken, und bei Fehlen von Nachkommenschaft und namentlich bei häufigen Aborten, Früh- und Todtgeburten, sowie dem frühzeitigen Sterben der Kinder an allgemeiner Schwäche. — Ferner bedingen die physiologischen Entwicklungsphasen des Organismus, die Zeit der geschlechtlichen Entwicklung und das Greisenalter, bei Frauen

die Jahre der geschlechtlichen Rückentwicklung, sowie Schwangerschaften und Geburten mit ihren Folgezuständen und Krankheiten
leicht geistige Erkrankungen.

Endlich sind auf die geistige Entwicklung überhaupt und auf die
Entstehung ausgesprochener Geistesstörungen im Besonderen von Einfluss, bald in geringerem, bald in höherem Grade: die Erziehung und
der ganze Lebensgang des Individuums, sowie unter besonderen Umständen einzelne das Gemüt erschütternde Ereignisse.

Abgesehen von diesen ursächlichen Momenten, deren Nachweis
im einzelnen Fall das Bestehen einer geistigen Störung erklärt, giebt
uns nun aber eine Reihe von Erscheinungen beim Individuum selbst
den Beweis einer wirklich vorhandenen Disposition zu geistiger Erkrankung; als solche sind zu nennen früher überstandene Geisteskrankheiten und etwa noch bestehende Nervenkrankheiten, über welche
man sich deshalb genau zu orientieren hat, ferner aber bestimmte
Abnormitäten in der Intelligenz und dem Charakter des Individuums, wie
z. B. einseitige Begabung, krankhafte Triebe, z. B. conträre Sexualempfindung, hochgradiger Hang zur Onanie, der wohl immer nur als Symptom,
nicht aber als Ursache geistiger Anomalieen aufzufassen ist und andere
mehr. Wir werden diese Anomalieen, welche sehr stark entwickelt
sein und dann für sich allein zu gerichtlicher Begutachtung Veranlassung geben können, später unter dem Sammelbegriff der „constitutionellen Störungen" näher kennen lernen; hier sollten sie nur als
Anzeichen einer Disposition zu geistiger Erkrankung genannt sein.
Als solche Anzeichen werden vielfach auch angeborene körperliche
Missbildungen bezeichnet, die sogenannten „Stigmata der Heredität".
Die Bedeutung derselben ist entschieden überschätzt; sie können bei
hochgradiger geistiger Degeneration fehlen und umgekehrt bei normaler Geistesbeschaffenheit vorhanden sein. Andererseits soll nicht
geleugnet werden, dass sie häufig mit geistigen Abnormitäten zusammen vorkommen; als solche Stigmata der Heredität werden genannt
missgestaltete Ohren, Hasenscharten, zusammengewachsene Augenbrauen, fehlender Bartwuchs beim Manne, Bartwuchs beim Weibe,
schiefe Gesichtsbildung, Missbildungen der Geschlechtsteile u. s. w.,
u. s. w. Über die Bedeutung gröberer Missbildungen, namentlich
des Gehirnschädels vergleiche man im besonderen Teil das Kapitel
über Idiotie.

Hinsichtlich der ausgesprochenen für das bezügliche Gutachten in
Betracht kommenden Geistesstörung hat man sich möglichst sorgfältig
über den Beginn und die allmähliche Entwicklung derselben zu erkundigen und bei der eigenen Untersuchung nicht allein die Äusse-

rungen des Patienten durch die Sprache zu beachten, sondern vielmehr auch sein ganzes Benehmen, seine Haltung, seine Bewegungen, seine Geberden, den Gesichtsausdruck und das Mienenspiel, insofern dies Alles Aufschluss über das Seelenleben des Patienten geben kann. Endlich vergesse man nie eine körperliche Untersuchung; besonders wichtig ist in dieser Beziehung die allgemeine Bildung und Constitution des Individuums, und ferner Störungen der Innervation, welche wertvolle Aufschlüsse über Hirnleiden geben können. Man beachte in dieser Beziehung namentlich die Störungen der Motilität (Krämpfe, Innervation der Pupillen, der Gesichtsmuskeln, Sprach- und Gehstörungen) und Sensibilität, sowie die Funktionen von Harnblase und Mastdarm. In Bezug auf alle Einzelheiten müssen wir wieder auf den besonderen Teil verweisen.

Hat man sich nun in der soeben flüchtig skizzierten Weise Klarheit über den Krankheitszustand des Patienten im Allgemeinen verschafft, so hat man ferner sich zu vergewissern über das Verhalten des Expl. in Bezug auf die besondere zu begutachtende Frage, namentlich wenn es sich um die Frage der Zurechnungsfähigkeit oder Handlungsfähigkeit zur Zeit einer bestimmten Handlung handelt. Auch hier sind natürlich vielfach für den Psychiater wieder ganz andere Momente zu berücksichtigen, als für den Richter. Der Anfänger hat sich in criminellen Fällen namentlich davor zu hüten, dass er sich nicht zu viel in Untersuchungen darüber einlässt, ob der Explorand die bezügliche Handlung überhaupt begangen hat oder nicht; das festzustellen ist ausschliesslich Aufgabe des Richters. Ist diese Frage überhaupt noch zweifelhaft, so hat sich der Sachverständige lediglich darüber ein Urteil zu bilden, ob der Betreffende für den Fall, dass er die That begangen hätte, als zurechnungsfähig zu betrachten sei, oder nicht. Er hat also den gesammten Thatbestand nur insofern in seinen Einzelheiten zu prüfen, als sich darin irgend psychische Anomalieen oder Anhaltspunkte für die Annahme solcher nachweisen lassen; in dieser Beziehung kann natürlich das gesammte Verhalten des Expl. vor, während und nach der That in allen Einzelheiten von Wichtigkeit sein. — Sehr wertvoll ist es, wenn man irgend etwas über das Verhalten des Expl. in ähnlichen Lagen oder bei ähnlichen Handlungen wie der gegenwärtig in Frage kommenden feststellen kann. Solche Hinweise werden die Beweiskraft des Gutachtens wesentlich stützen.

## § 2.

### Die Begutachtung von der Geistesstörung verdächtigten Gesunden.

Bei der Geistesstörung verdächtigten Gesunden hat man besonders diejenigen Momente zu berücksichtigen, welche zu jener Verdächtigung Anlass gaben, und mit deren besonderen Berücksichtigung den Nachweis der Gesundheit zu liefern.

Wir haben bisher immer den Fall vorausgesetzt, dass der Explorand geisteskrank sei; natürlich kann es aber auch vorkommen, dass ein Gutachten über einen Gesunden eingefordert wird; die Beurteilung solcher Fälle kann grosse Schwierigkeiten bereiten; gerade da ist die Kenntnis der Akten unerlässlich; denn es ist ohne das in gewissem Sinne nicht möglich, den zuverlässigen Nachweis zu führen, dass alle nur denkbaren psychischen Krankheiten in dem betreffenden Fall nicht nachweisbar sind. In den Akten aber wird man immer diejenigen Momente angeführt finden, welche zu Zweifeln an der geistigen Gesundheit des zu Untersuchenden Anlass gegeben haben. Die Aufgabe des Sachverständigen ist es dann, zu erwägen, bei welchen Krankheiten jene angegebenen Erscheinungen vornehmlich beobachtet werden und sich nun besonders darüber zu vergewissern, dass die bezüglichen Krankheiten im vorliegenden Falle nicht nachweisbar sind. Nur bei einem derartigen Vorgehen wird es möglich sein, mit einiger Bestimmtheit einen Menschen für gesund zu erklären. Wir müssen ausdrücklich betonen, dass auch in dieser Beziehung Sorgfalt und Gewissenhaftigkeit unbedingt geboten sind, wenn man nicht durch voreilige Gesundheitserklärungen sich selbst blossstellen und vor Allem sachlich Schaden anrichten will.

## § 3.

### Die Untersuchung der Simulanten.

Nur bei der bewussten Absicht eines Menschen, Geistesstörung zu simulieren, sollte man in gerichtlichen Gutachten von „Simulation" schlechthin sprechen. Auch Geisteskranke können Geistesstörung simulieren. Reine Simulation von Geistesstörung ist sehr selten. Im Zweifel stelle man fest 1. ob das beobachtete Krankheitsbild einem bekannten Krankheitstypus entspricht. Eine Auffälligkeit in dieser Beziehung berechtigt aber nicht unbedingt zur Diagnose der Simulation; 2. ob sich die ent-

sprechende Entwicklung des fraglichen Krankheitsbildes nachweisen lässt; 3. ob ein
hinreichendes Motiv zur Simulation vorliegt (Verdacht auf „pathologische Lüge"). —
Ehe man seiner Sache nicht sicher ist, lasse man dem Simulanten seinen Verdacht
nicht merken — wenn nötig, lasse man ihn unausgesetzt beobachten.

Mehr Schwierigkeiten als die Simulation macht im Allgemeinen die Dissimulation, d. h. die Verheimlichung von wirklichen Krankheitserscheinungen durch den
Patienten.

Endlich müssen wir noch einen besonderen Fall der Begutachtung
geistig Gesunder besprechen, nämlich die Simulation. Dieselbe wird
in manchen Fällen wirklicher Geistesstörung vermutet, namentlich
von den Laien; und es ist deshalb notwendig, dass man sich im Allgemeinen, wie auch in manchen besonderen Fällen über diese Frage
Rechenschaft giebt. Dazu ist nun vor Allem nötig, dass man sich klar
macht, was man unter Simulation eigentlich zu verstehen hat; denn
es wird mit dem Wort oft ein grosser Missbrauch getrieben. Das
lateinische Wort „Simulare" und das davon abgeleitete deutsche Wort
„Simulieren" bedeutet ganz im Allgemeinen „etwas vortäuschen"; alle
3 Wörter sind transitive Verba und erfordern zu ihrer näheren Be-
griffsbestimmung ein Objekt, welches angiebt, was vorgetäuscht wird.
Meistens, namentlich in der Medicin, aber braucht man das Wort
„Simulieren" nur für den besonderen Fall der Simulation einer Krankheit; man hat sich deshalb gewöhnt, dieses Objekt wegzulassen und
von „Simulieren" schlechtweg zu reden. In der Psychiatrie denkt
man dabei natürlich nur an Simulation geistiger Störung. Die allge-
mein-medicinische Bedeutung und die besondere psychiatrische werden
nun oft miteinander verwechselt und dadurch können dann leicht un-
liebsame Missverständnisse entstehen, namentlich in gerichtlichen Gutachten. Ein Geisteskranker kann sehr wohl irgendwelche körperliche
Krankheit simulieren, namentlich bei Hysterischen kommt das häufig
vor; ein Umstand, der an der Diagnose der Geistesstörung natürlich
gar nichts ändert. Ausserdem kann aber auch ein Geisteskranker
irgendwelche Symptome geistiger Störung zu den thatsächlich vorhandenen hinzusimulieren und manche Psychiater sind so weit gegangen,
geradezu zu behaupten, Simulation geistiger Störung komme nur bei
Geisteskranken, niemals bei Gesunden vor. Wenngleich eine solche
Behauptung entschieden als übertrieben bezeichnet werden muss, so
steckt doch auch viel Wahrheit darin und wir haben ihr jedenfalls
die Regel zu entnehmen, dass man in jedem Falle sorgfältig zu
prüfen hat, welche scheinbar krankhaften Symptome simuliert werden,
und ob nicht, abgesehen von der Simulation, wirklich krankhafte

Symptome vorhanden sind; mit anderen Worten, man gebe sich in
jedem Fall Rechenschaft über das besondere Objekt der Simulation,
und spreche nicht von „Simulieren" schlechtweg.

Ferner bezeichnet das Wort eine bewusste Thätigkeit von Seiten
des Subjekts und zwar in Bezug auf das specielle Objekt. Wenn
Jemand durch irgendwelches auffälliges Benehmen bei Anderen den
Verdacht der Geistesstörung erweckt, so ist er darum kein Simulant,
wenn er die Leute nicht glauben machen wollte, er sei geisteskrank
— auch dann nicht, wenn dieses auffällige Benehmen den Zweck
hatte, die Leute in irgend anderer Weise zu täuschen. So ist es z. B.
grundfalsch von Simulation zu sprechen, wenn ein Frauenzimmer die
Leute glauben zu machen sucht, sie brauche nicht zu essen, sondern
werde vom heiligen Geist ernährt, oder der Engel des Herrn sei ihr erschienen. Mit solcher Angabe will sie bei ihrer Umgebung den Glauben
an Geistererscheinungen erwecken, aber nicht sie glauben machen,
sie leide an Sinnestäuschungen. Nur weil der aufgeklärte Beurteiler
bei einer solchen Angabe von Seiten einer Schwindlerin sofort an
Sinnestäuschungen, das heisst an krankhafte Erscheinungen denkt,
kann überhaupt das fragliche Missverständnis entstehen. Diese
Täuschung hat sich aber lediglich der Beurteiler selbst zuzuschreiben. In
solchen Fällen hat man allerdings zunächst einmal festzustellen, ob
eine solche Angabe auf einer Sinnestäuschung oder auf einer Lüge
beruhe; ist das letztere bewiesen, so erwächst aber der psychiatrischen
Expertise nun die weitere und oft schwerere Aufgabe, zu ermitteln,
ob das Motiv einer solchen Lüge dem gesunden Geistesleben entspringt,
oder an sich ein krankhaftes sei. Sollte sich z. B. herausstellen, dass
die betreffende Person zu ihrem Handeln durch Bestechungen von
Seiten einer fanatischen Geistlichkeit bewogen worden sei, dann allerdings hätte man das Recht, sie für gesund und für eine Betrügerin
zu erklären, nicht aber für eine Simulantin. In den meisten derartigen
Fällen aber wird ein solches Motiv nicht nachweisbar sein; vielmehr
entspringt eine solche Handlungsweise sehr häufig einem krankhaften
Hange, sich interessant zu machen, zu lügen und zu schwindeln, d. h.
gerade der betreffende Betrug macht recht eigentlich das Wesen der
geistigen Störung aus, und von Simulation kann dann vollends in
keiner Weise mehr die Rede sein. Die richtige unmittelbare Erkenntnis, dass solche Schwindeleien nicht in normaler Weise motiviert
sein können, verleitet aber leicht zu dem Trugschluss, es handle sich
in einem solchen Falle um Simulation.

Endlich werden wir im besonderen Teil sehen, dass es bei solchen
Kranken, welche in Folge eines abnormen Triebes, immerzu lügen und

schwindeln, leicht vorkommen kann, dass sie an ihre Lügen mehr oder weniger selbst glauben. Dann kann es allerdings wieder schwer werden, gerade das von mir soeben als wesentlich bezeichnete Moment der bewussten Absicht, eine Geistesstörung vorzutäuschen, nachzuweisen. Gerade in diesen Fällen wird dann aber eine sorgfältige psychologische Analyse aller einzelnen Symptome wesentliche Zweifel und Unklarheiten zerstreuen.

Wenn man nun alle Fälle der eben kurz skizzierten Arten bei Seite lässt, so werden Fälle reiner Simulation von Geistesstörung sehr selten sein, wenigstens solche, welche der Begutachtung grössere Schwierigkeiten bereiten. Einfachere, leicht zu entlarvende Simulanten, die man dann auch bald zum Geständnis bringen wird, mögen namentlich in Gefängnissen und Strafanstalten häufiger zur Beobachtung kommen; darüber fehlt mir die Erfahrung. Im Zweifel aber sei man mit der Diagnose der Simulation recht vorsichtig. Es werden sicherlich sehr viel mehr Kranke für Simulanten erklärt, als umgekehrt. Dies gilt namentlich auch für die Fälle der Krankenversicherungsprozesse, worauf wir im besonderen Teil zurückkommen werden, wie auch für die Militärlazarete, wo man bei leichten Insubordinationen, die thatsächlich schon ein krankhaftes Symptom sind, sehr zur Diagnose der Simulation neigt. Aber auch bei Untersuchungsgefangenen wird diese Diagnose häufig fälschlich gestellt. Im Zweifel sind namentlich folgende Momente zu berücksichtigen:

Selbst bei genauer Kenntnis der geistigen Störungen sind eine grosse Reihe derselben zu simulieren sogar dem gewandtesten Schauspieler — wenigstens auf die Dauer — unmöglich. — So wird der Gesunde, welcher eine Tobsucht vortäuschen will, einen gesunden langdauernden Schlaf mehr als jeder Andere notwendig haben und nicht dagegen ankämpfen können. Gerade bei diesen Kranken aber fehlt der Schlaf meistens ganz oder ist auf ein Minimum beschränkt. Oder: es gehört eine ungeheure Selbstbeherrschung dazu, die Unaufmerksamkeit in Bezug auf alle Vorkommnisse in der Umgebung ununterbrochen vorzutäuschen, wie man sie bei Blödsinnigen oder Melancholischen beobachtet. Eine ununterbrochene Beobachtung bei Tag und Nacht wird einen solchen Simulanten bald entlarven, welcher ja thatsächlich so aufmerksam und ängstlich seine Umgebung beobachtet, wie kein Anderer. Derartige Widersprüche im Krankheitsbild werden den unkundigen Simulanten sehr bald verraten. Man frage sich also in erster Linie, ob der bei einem Exploranden beobachtete Symptomencomplex irgend einer der in der Wissenschaft wohlbekannten Krankheitstypen entspricht oder nicht. Dabei vergesse man aber nicht, dass wir in der Praxis viele Fälle beobachten, welche von den Typen abweichen. Nicht jede Abweichung vom Typus berechtigt also zur Diagnose der Simulation; man hüte sich, eine solche auf Grund irgend eines einzigen Widerspruchs zu stellen. Hier wie bei jeder anderen Diagnose handelt es sich nicht um ein einziges Symptom, sondern um den gesammten Symptomencomplex. So ist es z. B. im Allgemeinen nicht möglich, dass das Gedächtnis in Bezug auf wesentliche Daten des Vorlebens (Geburtsjahr- und Tag, Ort der Geburt u. s. w. u. s. w.) zum Teil gut erhalten ist, daneben aber ganz auffällige Lücken darbietet. Abgesehen von zeitlich scharf umgrenzten Gedächtnisdefekten bei Epilepsie und ähnlichen Krankheiten, findet man aber einen solchen Widerspruch mitunter z. B. bei Paralytikern. Diese Kranken bieten dann jedoch eine Reihe anderer Symptome dar, die der Simulant im Zweifel nicht kennt, oder, wenn dies der Fall ist, zum Teil gar nicht simulieren kann. So wird ein Psychiater auch bei unreinen, nicht dem Typus entsprechenden Fällen meistens entscheiden können, ob ein bestimmtes Symptom des fraglichen Krankheitsbildes, wenn auch atypisch, so doch mit der in Frage kommenden Diagnose überhaupt vereinbar ist oder nicht.

Bei Leuten, welche schon viel Geisteskranke zu beobachten Gelegenheit hatten (z. B. frühere Irrenwärter) wird man allerdings vorsichtig sein müssen. Bestand diese Gelegenheit vorwiegend in häufigen Aufenthalten in Lazareten von Gefängnissen oder Irrenanstalten als Patient, wird man aber zunächst nach der Ursache solchen Aufenthaltes fragen. Zudem gehört zu dem richtigen Verständnis für das Wesen der Geistesstörungen mehr als die Gelegenheit der Beobachtung solcher Kranken. Ein Laie wird da vielleicht dieses oder jenes Symptom einem Patienten absehen und es gut nachahmen können. Weil aber manche Symptome unmöglich nachzuahmen sind, so wird er sich von einem Kranken dieses, von einem anderen jenes Symptom zur Nachahmung auswählen und dadurch wieder dem Gesammtbild der von ihm simulierten Geistesstörung das deutliche Gepräge des Unnatürlichen aufdrückten.

Ferner vergesse man nicht, dass sich nicht jeder beliebige Symptomencomplex von heute auf morgen entwickelt, sondern denke daran, dass bestimmte Krankheitsbilder ihre bestimmte Entwicklung haben. Deshalb wird in manchen Fällen, die für den Moment Schwierigkeiten bieten können, die Anamnese völlige Klarheit verschaffen.

Endlich frage man nach dem Motiv der Simulation! Kein gesunder Mensch und kein Geisteskranker will im Zweifel für einen „Narren" gehalten werden. Wenn sich also ein Gesunder entschliesst, einen solchen Glauben bei seiner Umgebung zu erwecken, so muss er gewichtige Gründe dafür haben, und er wird seine diesbezüglichen Wünsche dann auch nicht verbergen können. Giebt man einem Simulanten zu verstehen, man halte ihn für krank oder unzurechnungsfähig, so wird er sich damit einverstanden zeigen, sei es, dass er diese Meinung direkt ausspricht oder nicht; während Kranke dagegen immer mehr oder weniger lebhaften Protest erheben. — Findet man kein triftiges Motiv für die Simulation, dann sei man mit dieser Diagnose sehr vorsichtig, auch wenn man eine Lüge, einen Schwindel, meinetwegen auch die Simulation irgend Eines abnormen Symptoms nachgewiesen hat. Meist wird es sich dann um einen pathologischen Schwindler handeln, und zu dessen richtiger psychologischer Beurteilung gehören ganz andere Dinge, als das Schlagwort: „Simulation".

Ganz allgemein sei endlich hervorgehoben, dass man bei Verdacht auf Simulation diesen dem fraglichen Simulanten ja nicht merken lasse. Je mehr Vertrauen man ihm entgegenbringt, desto weniger wird er sich zusammennehmen, desto kühner wird er werden und sich in immer grössere Widersprüche verwickeln, desto eher wird man ihn also entlarven. Man kann ihn durch Suggestivfragen nach ganz unmöglichen Symptomen sogar direkt zu solchen Widersprüchen veranlassen. Im Zweifel versetze man den Exploranden in eine Irrenanstalt und lasse ihn Tag und Nacht, möglichst ohne dass er es merkt, unausgesetzt beobachten. Unter Berücksichtigung der oben angegebenen Momente dürfte man dann immer zu einer sicheren Diagnose kommen.

Mehr Schwierigkeiten als die Simulation macht dem Sachverständigen in der Praxis die Dissimulation, d. h. der Fall, dass ein Kranker in halbbewusster Krankheitseinsicht, oder vielleicht richtiger gesagt, in der Erkenntnis, dass die anderen Leute seine Ideen oder sonstigen Erscheinungen für krankhaft halten werden, diese möglichst zu verheimlichen oder abzuleugnen sucht. Ein Patient, welcher vom Arzt ein Gesundheitszeugnis verlangte, bot in längerer Unterredung zunächst keine krankhaften Erscheinungen dar. Bei der ersten Frage endlich, welche sein Wahnsystem betraf, erwiderte er: „Da treffen Sie nun allerdings meine Achillesferse" und brachte dann nach und nach sein ganzes Wahnsystem vor. Ist man nicht anderweitig unterrichtet, kann man oft die eingehendsten Unterredungen mit einem Patienten haben, ohne „seine Achillesferse zu treffen". Deshalb hüte man sich, wie schon erwähnt, voreilige Gesundheitszeugnisse auszustellen, und ziehe immer sorgfältige Erkundigungen von verschiedenen Seiten her ein. Auch dann kann Einen ein gewandter Patient täuschen. Der geübte Psychiater wird aber an den gewundenen und ausweichenden

Antworten bald die Achillesferse erkennen, und bei wiederholten Unterredungen und längerer Beobachtung wird der Kranke in den meisten Fällen eben so wenig mit Erfolg dissimulieren, als der Gesunde simulieren können.

---

## Kapitel 4.

# Die besonderen Aufgaben des Sachverständigen im Prozessverfahren: Das Gutachten.

In jedem Gutachten ist die von der Behörde gestellte Frage möglichst präcis zu beantworten, nötigenfalls Abänderung der Fragestellung zu beantragen. — Ausserdem darf und soll der Sachverständige auf alle Momente hinweisen, welche ihm von seinem Standpunkte für die gerichtliche Beurteilung von Belang erscheinen.

Das Gutachten soll den Richter von der Meinung des Sachverständigen überzeugen; es muss deshalb in allgemeinverständlicher Weise motiviert werden. — Anfang und Schluss eines Gutachtens sind durch die Fragestellung gegeben. In der Sache selbst sind zu unterscheiden Material und „Gutachten" (im engeren Sinne). 1. Das Material besteht in der nüchternen Aufzählung der nackten Thatsachen, auf welche sich das Gutachten stützt. Dieselben sind übersichtlich zusammenzustellen, nicht in der Reihenfolge der Krankengeschichte; soweit nötig, ist jedes Mal auf die Quellen zu verweisen, aus welchen das Material geschöpft ist. — Einzelne Erläuterungen zum Schema für gerichtliche Gutachten. — Anleitung für kürzere gutachtliche Äusserungen — für mündliche Gutachten. —

Gutachten sind im Zweifel nur an Behörden und Gerichte, nicht an Privatpersonen oder Parteien abzugeben.

Wir haben im vorigen Kapitel die psychiatrische Beurteilung gerichtlicher Fälle im Allgemeinen besprochen. Es erübrigt uns noch die besondere Stellung des Sachverständigen im gerichtlichen Verfahren zu präcisieren. Im einzelnen Prozess handelt es sich immer um eine bestimmte Frage, deren Entscheidung aber dem Richter zusteht, dessen Aufgabe es ist, sich darüber ein selbständiges Urteil zu bilden. Hierzu holt er das Gutachten eines Sachverständigen ein. Dessen Aufgabe ist es daher erstens, seine Meinung über die besondere Frage in möglichst klarer und bestimmter Weise zu äussern und zweitens den Richter von der Richtigkeit seiner Meinung zu überzeugen. Dazu mögen im Einzelnen folgende Erläuterungen dienen.

Die Frage, welche an den Sachverständigen gerichtet wird, wird von dem Richter meist in Anlehnung an eine bestimmte Gesetzesstelle formuliert, welche für ihn massgebend ist. Deshalb muss der Sachverständige auch seine Meinungsäusserung möglichst der bezüglichen Formulierung anpassen, und auf diese möglichst wortgetreue Antwort auf die Frage soll sich sein Gutachten zuspitzen. Nun haben wir aber im 2. Kapitel gesehen, dass die bezüglichen Gesetzesstellen die Fragen oft so unglücklich formulieren, dass eine bestimmte Antwort dem Sachverständigen unmöglich ist. In solchen Fällen hat er das Recht, eine andere Fragestellung bei dem Gericht zu beantragen und diesbezügliche Vorschläge zu machen. Geht das Gericht darauf nicht ein, so hat der Sachverständige die Pflicht, ausdrücklich zu betonen, dass ihm die Beantwortung der an ihn gestellten Frage unmöglich sei, und er nur sagen könne, dass . . . . . . und in diesem Schlusssatze hat er sich dann, so weit es ihm möglich ist, an die Fragestellung anzupassen. Immer aber ist deren möglichst präcise Beantwortung als wichtigster und Hauptzweck des Gutachtens im Auge zu behalten. Es liegt dagegen durchaus kein Grund vor, wie vielfach angegeben wird, dass sich der Sachverständige pedantisch auf die Antwort der bezüglichen Frage beschränkt. Vielmehr hat er das Recht und, wie ich glaube, die Pflicht, so ausführlich, als es ihm irgend wünschenswert erscheint, auf alle anderen Gesichtspunkte hinzuweisen, welche ihm für die Beurteilung des Falles von seinem Standpunkte aus irgend von Belang erscheinen — nur darf er darüber nicht die Hauptsache vergessen. So z. B. hat das Gutachten im Strafprozess ausser der Frage der Zurechnungsfähigkeit zu betonen, ob überhaupt, warum und in wie weit der zu Untersuchende gemeingefährlich sei, oder im Entmündigungsverfahren ist ausser der Frage der Handlungsfähigkeit zu betonen, dass die Ernennung dieses oder jenes Verwandten zum Vormund unthunlich erscheine u. s. w. In wie weit der Richter auf solche für das Prozessverfahren nebensächlichen Bemerkungen Rücksicht nehmen kann oder will, ist seine Sache. Der verständige Richter wird auch solche Auslassungen über Dinge, nach denen er nicht direkt gefragt hat, dankbar entgegennehmen — wenn er nur zugleich eine Antwort auf die Hauptfrage erhält. Mit deren möglichst präcisen Beantwortung hat jedes Gutachten zu schliessen. Darauf kann nicht oft genug hingewiesen werden. Namentlich Anfänger haben sich davor zu hüten, dass sie nicht über Nebenfragen die Hauptsache vergessen und nicht mit allgemeinen Sätzen ihr Gutachten schliessen, wie z. B.: „Deshalb ist der N.N. freizusprechen" oder dergl. Diese endgültige Entscheidung ist Sache des Richters, und damit kommen wir wieder auf den oben erwähnten zweiten Punkt.

Der Richter hat nach seiner Überzeugung zu entscheiden und
ist durch das Gutachten nicht gebunden. Es genügt deshalb nicht,
dass er die Meinung des Sachverständigen überhaupt erfährt, sondern
er ist davon zu überzeugen. Die gutachtliche Meinung des Sachverständigen ist deshalb zu motivieren, und zwar in einer dem Richter
verständlichen Weise. Es dürfen also keine psychiatrischen Vorkenntnisse vorausgesetzt werden und, soweit psychiatrische Kunstausdrücke
verwendet werden, sind dieselben in gemeinverständlicher Weise zu
erklären. Wissenschaftlich allgemein anerkannte Thatsachen, auf
welche sich das Gutachten stützt, sind als solche zu bezeichnen. damit
der Richter übersieht, welche allgemeinen Theorieen er als Dogma
hinzunehmen hat und sich an Hand derselben sein Urteil über den
besonderen Fall bilden kann. Es ist wichtig, in dieser Beziehung das
richtige Mass innezuhalten. Das volle Verständniss für ein psychia-
trisches Gutachten wird immer nur der Psychiater haben, und es hat
keinen Zweck, in Gutachten allgemeine wissenschaftliche Abhandlungen über eine besondere Krankheitsform zu schreiben, was für den
Richter nur ermüdend ist. Es kommt lediglich darauf an, die Beziehungen des besonderen Falles zum wissenschaftlich allgemein Anerkannten möglichst klar darzulegen.

Die passende Formulierung des Gutachtens kann in schwierigen
Fällen geradezu ausschlaggebend sein. Die Form, welche man einem
Gutachten zu geben hat, hängt natürlich wesentlich von dem besonderen Fall ab und der Inhalt wird immer massgebend dafür sein.
Je nach Art der rechtlichen Frage und der Art der bezüglichen Fragestellung wird die Form eine andere sein müssen; genau genommen
müssten wir deshalb eine ganze Reihe verschiedener Schemata für
Gutachten geben; wir werden uns trotzdem auf ein einziges beschränken, weil es doch immer nur ein Notbehelf für den Anfänger
sein kann, und der Geübtere keine Schwierigkeit haben wird, nach
den allgemeinen Grundsätzen sich das Schema je nach der besonderen Sachlage umzuformen. Mehr Gewicht als auf dies Schema legen wir auf diese
allgemeinen Grundsätze, die wir hier deshalb kurz skizzieren wollen:

Einleitung und Schluss sind immer gegeben. In der Einleitung
wiederholt man — gleichsam als Überschrift — die von der betreffenden
Behörde gestellte Frage zugleich mit Angabe des bezüglichen Prozesses.
in welchem das Gutachten verlangt worden ist; den Schluss bildet die
Antwort auf jene Frage. An jene Einleitung schliesst man eine Bemerkung an, wie: „wir geben unser Gutachten nach bestem Wissen
und Gewissen ab wie folgt" oder dergl. Diese Redewendung ist je
nach der Stellung des Sachverständigen verschieden zu formulieren.

In manchen Prozessordnungen bestehen darüber besondere Vorschriften, indem der Sachverständige für die Richtigkeit des Gutachtens bald mit einem besonderen Eide einstehen, bald sie mit dem ein für alle Mal geleisteten Sachverständigeneid bekräftigen muss u. s. w.

Was nun die Sache selbst anbelangt, so sollte man wenigstens in allen wichtigeren Fällen zwei wesentlich verschiedene Teile des Gutachtens von einander unterscheiden und das auch schon äusserlich durch die Schrift andeuten. Die Zusammenstellung des Materials und das eigentliche Gutachten, mit anderen Worten: die Thatsachen, auf welche sich der Sachverständige stützt, und das, was er zu diesen Thatsachen zu sagen hat, die eigentlichen sachverständigen Schlussfolgerungen. Nichts erschwert dem Leser das selbständige Urteil — und das soll er sich doch bilden — so sehr, wie die Vermischung von Thatsachen und Schlüssen. Nur durch eine sorgfältige Trennung dieser zwei wesentlich verschiedenen Teile des Gutachtens wird sich ausserdem der Anfänger davor hüten können, statt wirklicher Thatsachen allgemeine Redensarten vorzubringen. In diesem ersten Teile des Gutachtens darf kein einziger psychiatrischer Kunstausdruck stehen; man darf z. B. nicht schreiben: „Explorand hatte Hallucinationen", sondern z. B. „Explorand sagt, die Leute hätten ihm in der Wirtschaft nachgerufen: „„Der Hundsfott!"" Dass diese Aussage des Exploranden auf Sinnestäuschungen beruhe, das soll der Sachverständige erst in seinem„ Gutachten" nachweisen. Es kann sich bei solchen Angaben sowohl um Illusionen wie um Hallucinationen, unter Umständen auch um Erinnerungsfälschungen handeln, oder um thatsächlich gefallene Äusserungen, die der Patient aber in wahnhafter Weise auf sich bezieht; welche dieser Annahmen die richtige ist, hat das „Gutachten" zu erläutern. Wenn man aber in der Aufzählung der Thatsachen schon solche Worte wie „Hallucinationen" und dergl. vorbringt, so fällt man damit ein, vielleicht voreiliges, Urteil, im günstigsten Falle aber stellt man eine, noch in keiner Weise bewiesene, Behauptung auf und hat zudem gar nichts über den besonderen Fall ausgesagt, zu dessen Charakteristik es nicht genügt, d a s s der Betreffende Hullucinationen hat, sondern w e l c h e er hat. Man hüte sich in gleicher Weise vor allgemeinen Redensarten, wie z. B.: „Explorand log sehr viel." Ohne nähere Angaben ist auch dies nichts als eine leere Behauptung, die sehr leicht bestritten werden kann. Ausserdem kommt es nicht darauf an, d a s s der Patient lügt, sondern was, wie, warum er lügt, und dies kann nur ein einzelnes oder mehrere Beispiele illustrieren. Hat man deren sehr viele, so wähle man einige charakteristische aus und füge dann hinzu: „ähnliche unwahre Aussagen wurden uns sehr viele berichtet" oder „ . . . . soll Explorand nach

Angabe des . . . . . . sehr häufig gethan haben" oder dergl. Gerade
wenn man auf die Angaben Anderer angewiesen ist, so werden solche
ins Einzelne gehende Angaben das Urteil über die Glaubwürdigkeit
des Zeugen wesentlich erleichtern. Man spare deshalb die Zeit bei
Vernehmung der Zeugen nicht. Ist man aber seiner Sache sicher, so
beschränke man sich im Gutachten auf die notwendigsten Beispiele
und vermeide unnötige Längen. Hat man reichliches Material in Re-
serve, so braucht man ja eine allfällige Anfechtung der Thatsachen
nicht zu scheuen. Ist das nicht der Fall, so hüte man sich vor Übertreibungen durch allgemeine Redewendungen, die man später nicht beweisen kann. Solche Zeugenangaben wie die oben erwähnte können
natürlich als solche „Thatsachen" sein, deren Bedeutung für die Beurteilung des Exploranden dann eben weiter zu prüfen sind.

Die hier angegebenen Regeln sind in manchen Fällen sehr leicht
zu befolgen; gerade dann kann man sie am ersten vernachlässigen und
im Interesse der Kürze sich Ausnahmen gestatten; in anderen Fällen
macht es viel Mühe, sich an diese Regeln zu halten, und erfordert
weitschweifige Erörterungen; gerade dann aber ist es wichtig, die
Regeln zu beachten und namentlich der Anfänger sollte sich dann besonders gewissenhaft daran halten.

Es entsteht nun die Frage, wie man diese „Thatsachen" disponieren soll; vielfach folgt man hier den Quellen, aus welchen das
Material geschöpft worden ist, indem man erst die bezügliche Rechts-
frage kurz skizziert, dann einen Aktenauszug giebt, darauf zu den
eigenen Beobachtungen übergeht, — kurz in der Form einer Krankengeschichte die Thatsachen in der Reihenfolge aufzählt, in welcher sie
zur Kenntnis des Sachverständigen gelangt sind. Diese Art der Darstellung kann allerdings für den Fachmann Reiz und Interesse haben,
weil sie Aufschluss darüber giebt, wie sich der anfänglich vielleicht
unklare Fall nach und nach aufhellte und wie das endgültige Urteil
des Sachverständigen allmählich entstand. Für die rasche Orientierung des Richters aber ist diese Art der Darstellung unzweckmässig;
sie trennt sachlich Zusammengehöriges von einander, bringt eventuell
besondere Umstände ausführlich, ehe deren Bedeutung ersichtlich sein
kann, oder lässt umgekehrt Anderes wichtig erscheinen, was sich später
als unwichtig herausstellt und erschwert so eine rasche Übersicht
ausserordentlich. Darauf aber kommt es für den Richter an; ihn interessiert nicht die historische Entstehung des Urteils, sondern das endgültige Resultat und dessen Begründung auf Grund des schliesslich
vorliegenden Materials. Der Sachverständige schildere deshalb lieber
in gedrängter, zusammenfassender Weise den ganzen Krankheitsfall.

so wie er ihm zur Zeit der Begutachtung vorliegt, so dass das eigentliche Gutachten bereits zwischen den Zeilen zu lesen ist. Diese Methode kann allerdings zu subjektiver Darstellung verleiten, gerade darum betonten wir oben in so nachdrücklicher Weise die Regel, der Sachverständige solle sich in diesem Teil mit pedantischer Gewissenhaftigkeit an die objektive Widergabe der nackten Thatsachen halten. Wenn man dies thut und sich möglichst wörtlich — immerhin bei Vermeidung unnötiger Längen — an seine Quellen hält, wird man sich eine subjektive Anordnung des Materials erlauben dürfen; ja es ist in gewissem Sinne gerade die Aufgabe des Sachverständigen, aus der grossen Menge des vorliegenden Materials das Wesentliche herauszugreifen und übersichtlich zusammenzustellen. Wollte man dies unterlassen, so wäre es überhaupt unnötig im Gutachten, wenigstens die schon bekannten, Thatsachen noch einmal zu wiederholen.

Der Richter muss nun aber die Möglichkeit haben, die Richtigkeit der angeführten Thatsachen nachzuprüfen; dies wird durch die hier empfohlene Disposition erschwert, in der naturgemäss z. B. Thatsachen aus den Akten an den verschiedensten Stellen des Gutachtens Erwähnung finden. Dem Übelstand ist dadurch leicht abzuhelfen, dass man nach der Erzählung eines bestimmten Momentes jedes Mal die Quelle in Klammern verzeichnet; bei wichtigen Dingen unterlasse man das nie. Wenn nötig, stelle man widersprechende Angaben nebeneinander und füge, wenn möglich, gleich eine Kritik ihrer Glaubwürdigkeit hinzu. Kommt es auf solche Einzelheiten nicht an, so constatiere man überhaupt nur das unzweifelhaft Feststehende und lasse unsichere Einzelheiten ganz bei Seite oder weise darauf hin, dass sie für die psychiatrische Beurteilung nicht von Belang sind. Sind der benutzten Quellen sehr viele, so führe man sie am Anfang des Gutachtens im Zusammenhang an, um später immer nur mit kurzen Notizen darauf zu verweisen; z. B. schreibe man nach dem Eingangssatz: „Zu diesem Zwecke (d. h. der Begutachtung) habe ich 1. die Untersuchungsakten des gegenwärtigen Prozesses, 2. die Akten des Prozesses . . . . . . eingesehen, 3. die und die Zeugen persönlich einvernommen, 4. den Expl. da und da untersucht. Auf Grund dieser Erhebungen gebe ich mein Gutachten ab, wie folgt": Die hier empfohlene Disposition hat auch den Vorzug, dass man dadurch den Richter veranlasst, die für das Gutachten wichtigen Thatsachen aus den Akten sich noch einmal zu vergegenwärtigen, während er einen „Auszug" aus den ihm bekannten Akten vielleicht gar nicht lesen würde.

Im Einzelnen ergiebt sich die Disposition naturgemäss aus dem über die Untersuchung des Patienten im vorigen Kapitel Gesagten von selbst; nur zur weiteren Erläuterung der eben entwickelten Massregeln sei noch auf Folgendes hingewiesen.

Im „Vorleben des Expl." stelle man alles sicher Festgestellte über diesen Punkt zusammen, so auch z. B. die eigenen Angaben des Expl., sofern dieselben zuverlässig erscheinen. Ist dies aber nicht der Fall, sondern dokumentiert sich in diesen Angaben eine irgend falsche Auffassung (sei es nun Unwahrhaftigkeit, seien es Wahnideen, Erinnerungsfälschungen oder dergl.) des Expl. oder — kommt es umgekehrt darauf an, mit diesen Angaben nicht das Thatsächliche des Sachverhalts, sondern vielmehr die den Thatsachen entsprechende Auffassung des Expl. zu veranschaulichen, dann gehören dessen Angaben nicht in das Vorleben, sondern in die „eigenen Beobachtungen." Durch eine derartige Trennung der anderweitigen und der Angaben des Expl. wird dann die bezügliche Auffassung des Expl. recht deutlich in die Augen springen.

Hinsichtlich der Darstellung des „Thatbestandes" sei noch einmal daran erinnert, dass sich der Sachverständige auf diejenigen Momente zu beschränken hat, welche für die psychiatrische Beurteilung von Wichtigkeit sind und alle nur für die Schuldfrage oder die Beurteilung der Verbrechensart u. dergl. m. in Betracht kommenden Dinge völlig bei Seite zu lassen hat.

Wie man das eigentliche „Gutachten" disponieren will, das hängt natürlich auch wieder von der Eigentümlichkeit des besonderen Falles ab. Das von mir aufgestellte Schema folgt, wie die Disposition des „Materials" der allgemein üblichen wissenschaftlichen Darstellung: Ätiologie, psychopathische Constitution, ausgesprochene gegenwärtige Geistesstörung. Man kann auch mit der letzteren anfangen und dann rückläufig constatieren, dass zu dieser Diagnose die nachgewiesenen Krankheitsursachen u. s. w. passen. Die Frage allfälliger Simulation oder sonstiger Täuschungen durch den Expl. kann man am Schluss erörtern; in anderen Fällen wird es sich wieder empfehlen, das „Gutachten" damit zu beginnen. — Vor Allem halte man daran fest, dass man zuerst den Nachweis einer bestimmten vorhandenen Geistesstörung zur kritischen Zeit, zu liefern hat, eventuell sich über deren Dauer zu äussern, und dann auseinanderzusetzen, ob und in wie weit diese Krankheit das Handeln des Expl. beeinflussen müsse im Allgemeinen und — wenn es sich um eine bestimmte Handlung handelt — thatsächlich beeinflusst habe. Dabei ist dann die besondere von der Behörde gestellte Frage zu berücksichtigen. In diesem ganzen Teile ist natürlich immer auf die im Vorhergehenden angeführten Thatsachen zu verweisen. Doch hüte man sich vor weitläufigen Wiederholungen. Eventuell beschränke man sich lieber im ersten Teil auf einige wenige charakteristische Einzelheiten, und füge erst hier zur Erhärtung seiner Behauptungen neue bei!

Nach diesen allgemeinen Erläuterungen lasse ich hier ein Schema für gerichtliche Gutachten folgen, wie ich es bereits für den Schweizerischen Medicinalkalender 1891 entworfen habe:

### Einleitung.

Von . . . . . (Titel der das Gutachten requirierenden Stelle) aufgefordert, in dem Prozesse . . . . . . . den P.P. auf seinen Geisteszustand zu untersuchen und ein Gutachten darüber abzugeben, ob . . . . (wörtliche Wiederholung der Fragestellung) erklären wir nach bestem Wissen und Gewissen Folgendes: [1]

### Material.

1. Heredität, und zwar in erster Linie directe bei den Eltern, in zweiter Linie indirecte oder atavistische bei den Grosseltern, Geschwistern und Geschwistern der Eltern. Genaue Angaben über Geistes- und Nervenkrankheiten, Selbstmord, Trunksucht, Verbrechen (besonders Gewohnheitsverbrechen), einseitige Begabungen, auffallende Charactere bei den betreffenden Familiengliedern des Exploranden.

2. Vorleben des E.: Wann geboren? Ehelich oder unehelich? Körperliche Entwickelung normal? Welche Abnormitäten? — Menstruation, Schwangerschaften, Niederkunft, Wochenbetten. — Körperliche Erkrankungen und Verletzungen (namentlich des Kopfes), soweit sie auf die Constitution von Einfluss sein können. — Angaben über die Descendenz, soweit sie auf constitutionelle Erkrankungen der Eltern (z. B. Syphilis) schliessen lassen.

Wo und wie erzogen? Schulbildung, Fähigkeiten (einseitige Begabung?), Character, Temperament, Fehlen der ethischen Gefühle, z. B. der Elternliebe, krankhafte Triebe, z. B. conträre Sexualempfindung, hochgradiger Hang zur Onanie, zum Lügen, Stehlen, Verschwenden, zur Tierquälerei u. dergl., Antipathien, Idiosynkrasien u. s. w. in den Entwickelungsjahren — weiterer Lebensgang, Beruf, Familienverhältnisse, ökonomische Verhältnisse, Excesse in baccho et venere? — Kam E. (schon früher)[2] mit dem Strafgesetz in Conflict? wann? wodurch? — führte er viel Processe? — Frühere Geistes- oder Nervenkrankheiten (Art, Zeit und Dauer derselben).

Entwickelung und Verlauf der jetzigen ausgesprochenen Geisteskrankheit. Abnahme der Intelligenz und des Gedächtnisses, Veränderung des Characters (der Stimmung, des Benehmens, der Gewohnheiten, perverse Triebe u. s. w.), Zwangsvorstellungen, Wahnideen Hallucinationen, Illusionen. Störungen der Sensibilität und Motilität (Gang, Sprache), Krämpfe, Ohnmachten, Schwindel, Schlaganfälle u. s. w.

3. Thatbestand: Darstellung der incriminierten, eventuell der civilrecht-

---

[1] Diese Formel ist den lokalen processuellen Bestimmungen anzupassen.

[2] Die [ ] kommen nur für criminelle, nicht für civilrechtliche Gutachten in Betracht.

lichen Handlung, der sie begleitenden und ihr nachfolgenden Umstände, soweit sie irgend für Beurteilung des Krankheitsfalles von Wichtigkeit.

4. **Eigene Beobachtungen**: Körperbau, Constitution; Schädelform; Degenerationszeichen (z. B. Hasenscharte, steiler Gaumen, angewachsene Ohrläppchen u. dergl.), Haltung, Gang, Blick, Gesichtsausdruck, Sinnesorgane, Sensibilität, Motilität (namentlich Pupillen, Innervation des Facialis, Sprachstörungen, Coordinationsstörungen), Stuhlgang und Urin. Sonstige körperliche Anomalieen.

Benehmen, Stimmung, Ablauf der Vorstellungen (beschleunigt? verlangsamt?), Intelligenz, Gedächtnis, ethische Anschauungsweise; Wahnideen, Zwangsvorstellungen, Hallucinationen, Illusionen u. s. w.

Wie äussert sich E. über die incriminierte, eventuell die civilrechtliche Handlung? (Thatsächliche Angaben und Denkungsweise darüber in ethischer Beziehung.)

### Gutachten.

Welche oben mitgeteilten Thatsachen gelten als prädisponierend zu geistigen Erkrankungen (z. B. Heredität, Alcoholmissbrauch, Lues, Kopfverletzungen, schwächende körperliche Krankheiten u. s. w.)?

Welche allgemeinen Erscheinungen bei E. lassen auf das thatsächliche Bestehen einer Disposition zu Geisteskrankheiten (beziehungsweise einer abnormen Hirnorganisation) schliessen (z. B. mangelhafte oder einseitige intellectuelle Begabung, Characteranomalieen, ethischer Defect, perverse Neigungen, Trunksucht, Nervenkrankheiten aller Art, frühere geistige Erkrankungen u. s. w.)?

Welche besonderen Erscheinungen bei E. sind als krankhaft anzusehen und welchem Krankheitsbilde entsprechen dieselben (Diagnose und Prognose)? Allgemeiner klinischer Verlauf. War die Störung angeboren, constitutionell oder erworben?

Inwiefern lässt sich das Verhalten des E. während und nach der incriminierten, eventuell der civilrechtlichen Handlung aus seiner geistigen Erkrankung, beziehungsweise seiner abnormen Hirnorganisation erklären (unter besonderer Berücksichtigung der in der Einleitung reproducierten Fragen)? Frage nach eventueller Simulation oder Dissimulation von Krankheitserscheinungen.

### Schluss.

Wir fassen unser Gutachten dahin zusammen, dass E. (eventuell: in Folge von . . . . . . . [ätiologische Momente] an . . . . . . . . (Diagnose und Prognose) leidet und dass im Besonderen . . . . . . . . . . . (Antwort auf die in der Einleitung reproducierte Frage).

Noch einmal sei vor unnötigen Längen im Gutachten gewarnt; man beschränke sich immer auf das Notwendige; auch dies kann in schwierigeren Fällen einen beträchtlichen Raum erfordern. Dann erleichtere man dem Leser die Übersicht durch gut markierte Absätze und Überschriften der einzelnen Teile des Gutachtens und hebe namentlich den „Schluss" deutlich hervor. Der Richter kann sich dann leicht darüber orientieren, zu welchem Resultat das Gutachten kommt und, wenn er demselben ohne Weiteres beistimmt, den übrigen

Teil des Gutachtens ungelesen bei Seite legen. Der Sachverständige hat darum trotzdem die Pflicht, die mit Thatsachen belegte Begründung seines Gutachtens zu den Akten zu liefern.

Liegt der Fall sehr einfach, kann man das Gutachten natürlich wesentlich kürzer fassen; immerhin wird auch dann obiges Schema eine gewisse Wegweisung für die Abfassung kürzerer „gutachtlicher Äusserungen" geben können.

Für mündlich abzugebende Gutachten wird mit Recht empfohlen, das Schlussresultat dem Gutachten voranzustellen, weil dies dem Hörer es wesentlich erleichtert, den weiteren Ausführungen zu folgen. Sind die bezüglichen Thatsachen in der Verhandlung schon erörtert worden und somit dem Hörer noch frisch gegenwärtig, wird man die zusammenfassende Darstellung des Materials wesentlich kürzen oder unter Umständen ganz bei Seite lassen können. In der Motivierung bietet sich ja Gelegenheit, auf die Thatsachen zu verweisen.

Schliesslich sei noch darauf hingewiesen, dass man im Zweifel ein Gutachten nur an Behörden und Gerichte abgeben soll. Namentlich, wenn man sich über den fraglichen Krankheitsfall u n d die in Betracht kommende rechtliche Frage nicht ganz im Klaren ist, hüte man sich davor, Gutachten an Private oder Parteien abzugeben. Man wird durch solche nur allzu oft hintergangen (hinsichtlich der fraglichen Thatsachen) und kann dann leicht in die unangenehme Lage kommen, sein Gutachten ganz oder teilweise zurücknehmen zu müssen. Immerhin kann es in manchen Fällen für eine Partei von Wert sein, im Voraus zu wissen, in welchem Sinne der Sachverständige sein Gutachten abgeben werde (z. B. wenn es sich darum handelt, ob ein Prozess behufs Ehescheidung überhaupt angestrengt werden soll). Glaubt man, seiner Sache gewiss zu sein, mag man dann wohl ein vorläufiges kurzes Gutachten abgeben, unterlasse dann aber nicht, genau die Umstände anzugeben, unter denen man um ein Gutachten angegangen wurde, und alle erdenklichen Vorbehalte zu machen, indem man auf ein allfälliges definitives Gutachten an die Behörde hinweist.

# Besonderer Teil.

# Einleitung.

## Die Einteilung der Seelenstörungen.

Über die Einteilung der Seelenstörungen gehen die Ansichten noch sehr auseinander. Von der Beschreibung einzelner Symptome ist man zu derjenigen von Symtomcomplexen, als Zustandsbildern übergegangen, um dann unter weiterer Berücksichtigung der Verlaufsart die Formen von einander abzugrenzen. Über die Nomenklatur herrscht noch grosse Uneinigkeit. Dadurch wird die thatsächliche Differenz der Ansichten für das flüchtige Urteil noch wesentlich erhöht. Dieselbe ist aber nicht so gross, als es auf den ersten Blick erscheint; zwischen den einzelnen Krankheitstypen giebt es mannigfaltige Übergänge. — Die hier eingehaltene Einteilung macht keinen Anspruch auf selbständigen Wert. Es werden nach einander beschrieben: Die erworbenen functionellen, die organischen und die Intoxikationspsychosen, die sogenannten Neurosen, die constitutionellen Störungen und die Entwicklungshemmungen. — Die Reihenfolge hat nur den Zweck von den ausgesprochenen Geistesstörungen zu den Mischformen von Geisteskrankheit und Gesundheit fortzuschreiten.

Im Folgenden werden wir die einzelnen Formen des Irreseins kurz skizzieren und dabei diejenigen Momente besonders hervorheben, welche vor anderen für die Beurteilung gerichtlicher Fragen von Belang sind. Wir werden dabei notgedrungen die Seelenstörungen in einzelne Gruppen und Untergruppen einteilen müssen, ohne aber auf die hier gegebene Einteilung und die Reihenfolge in der Beschreibung der einzelnen Formen besonderes Gewicht zu legen. Es lässt sich keineswegs in Abrede stellen, dass die Unklarheit der Begriffe und der Zwiespalt der Ansichten in dieser Frage heutigen Tages noch sehr erheblich sind. Wenn man in früheren Zeiten vielfach nur

einzelne Symptome (z. B. „die Hallucinationen") studierte und beschrieb
und auch wohl als selbständige Krankheitsformen ansprach, so kam
man doch bald zu der Erkenntnis, dass es zur Charakterisierung dieser
letzteren vielmehr auf die Symptomcomplexe als auf die einzelnen
Symptome ankomme und die Gruppierung solcher verschiedener Zustandsbilder war bereits ein wesentlicher Fortschritt in der Diagnostik
der Geistesstörungen. Ein wichtiger Schritt weiter auf diesem Gebiete
war dann die Berücksichtigung des Verlaufes der Krankheit und
zweifellos hat uns diese Betrachtungsweise schon wesentlich gefördert;
sie stellt aber der Forschung gerade in der Psychiatrie besondere
Schwierigkeiten in den Weg, weil der Verlauf geistiger Störungen in
den meisten Fällen ein recht langwieriger zu sein pflegt, ja sich
mitunter fast über das ganze Leben erstrecken kann und sich dann
der eigenen Beobachtung des einzelnen Beobachters entzieht. — Bei
der allmählichen Wandlung der Anschauungen nun hat man bald —
um sich vor Missverständnissen zu schützen — den neuen Begriffen
neue Namen beigelegt, bald — um die Zahl der Namen nicht allzu
sehr anwachsen zu lassen — unter alten Namen umgewandelte und
gereinigte Begriffe zu präcisieren gesucht. Da aber die Ansichten
noch mannigfach auseinandergehen, so konnte es nicht ausbleiben, dass
verschiedene Autoren mit den gleichen Namen vielfach verschiedene
Krankheitsformen bezeichnen; ein Umstand, durch welchen die ohnehin
schwierige Verständigung auf unserem Gebiete noch wesentlich erschwert worden ist. Im Allgemeinen Teile haben wir bereits darauf
hingewiesen, zu welchen Unzuträglichkeiten diese Unklarheit in der
Nomenklatur bei der Formulierung von Gesetzen führen kann. Hier
handelt es sich um die Sache selbst und man kann nicht leugnen, dass
die Mannigfaltigkeit der Krankheitsnamen und Einteilungsprincipien
auf den Anfänger, der etwa verschiedene Lehrbücher zur Hand nimmt,
einen verwirrenden, ja vielleicht geradezu trostlosen Eindruck
machen kann.

Ich erwähne diesen Umstand hier deshalb, weil man daraus hat
den Schluss ziehen wollen, die Psychiatrie sei eine so unreife und junge
Wissenschaft, dass sie zu zuverlässigen Urteilen gar nicht führen
könne und dass in Folge dessen die Irrenärzte zur Abgabe gerichtlicher Gutachten überhaupt nicht befähigt seien. Wenn nun zum
Glück auch nur ganz extravagante Köpfe einer solchen Ansicht in
dieser schroffen Form huldigen, so ist doch ein entsprechendes Vor-
urteil, wenn auch in milderen Ausdrucksformen weit verbreitet und
es scheint angezeigt, ihm hier ausdrücklich entgegenzutreten.

Dass die Psychiater über die Abgrenzung einzelner Krankheitsformen noch vielfach verschiedener Ansicht sind, ja selbst die eigenen
auf Grund neuerer Forschungen mitunter ändern und umwandeln, soll
keineswegs in Abrede gestellt werden. Hierin unterscheidet sich aber
die Psychiatrie durchaus nicht von irgend einer anderen Wissenschaft.
Jedes Forschen hört auf, wo keine Fragen mehr zu lösen sind, und
deren giebt es in der Psychiatrie gerade so wie in jeder anderen
Wissenschaft noch reichlich genug. Besonders haben wir daran zu
denken, dass jede Einteilung der Seelenstörungen bis auf einen gewissen Punkt immer eine künstliche sein wird, weil die Natur keine
Grenzen kennt. Wenn wir früher betonen mussten, dass die scharfe
Trennung zwischen geistiger Krankheit und Gesundheit nicht möglich
sei, so haben wir hier den ganz gleichen Fall hinsichtlich der Ab-
trennung verschiedener Krankheitsformen von einander. Je nachdem
man nun dieses oder jenes Moment mehr betont, kann man eine solche
Mischform bald diesem, bald jenem Typus zuzählen, und je nach der
Wichtigkeit, die man den einzelnen Merkmalen beimisst, kann man
die Typen verschieden normieren, und den Begriff der Mischformen
verschieben. Damit ist aber durchaus nicht immer etwas ganz Anderes
über das Wesen der einzelnen Krankheitsart ausgesagt, und oft genug
wird es sich nur um unwichtige Varietäten der Anschauungen handeln,
wenn zwei Sachverständige scheinbar sehr verschiedene Diagnosen
stellen — das gleiche Verhältnis, welches wir bei der Frage geisteskrank oder gesund kennen lernten! So lässt sich ganz im Allgemeinen
sagen, dass die Verschiedenheit in den Einteilungen bei verschiedenen
Autoren keineswegs eine so grosse ist, als es auf den ersten Blick
erscheinen mag. Wer nicht nur die Inhaltsverzeichnisse und Überschriften der einzelnen Kapitel in den Lehrbüchern liest oder auch
wohl einzelne Stellen aus dem Zusammenhang herausreisst, wer sich
also, so zu sagen die Psychiatrie nicht nur von aussen ansieht, sondern
in das Wesen der Sache selbst einzudringen sucht, der wird bald
gewahr werden, wie sich bei äusserer Verschiedenheit der Anordnung
so manche Übereinstimmung hinsichtlich des Wesens der Sache ergiebt
und sich aus dem anfänglichen Chaos einzelne unzweifelhafte Merk-
zeichen herausheben, die es ermöglichen, Ordnung in die scheinbare
Verwirrung zu bringen. Wir sagen nicht, dass es nicht dringend
wünschenswert wäre, grössere Klarheit in diesen Fragen zu erlangen
und damit grösserere Einigkeit unter den verschiedenen Autoren zu
erzielen. Die Uneinigkeit erscheint sogar so gross, dass es z. B. bis
jetzt kaum möglich sein dürfte, auf dem Wege grösserer Statistik
Resultate zu erzielen, die Anspruch auf irgend welchen Wert machen

könnten. Es hätte z. B. nicht den geringsten Zweck, die Zahlen zweier Kliniken über die Häufigkeit der Verrücktheit oder des Wahnsinns miteinander zu vergleichen. Daraus folgt aber nicht, dass wir nicht schon bei dem heutigen Stande unseres Wissens — unabhängig von der Überzeugung des Einzelnen, auf Grund allgemein anerkannter Thatsachen, im einzelnen Fall recht zuverlässige Angaben über die Art und den mutmasslichen Verlauf einer Krankheit zu machen im Stande sind, soweit das für gerichtliche Fragen von Belang ist, wenngleich wir natürlich auch manche derselben offen lassen müssen. Es braucht wohl kaum hervorgehoben zu werden, dass der Sachverständige in allen irgend zweifelhaften Fällen vor Gericht mit seinem Urteil besonders vorsichtig sein muss, je nach Art der besonderen gerichtlichen Frage in verschiedenen Graden, wofür ja in dem allgemeinen Teil schon die leitenden Gesichtspunkte angegeben worden sind. Es werden aber Fragen genug übrig bleiben, die er mit aller Bestimmtheit beantworten kann.

Auf diesen allgemeinen Hinweis auf die wesentliche Übereinstimmung in den verschiedenen Einteilungen der Seelenstörungen glaubten wir uns hier beschränken zu sollen und müssen es der klinischen Forschung überlassen, diesem Gedanken im Einzelnen nachzugehen. Zu einzelnen Hinweisen in diesem Sinne wird die Beschreibung der einzelnen Formen noch manche Gelegenheit bieten. Die nachfolgende Darstellung wird den verschiedenen Meinungen nach Möglichkeit Rechnung zu tragen suchen, im Wesentlichen aber sich an die allgemein anerkannten Theorieen anlehnen. Unsere Einteilung macht deshalb keinen Anspruch auf selbständigen Wert, und soll nichts anderes sein, als eine encyclopädische Aneinanderreihung der verschiedenen Krankheitsbilder.

Dass es in allen gerichtlichen Fällen nötig ist eine bestimmte Diagnose zu stellen und nicht genügt, die „Geisteskrankheit" im Allgemeinen festzustellen, bedarf wohl nach unseren Ausführungen über die Aufgaben des Sachverständigen im Allgemeinen Teil keiner besonderen Erwähnung.

Wir werden beginnen mit der Darstellung der erworbenen Seelenstörungen, und unter ihnen der Reihe nach abhandeln die sogenannten „functionellen" (deren materielles Substrat sich am Sektionstisch mit unseren heutigen Untersuchungsmethoden nicht nachweisen lässt), die „organischen" (bei welchen wir anatomische Veränderungen im Gehirn finden, die wir mit Bestimmtheit für die während des Lebens beobachteten Anomalieen verantwortlich machen können) und die „Vergiftungen". Unter diesen weist die für uns wichtigste, der chronische Alkoholismus, bereits manche dauernde constitutionelle Anomalie, sowie nahe Verwandtschaft mit dem epileptischen Irresein auf. Dieses, sowie die anderen sogenannten „allgemeinen Neurosen", führen uns dann zu den constitutionellen Störungen im engeren Sinne, und diese zu den eigentlichen Entwicklungshemmungen. Diese Reihenfolge hat namentlich den Zweck, in der Schilderung mit den allgemein als krankhaft anerkannten ausgesprochenen Geistesstörungen zu beginnen, und erst dann zu den für uns so wichtigen Übergangsformen zwischen geistiger Krankheit und Gesundheit, den Charakteranomalieen überzugehen. Dieser Gesichtspunkt veranlasst uns auch, neben anderen Gründen, alle diejenigen Formen, welche zwar hauptsächlich aus krankhafter Anlage hervorwachsen, aber doch in der Form von Krankheiten verlaufen, die sich namentlich für den Laien deutlich von dem gesunden Leben abheben, zu den functionellen erworbenen Störungen zu rechnen — Formen, von denen manche mit mehr oder weniger Berechtigung auch wohl zu den constitutionellen Störungen gezählt werden. Dieses äussere Merkmal ermöglicht auch bei dem gegenwärtigen Stande unseres Wissens am ehesten eine Grenzlinie zwischen den erworbenen functionellen und den constitutionellen Störungen zu ziehen, was sonst für die Einteilung immer grosse Schwierigkeiten bereitet. Unter „constitutionellen Störungen" verstehen wir demnach lediglich die psychopathischen Zustände, die ihrerseits wieder ohne jede scharfe Grenze in die Entwicklungshemmungen übergehen, und deshalb von manchen Autoren mit diesen zu einer gemeinsamen Gruppe vereinigt werden.

Da der Zweck dieses Lehrbuches nur der ist, einen allgemeinen Überblick über die gerichtliche Psychopathologie zu geben, werden wir uns hier darauf beschränken, die wichtigsten Krankheitsformen in groben Zügen zu skizzieren und verweisen hinsichtlich aller Einzelheiten auf die Lehrbücher der Psychiatrie.

# Kapitel 1.
## Erworbene functionelle Störungen.

### § 1.
#### Die manischen und melancholischen Formen.

Akute heilbare Krankheiten des gesunden Gehirns mit vorwiegenden Störungen des Affektes und des Vorstellungsablaufs.

Die Manie äussert sich in einer abnormen Erleichterung der Wahrnehmung, des Vorstellungsablaufs, der motorischen Innervation mit Euphorie, bez. Stimmungswechsel und Erotismus. Wahnideen und Hallucinationen gehören nicht zum typischen Bilde der Manie, können aber vorkommen. Je nach der Intensität unterscheidet man eine „Hypomanie", „Manie" und „Tobsucht". Das hypomanische Krankheitsbild ist für die gerichtliche Praxis besonders wichtig. Die Differentialdiagnose zwischen „Manie" und Aufregungszuständen anderer Krankheitsformen ist meist leicht zu stellen, namentlich auch unter Berücksichtigung des mehr oder weniger akuten Verlaufes innerhalb einiger Monate bis zu einem Jahre, des Schlafes und des Körpergewichtes. — Die Bestimmbarkeit des Willens durch Vorstellungen ist beim Maniakalischen aufgehoben. Die Kranken geben häufig zu strafrechtlicher wie zu civilrechtlicher Begutachtung Veranlassung.

Die Melancholie äussert sich in einer Erschwerung aller psychischen Vorgänge: Verlangsamung der Wahrnehmung und des Vorstellungsablaufes und motorischer Hemmung. Die depressive Stimmung ist oft mit ängstlichen Affekten verbunden. Sinnestäuschungen und Versündigungswahnideen können vorkommen, diese sind aber nicht systematisiert. Als Varietäten unterscheidet man eine Mel. simplex, gravis, agitata und attonita. Der Verlauf ist ähnlich dem der Manie. Für die Differentialdiagnose sind vor Allem zu berücksichtigen Dementia paralytica, Verrücktheit, hysterisches Irresein, constitutionelle Psychopathie und die Aufregungszustände der Epileptiker.

Die Zurechnungsfähigkeit ist wie bei Manie aufgehoben. Die criminelle Bedeutung der Melancholie ist überschätzt worden in Folge von Verwechselungen mit den oben genannten Krankheitsbildern. Raptus melancholicus und melancholische Wahnideen sollen zu Verbrechen führen. Meist handelte es sich aber um Entartete.

Das periodische Irresein äussert sich in maniakalischen und melancholischen Anfällen. Man unterscheidet eine periodische Manie und Melancholie und ein circuläres Irresein. Diese Formen kommen bei Entarteten vor und können zu secundären Schwächezuständen führen. Mischformen zwischen den einfachen Erkrankungsformen und den typischen periodischen Formen hat man als intermittierendes Irresein bezeichnet. Trotz Verschiedenheit der Theorieen bezüglich der Einteilung, lassen sich wertvolle Anhaltspunkte aus denselben für die gerichtliche Praxis gewinnen.

Das „intermittierende Irresein" bildet einen lehrreichen Übergang zu dem Irresein der Entarteten.

Bei diesen Formen finden wir namentlich Störungen des Affektes und des formalen Ablaufes der Vorstellungen, weniger solche des Vorstellungsinhaltes. Die Krankheit verläuft akut und geht nach 6—12 Monaten in einem gewissen Procentsatz der Fälle in Heilung über. Sie befällt vorwiegend vorher gesunde Leute, die gar nicht oder nur in geringerem Grade erblich belastet sind. In wie weit dieser Satz bezüglich der Vorhersage einzuschränken ist, werden wir bei Besprechung des periodischen Irreseins sehen. Die Hauptrepräsentanten dieser Gruppe sind die „Manie" und die „Melancholie", deren Bilder in manchen Beziehungen klassische Gegenstücke sind, während in manchen später zu erwähnenden Zügen wieder die innige Verwandtschaft beider Krankheiten deutlich zu Tage tritt.

Das Wesen der „Manie" erscheint zunächst als eine abnorme Erleichterung der verschiedensten psychischen Vorgänge. Die Wahrnehmungen erfolgen sehr rasch; die Kranken bemerken mit grosser Geschwindigkeit oft die unbedeutendsten Kleinigkeiten. Der Vorstellungsablauf ist beschleunigt. Ohne inneren Zusammenhang springen die Kranken von einem Gedanken zum anderen über, sich vorwiegend an äussere Anknüpfungen, namentlich den Klang der Worte haltend. Bei geringerer Ausbildung dieses Symptoms können sie deshalb auf den ersten Blick schlagfertig und jedenfalls oft witzig erscheinen, bei grösserer Intensität lassen sich die Gedankenzusammenhänge nicht mehr verfolgen; es entsteht sogenannte Ideenflucht und die Reden der Kranken machen einen verwirrten Eindruck. Ferner besteht eine Erleichterung der centralen Innervation für die motorischen Impulse; es tritt hochgradiger Bewegungsdrang und Redefluss auf, so dass die Kranken, redend, singend, schreiend, ununterbrochen umherlaufen, tanzen, ihre Kleider zerreissen und selbst Nachts gar nicht oder nur wenige Stunden ruhen. Dieser letztere Umstand, welcher namentlich im Beginn der Erkrankung auch bei leichteren Formen nie fehlt, ist für die gerichtliche Praxis besonders wichtig, weil er die Simulation des Krankheitsbildes ganz unmöglich macht. Stets findet sich eine abnorme Ablenkbarkeit, so dass die Kranken ausser Stande sind, ihre Aufmerksamkeit längere Zeit auf einen bestimmten Gedankengang zu concentrieren. Ihr Urteil ist deshalb oberflächlich und flüchtig bei aller scheinbaren Schlagfertigkeit, ihr Handeln unüberlegt und zerfahren, trotz einzelner scheinbar sehr schlauer Einfälle. Vielleicht dass diese Ablenkbarkeit das wichtigste Moment im Krankheitsbilde ist, welches in Verbindung mit der erleichterten motorischen Innervation die erleichterte Wahrnehmung und Beschleunigung des Gedankenablaufs nur vortäuscht.

Hand in Hand mit dieser jedenfalls subjektiven Erleichterung aller psychischen Vorgänge findet sich ein gehobenes Selbstgefühl. Die Kranken erklären, nie so gesund gewesen zu sein wie jetzt und halten sich für ganz besonders leistungsfähig — ähnlich wie der Gesunde, wenn die Arbeit rasch von der Hand geht, besserer Stimmung ist als im umgekehrten Falle. In Folge des raschen Wechsels der Vorstellungen schlägt aber die Stimmung leicht in zornigen Affekt um, der sich dann bei der Erleichterung der motorischen Innervation gern in wütenden Schimpfreden oder auch Thätlichkeiten Luft macht. Bei dem Widerstand, welchen man dem Kranken natürlich sehr vielfach entgegenzusetzen genötigt ist, kann sich dann auch eine dauernde reizbare Stimmung ausbilden. — Der meistens gesteigerte Geschlechtstrieb kann sich je nach dem Grade der Besonnenheit in der verschiedensten Weise äussern. Weiber entblössen sich und geben sich in schamlosester Weise hin; Männer machen geschlechtliche Attentate. In anderen Fällen beschränken sich die Kranken auf mehr oder weniger unzarte Redensarten und Witze, Citieren obscoener Lieder, coqueten Aufputz ihres Anzuges (namentlich bei Frauen: Auflösen der Haare, Anstecken von Blumen, bunten Bändern u. s. w. oft in auffällig lässiger Weise) — in wieder anderen Fällen kann der Erotismus wiederum in einer der Gesundheitsbreite sich nähernden Liebes- und Verlobungsgeschichte zu Tage treten, deren krankhafter Ursprung nur im Zusammenhang mit den übrigen Symptomen und namentlich im Hinblick auf den Charakter der gesunden Zeit deutlich erkennbar ist.

Ausgesprochene Wahnideen und Sinnestäuschungen fehlen im typischen Bilde der Manie. Doch können in Folge der Unaufmerksamkeit wohl „Illusionen": Verfälschung der Wahrnehmungen, und in Folge davon z. B. Personenverkennungen und ähnliche Trugschlüsse zu Stande kommen. Abenteuerliche Erzählungen über eigene und fremde Erlebnisse hört man ferner häufig bei unseren Kranken; doch machen diese dann meist mehr den Eindruck von Prahlereien und Aufschneidereien, an welche die Kranken selbst höchstens vorübergehend glauben. Das Bewusstsein ist im Allgemeinen nicht getrübt, das Gedächtnis erhalten. Die Kranken sind über Ort und Zeit gut orientiert, die Erinnerung höchstens im Sinne der momentanen Stimmung verfärbt, an Erlebnisse aus der kranken Zeit namentlich insofern ungetreu, als die Kranken in Folge ihrer Aufmerksamkeitsstörung schon im Moment der Auffassung Wesentliches und Unwesentliches nicht von einander unterscheiden können.

Bei hochgradiger Intensität der Krankheitserscheinungen und überhaupt, wenn man den Begriff der Manie nicht sehr eng fasst,

beobachtet man indessen auch ausgesprochene Wahnideen und Sinnestäuschungen, die dann vielfach mit grösserer Unbesonnenheit verbunden sind.

Dieses Symptomenbild kann nun in verschiedener Intensität auftreten, deren verschiedene Grade man als „Hypomanie", „Manie" (im
engeren Sinne des Wortes) und „Tobsucht" bezeichnet hat. In diesem
engeren Sinne lässt sich das Wort „Manie" also nicht in das Deutsche
übersetzen, noch weniger „Hypomanie"; für die gerichtliche Praxis ein
Übelstand, weil man einem Laien schwer begreiflich machen kann,
dass ein hypomanischer Kranker an „Tobsucht" leidet. Man kann
dann nur von dem „leichtesten Grade der Tobsucht" reden, muss aber
dabei ausdrücklich betonen, dass es sich nichts desto weniger um eine
ausgesprochene schwere Krankheit handelt. — Diese verschiedenen
Intensitätsgrade des Krankheitsbildes besonders zu charakterisieren,
ist wohl nach dem Gesagten überflüssig. Nur auf die Hypomanie
müssen wir wegen ihrer grossen Bedeutung in gerichtlichen Fragen
besonders aufmerksam machen. Sie kann als Anfangsstadium schwererer
Manieen auftreten, kann aber während der ganzen Dauer des Anfalles
fortbestehen und dann Schwierigkeiten bereiten, wenn es sich darum
handelt, Laien die krankhafte Natur des Benehmens des Exploranden
klar zu machen. Die Kranken werden — vielfach nach einer voraufge-
gehenden Periode gedrückter Stimmung — allmählich auffallend heiter
und lebhaft. Sie sprechen sehr viel, besuchen viele Gesellschaften,
Bälle, öffentliche Lokale, oft zweifelhafter Art, treffen eine Menge
Verabredungen, die sie vielfach vergessen, lassen sich in die verschiedensten Liebesaffairen ein, durch die sie sich bald mehr, bald
weniger blossstellen. Vielfach machen sie eine Menge geschäftlicher
Pläne, die alle gleichzeitig in Angriff genommen werden, oft im
Einzelnen gar nicht besonders ungeschickt sind (so dass die Kranken
sogar Erfolg damit haben können), zum grösseren Teil aber durch neue
verdrängt und dann vernachlässigt werden. Die Kranken gehen spät
zu Bett, sind mit dem frühesten Morgen schon wieder auf den Beinen,
„brauchen nicht so viel Schlaf", sind in der besten Stimmung und
fühlen sich so gesund und leistungsfähig wie nie; eine Überzeugung,
die auch Fernerstehende leicht von ihnen gewinnen, während allerdings
die näher interessierte nächste Umgebung die auffällige Veränderung
am Kranken mit Schrecken wahrnimmt. Tritt man nun dem Kranken
entgegen, so weiss er vielfach mit einem gewissen Geschick sich zu
wehren, sein Benehmen zu beschönigen und erklärlich erscheinen zu
lassen und intrigiert dann auch wohl in dauernd gereizter Stimmung

gegen seine vermeintlichen Verfolger. Bei der verhältnismässig gut
erhaltenen Besonnenheit kann dann das Krankheitsbild mitunter einen
querulierenden Anstrich bekommen, namentlich dann, wenn sich die
Erregung während des ganzen Anfalls auf niederer Stufe erhält. Bei
näherer Prüfung werden aber die typisch hypomanischen Krankheits-
züge immer deutlich erkennbar sein. In allen diesen Fällen ist zur
Diagnose namentlich der Vergleich mit dem früheren gesunden Leben
des Exploranden nötig und darf ein bezüglicher Hinweis darauf im Gutachten niemals vergessen werden. Geht die hypomanische Erregung
in die höheren Grade über, ist es natürlich leichter, den Zustand als
Anfangsstadium der späteren schweren Erkrankung zu demonstrieren.
Von praktischer Wichtigkeit sind auch in diesen Fällen meist diese
ersten Wochen der Krankheit, da später stets die Versorgung in einer
Anstalt notwendig wird und dann nicht nur jeder Zweifel an der
schweren Geistesstörung wegfällt, sondern auch die Gelegenheit für
das Zustandekommen gerichtlicher Fragen.

Dem maniakalischen ähnliche Krankheitsbilder werden auch bei
anderen Krankheitsformen beobachtet, so bei der Dementia paralytica
— doch sind dann der sehr charakteristische paralytische Schwachsinn
und die nervösen Störungen meist deutlich erkennbar — bei chronischem Alkoholismus, dann fehlt aber nie der Tremor; auch finden
sich meist charakteristische Circulationsstörungen, sowie ebensolche
Hallucinationen — bei Epilepsie, dann ist aber das Bewusstsein hochgradig getrübt, es besteht Angst und es fehlt die Ideenflucht — endlich
auch wohl bei Verrücktheit, doch sind dann für sorgfältige Prüfung die
fixierten Wahnideen bei mangelnder Ideenflucht deutlich nachweisbar, der
Affekt erscheint mehr secundär. Die Diagnose lässt sich also meist schon
aus dem Symptomencomplex stellen. Vor Allem aber ist zu berücksichtigen
der Verlauf. Die Krankheit befällt namentlich vorher gesunde Leute,
meist in jüngerem Alter, beginnt akut oder subakut. In späteren
Stadien beobachtet man mehr gereizte Stimmung, bis dann die Symptome allmählich abblassen. Die Dauer der Krankheit beträgt im
Durchschnitt 6—12 Monate, kann sich aber auch über Jahre hinziehen,
ja in seltenen Fällen chronisch werden. Sie geht aus in Genesung
oder mehr oder weniger hochgradigen secundären Defekt. Mitunter
beobachtet man ein melancholisches Vor-, häufiger ein ebensolches oder
mässig stuporöses Nachstadium. Das Körpergewicht sinkt, und steigt
erst wieder mit beginnender Beruhigung. Schlaf und Appetit sind
namentlich im Beginn der Erkrankung oft erheblich gestört! Sonst
beobachtet man keine auffälligeren körperlichen Begleiterscheinungen.

Soviel als Anhaltspunkte zur Stellung der Diagnose. Wie nun

die Handlung eines manischen Kranken vor Gericht zu beurteilen ist, lässt sich vielleicht nicht unpassend an folgendem an sich harmlosen kleinen Vorkommnis erläutern. Ich liess einmal vor Betreten eines Krankensaales meine brennende Cigarre auf dem Fensterbrett des Corridors liegen, auf welchem eine hypomanische Kranke mit einer Handarbeit beschäftigt promenierte. Als ich schneller, als sie wohl erwartet hatte, zurückkehrte, fand ich die Cigarre hell glimmend in anderer Lage auf dem Fensterbrett. Die Kranke promenierte anscheinend ruhig in einiger Entfernung, den Rücken mir zugewandt, schaute sich aber doch verstohlen nach mir um. Kaum hatte ich drohend den Finger erhoben, als sie auch schon sagte: „Ja was ist denn da weiter dabei, Damen können auch einmal rauchen. Wenn mein Mann Besuch hatte, haben wir oft eine Cigarette mitgeraucht" u. s. w. — Also: das Sehen der brennenden Cigarre, der Wunsch, auch einmal wieder zu rauchen und das Zugreifen und Rauchen sind das Werk eines Augenblicks. Die Gegenvorstellungen der Unschicklichkeit, vor Allem des Ekels vor der fremden Cigarre finden gar keine Zeit in das Bewusstsein zu treten, so rasch wird der Impuls in die Handlung umgesetzt. Mit gleicher Geschwindigkeit aber übersieht die Dame — sie gehörte den besseren Ständen an — die Situation, als sie mich zurückkommen hört, sucht sich, so gut es geht, aus der Affaire zu ziehen und ist mit Blitzesschnelle mit einer verhältnismässig einleuchtenden Entschuldigung bei der Hand. „Sie wusste also", dass sie etwas Unpassendes that; aber diese Erkenntnis kommt post festum — tritt jedenfalls erst post festum in einer das Handeln beeinflussenden Weise in das Bewusstsein. Wie unüberlegt sind aber doch auch dann noch die Entschuldigungen. Worin das Unpassende der Handlungsweise vor Allem liegt, übersieht die Patientin im entscheidenden Augenblick, indem sie ihr Rauchen an sich und nicht das Rauchen der fremden Cigarre für das wesentlich Ungehörige hält, wenigstens im Moment. — Eine Bestimmbarkeit des Willens ist also vorhanden, aber eine durchaus abnorme — in Folge der abnorm erleichterten motorischen Innervation — und fehlt somit im Sinne des Gesetzes. Noch eher könnte man sagen, die zur Erkenntnis der Strafbarkeit (hier richtiger: „des Unpassenden") der That erforderliche Urteilskraft war erhalten. Aber erstens ist die Patientin nicht im Stande, einer solchen Erkenntnis entsprechend zu handeln und zweitens ist auch die Urteilskraft, wie angedeutet, wesentlich beeinträchtigt. Dieses Beispiel zeigt sehr deutlich, wie wenig sich hier die beiden scheinbar so verschiedenen Momente in der Zurechnungsfähigkeit von einander trennen lassen.

Selbstverständlich sind maniakalische Kranke für total unzu-

rechnungsfähig zu erklären, und können ihre civilrechtlichen Handlungen nicht für rechtsverbindlich erachtet werden. Sie sind, im Falle
der Gemeingefährlichkeit, in einer Krankenanstalt zu versorgen, und
durch eine gleiche Massregel oder durch Entmündigung daran zu verhindern, dass sie ihre ökonomischen Angelegenheiten gefährden, beziehungsweise sich oder Anderen durch unvernünftige Geschäfte Schaden
zufügen. Nach dem über das Symptomenbild Gesagte bedarf es wohl
kaum der Erwähnung, dass sie namentlich durch Sittlichkeitsdelikte,
Erregung öffentlichen Ärgernisses, Sachbeschädigung und Körperver-
letzungen mit dem Strafgesetz in Conflikt kommen, durch unüberlegte
Geschäfte, die sie nicht durchführen können, zu Civilklagen Veranlassung geben, und wegen ihres unstillbaren Unternehmungsgeistes zur
Entmündigung empfohlen werden müssen. Auf die Entmündigungsfrage werden wir aber bei Besprechung des periodischen Irreseins
zurückzukommen haben.

Die Melancholie stellt sich uns dar als das klassische Gegen-
bild der Manie, mithin als eine abnorme Erschwerung aller psychischen
Vorgänge. Die Wahrnehmungen erfolgen sehr langsam oder können
auch ganz ausfallen, so dass sich die Kranken mitunter die schwersten
Selbstverletzungen beibringen, ohne Schmerz zu empfinden. Der Ge-
dankenablauf ist sehr erschwert; die Patienten bleiben bei einem Gedanken kleben, den sie dann wohl Wochen und Monate lang immer
in gleicher Weise wiederholen. Vielleicht ist durch diese Hemmung
das gelegentliche Vorkommen von eigentlichen Zwangsvorstellungen
zu erklären. Man versteht darunter solche Vorstellungen unangenehmer
peinigender Art, welche sich dem Bewusstsein des Kranken immer
wieder aufdrängen, obwohl er sie für krankhaft und unsinnig hält. —
Ganz besonders fällt die motorische Hemmung in die Augen. Nur
mit Mühe und sichtlicher Anstrengung werden die einfachsten Bewegungen vollzogen, der angefangene Satz oft nicht vollendet; ja die
Kranken können Wochen und Monate lang ruhig im Bett liegen, ohne
ein Wort zu sprechen. Durch ängstlichen Affekt kann allerdings die
Hemmung mitunter soweit überwunden werden, dass sie fortwährend
jammern (meist, wie erwähnt, die gleichen Klagen wiederholend) und
unstet umherlaufen oder planlos fortdrängen, was man dann als
agitierte Melancholie bezeichnet — oder sie überwinden plötzlich mit
gewaltsamer Anspannung die peinlich empfundene Hemmung und lassen
sich dann auch wohl zu gewaltthätigen Handlungen hinreissen. Man
bezeichnet solche Anfälle dann vielfach als „Raptus melancholicus".
Endlich können die Patienten, indem sie jede Änderung ihrer Lage
unangenehm empfinden, erheblichen passiven Widerstand leisten.

Die Stimmung ist entsprechend der allgemeinen Hemmung eine dauernd deprimierte. Alles erscheint dem Kranken in trübem Lichte, bei grösserer Intensität der Krankheit vermögen auch traurige Ereignisse keine Teilnahme in ihm zu erwecken; diese „psychische Anästhesie" wird auch wohl schmerzlich empfunden: „Ich kann die Meinigen nicht mehr fühlen", klagte eine unserer Kranken. In anderen Fällen tritt eine mehr oder weniger hochgradige Angst, oft nur unbestimmter Natur, auf, mitunter verbunden mit Druckgefühl in der Herzgegend.

Wahnideen und Sinnestäuschungen, nicht unbedingt zum Krankheitsbilde gehörig, kommen doch häufig vor. Namentlich kann die durch die deprimierte Stimmung beeinflusste Vorstellung vom Unwert der eigenen Persönlichkeit leicht eine bestimmte Form annehmen. Der Kranke hält sich für ganz schlecht, für einen grossen Sünder. Oft bleibt es bei solchen allgemeinen Angaben, oft werden auch harmlose Ungehörigkeiten des früheren Lebens als grosse Sünden aufgefasst, oder aber die Kranken behaupten im Allgemeinen, sie hätten gestohlen, alle Menschen umgebracht, seien an Allem Schuld. Häufig macht sich die allgemeine Trostlosigkeit in Klagen darüber Luft, dass Alles verloren sei, alle Menschen verhungern müssten. Immer aber herrscht die Vorstellung vor, dass der Kranke all dies Elend verdient oder verursacht habe. Ausgesprochener Verfolgungswahn im Sinne des unverdienten Leidens kommt bei der reinen Melancholie nicht vor. Die Wahnideen erscheinen zwar in Folge der Hemmung vielfach fixiert, werden aber nicht systematisiert. Im Sinne dieser Wahnideen kommen auch oft recht beängstigende Sinnestäuschungen vor: Schreienhören der hungernden und gequälten Kinder, Sehen des Teufels u. dergl. Die Erklärungen solcher Trugwahrnehmungen bleiben stets ungenau und dürftig. Die Besonnenheit ist sonst verhältnismässig gut erhalten.

Auch bei der Melancholie unterscheidet man je nach der Schwere des Krankheitsbildes eine Melancholia gravis und eine Melancholia simplex, ferner je nach der Unruhe eine Mel. agitata oder ausgesprochenen Hemmung eine Mel. attonita. In den leichtesten Formen können die Kranken noch den notwendigsten Anforderungen des alltäglichen Lebens, wenn auch nur mit grösster Anstrengung, nachkommen. Der Verlauf der Krankheit ist im Grossen und Ganzen ähnlich dem der Manie, nur von durchschnittlich längerer Dauer mit schlechterer Prognose. Die Krankheit kommt schon mehr bei älteren Leuten vor. Auch hinsichtlich des Körpergewichtes können wir auf das über die Manie Gesagte verweisen. Der Schlaf fehlt namentlich im Beginne der Krankheit auch hier, was wiederum wegen allfälliger Simulation von Wichtigkeit ist.

Wie das maniakalische, kommt auch das melancholische Krankheitsbild, bezw. ein ihm ähnliches auch bei anderen Krankheitsformen vor: erstlich bei Paralyse; die Differentialdiagnose kann im Beginne der Krankheit Schwierigkeiten bereiten; der Verlauf, d. h. zunächst der andere Beginn der Dementia paralytica, sowie die nervösen Störungen werden hier wichtige Anhaltspunkte liefern. Häufig wird eine beginnende Verrücktheit für eine Melancholie gehalten. Bei sorgfältiger Prüfung wird aber die Systematisierung der Wahnideen und deren Charakter als Verfolgungswahn (nicht Versündigungswahn) die Paranoia erkennen lassen. Ferner kommen bei hysterischen und constitutionellen Psychopathen mancherlei melancholische Affekte vor, die allerdings selten den reinen depressiven Charakter der Melancholie an sich tragen, gerade darum aber leichter zu perversen Handlungen führen. Ganz besonders müssen wir auf die bei Epileptikern häufig vorkommenden Aufregungszustände verweisen, die oft mit intensiven ängstlichen Affekten einhergehen, und bei Seltenheit oder Fehlen der epileptischen Krampfanfälle wohl auch für melancholische Zustände gehalten worden sind. Die schweren Anfälle von sogenanntem Raptus melancholicus, bei denen meist eine hochgradige Bewusstseinstrübung beobachtet wird, und die zu schweren verbrecherischen Handlungen führen können, sind wohl überhaupt richtiger der Epilepsie, als der Melancholie zuzuzählen, insbesondere auch wegen ihrer kurzen Dauer. — Wegen der sehr verschiedenen Prognose aller dieser Zustände schien es uns wichtig, auf diese differentiell diagnostischen Merkmale gerade mit Rücksicht auf die gerichtliche Praxis näher einzugehen.

Die Zurechnungsfähigkeit wäre natürlich dem Melancholischen in gleicher Weise abzusprechen wie dem Maniakalischen. Die Melancholie, wie wir sie hier geschildert haben, giebt aber zu gerichtlicher Begutachtung ungleich seltener Veranlassung als die Manie. Es ist von vornherein einleuchtend, dass die allgemeine Hemmung, die sogenannte „Abulie", dazu führen kann, wenn die Kranken durch Unterlassung irgend einer nötigen oder wünschbaren Handlung mit Straf- oder Civilgesetz in Conflict kommen, dass dies aber viel seltener geschehen wird als bei dem intensiven Handlungstrieb der Maniakalischen. Nun wird aber von zahlreichen schweren Verbrechen berichtet, die durch aktives Handeln von Melancholischen begangen sein sollen. Psychologisch liesse sich das allenfalls construieren. Zwangsvorstellungen und namentlich Raptus melancholicus führen zu Brandstiftung, Mord und Sachbeschädigung, ebenso wie der Affekt der Verzweiflung und die melancholischen Wahnideen z. B. zum Mord der eigenen Kinder, weil sie doch verhungern und umkommen müssen, oder zu indirektem Selbstmord, d. h. Mord, um selbst hingerichtet zu werden u. s. w u. s. w. Es erheben sich aber ernste Bedenken, ob überhaupt oder inwieweit derartige Fälle der Melancholie zugerechnet werden dürfen. In den bezüglichen Berichten fällt nur zu häufig neben meist gemischtem an widrige Schicksale anknüpfenden Affekt namentlich auf: der atypische Verlauf der angeblichen Melancholie, die hochgradige erbliche Belastung und die deutlichen von frühester Kindheit an beobachteten Zeichen psychopathischer Degeneration. Dass auf der Basis dieser letzteren mehr oder weniger ausgeprägte reine Melancholieen oder Mischformen vorkommen und dann zu verbrecherischen Handlungen führen können, wollen wir gern zugeben; in den meisten Fällen glauben wir aber, dass Verwechslungen mit den oben bezeichneten Krankheitsbildern vorliegen. Vom alten Standpunkte der Zurechnungsfähigkeit, als Willensfreiheit und daraus resultierender Berechtigung zu einer sühnenden Strafe wäre diese Verwechslung der Krankheitsformen ja irrelevant. Für den neueren Standpunkt, welcher für Strafe und allfällige entsprechende Massnahmen die ganze geistige Persönlichkeit und ihr mutmasslich späteres Verhalten berücksichtigt aber nicht. Für die Criminalanthropologie ist es jedenfalls von hohem Interesse, dass zum Mindesten ein grosser Teil der verbrecherischen Melancholiker den Degenerierten zuzuzählen sind — und das unbedingt, selbst wenn man die Diagnose der Melancholie zur Zeit der That aufrecht erhalten will. — Unzweifelhaft sehr häufig beobachtet man Selbstmord bei einfacher Melancholie, aber das ist für uns im deutschen Sprachgebiet, wo Selbstmordversuch nicht wie in England strafbar ist, ohne Interesse. Verbrecherische Handlungen bei einfacher Melancholie habe ich persönlich nie beobachtet. Die wenigen in Frage kommenden Fälle meiner Beobachtung glaubte ich einer der oben erwähnten Mischformen zuzählen zu müssen.

Das periodische Irresein ist in seinen typischen Formen ein altes, längst anerkanntes Krankheitsbild. Die periodisch wiederkehrende Störung präsentiert sich meist in typischen maniakalischen oder melancholischen Anfällen oder in der Weise, dass maniakalische und melancholische Phasen regelmässig miteinander abwechseln. Die letztere Form bezeichnet man als circuläres Irresein, die anderen als periodische Manie, beziehungsweise Melancholie. Die einzelnen Anfälle können in Bezug auf Art und Dauer einander ausserordentlich gleichen, in letzterer Beziehung auch die gesunden Zwischenzeiten. Solche

schieben sich bei dem circulären Irresein in einer Reihe von Fällen
nach dem maniakalischen, in einer anderen nach dem melancholischen
Stadium ein, können aber auch ganz fehlen. In allen diesen Beziehungen werden recht verschiedene Typen beschrieben. Diese
periodischen Formen treten namentlich bei. erblich belasteten Leuten
auf und führen bei längerer Dauer vielfach zu mehr oder weniger
hochgradigen secundären Schwächezuständen, so dass man dann von
gesunden Zwischenzeiten nicht mehr sprechen kann. Aber auch abgesehen davon ist die Prognose eine recht ungünstige. In dieser Beziehung, sowie mit Berücksichtigung der erblichen Belastung stellt
sich also das periodische Irresein in entschiedenen Gegensatz zu den
einfachen Manieen und Melancholieen; und es wäre, was für die gerichtliche Praxis ja von grosser Wichtigkeit ist, die Prognose sehr
leicht zu stellen, sobald durch eine Wiederholung des Krankheits-
anfalles der periodische Charakter festgestellt ist; und sogar schon
beim ersten Anfall liesse sich mit Rücksicht auf die erbliche Belastung
die grössere oder geringere Wahrscheinlichkeit der Wiederholung vorhersagen.

Nun hat sich aber neuerdings mit immer grösserer Gewissheit
herausgestellt, dass zwischen den typischen Extremen der einfachen Erkrankungsformen einerseits und den typischen periodischen Formen
andererseits eine grosse Zahl von Fällen beobachtet werden, die in der
Mitte zwischen diesen Typen stehen. Gerade diese sicher sehr häufigen
Mischformen haben zu mannigfaltigen Meinungsdifferenzen und von
einander abweichenden Theorieen geführt. Die Formen, die sich den
typischen mehr nähern, werden meist diesen zugezählt; während man
dann die Fälle, in welchen nur einige, sei es maniakalische oder
melancholische Anfälle während des Lebens beobachtet werden, als
zufällige Einzelerkrankungen bei demselben Individuum aufgefasst oder
bei Wiederholung in kurzer Zeit wohl auch als recidivierende Manie
bezw. Melancholie bezeichnet hat. Andere Autoren fassen die ganze
Gruppe als „intermittierendes Irresein" zusammen, welches dann auch
vorwiegend bei erblich Belasteten vorkommen soll. Wieder Andere
behaupten, das Vorkommen einer einfachen Manie und zum Teil auch
der Melancholie (mit Ausnahme derartiger Einzelerkrankungen im
Rückbildungsalter) sei so selten, dass man alle diesbezüglichen Störungen
immer als periodische auffassen müsse, geben dann aber zu, dass auch
eine Manie, ähnlich wie der epileptische Anfall, dessen periodische
Natur nicht bestritten werden kann, in seltenen Fällen auch nur Ein
Mal im Leben vorkommen könne. Andererseits hat man sich bemüht,
festzustellen, ob nicht gerade die specifisch periodischen Störungen

charakteristische Varietäten der Zustandsbilder aufweisen; so kommen
gerade die leichtesten Formen der Hypomanie und Melancholia simplex
vorwiegend, wenn nicht ausschliesslich, bei periodischen und circulären
Formen vor; auf weitere Einzelheiten einzugehen, ist hier nicht der
Raum!

Es liegt auf der Hand, wie wertvoll es für die gerichtliche Praxis,
namentlich für die Entmündigungen wäre, hier bestimmte klare Normen
aufzustellen. Leider ist dies vor der Hand noch nicht möglich; doch
mussten wir diese Fragen hier berühren, weil die bezüglichen Krankheitsfälle ausserordentlich häufig sind und der Streit über ihre
Gruppierung gegenwärtig viel von sich reden macht. Gerade dieses
Beispiel zeigt aber, wie sich bei allem Widerstreit der Meinungen
doch einige wichtige Anhaltspunkte für praktische Fragen auffinden
lassen, die kaum auf erheblichen Widerspruch stossen dürften. So ist
es z. B. für unsere Zwecke ganz gleichgültig, ob man die Existenz-
berechtigung einer einfachen Manie von rein wissenschaftlichem Standpunkt bestreitet. Man wird einen Menschen, der einen Manieanfall
durchgemacht hat, aber vorher gesund war und es nachher für einige
Zeit bleibt, durchaus nicht dauernd unter Vormundschaft stellen können,
sondern beim ersten Anfall eine ausserordentliche Vormundschaft
empfehlen, sofern überhaupt eine Vertretung für den Kranken nötig
ist. Bei langem freiem Intervall wird man auch bei dem zweiten
Anfall vielleicht noch in gleicher Weise verfahren. Immer aber wird
man daran denken müssen, dass die Gefahr einer Wiedererkrankung
bei einfacher Manie durchaus nicht so gering ist, als man früher annahm. Man wird die Angehörigen darauf aufmerksam machen, damit
sie im Falle der Wiedererkrankung bei Zeiten die nötigen Vorkehrungen treffen, sei es durch Bevormundung, sei es durch Versetzung
in eine Anstalt, um den Kranken vor unangenehmen Collisionen mit
dem Gericht zu schützen. Im Hinblick auf die Häufigkeit der Wieder-
erkrankungen dürften sich sogar gesetzliche Bestimmungen empfehlen,
welche für diesen Fall die Möglichkeit eines abgekürzten Verfahrens
bei der Bevormundung zulassen. Umgekehrt wird man bei zweifellos periodischem oder circulärem Typus die dauernde Vormundschaft
empfehlen und sich dem Entvogtigungsbegehren des Kranken nach
einer gesunden Zwischenzeit zunächst energisch widersetzen! In
melancholischen und gesunden Zwischenzeiten sind nämlich solche
Kranke gewöhnlich mit der Vormundschaft ganz einverstanden, und
das Verlangen um Aufhebung derselben entspringt nur allzu häufig
dem Handlungstrieb der wieder beginnenden maniakalischen Periode.
Andererseits darf man nie vergessen, dass auch anscheinend recht

typische Fälle von periodischem und circulärem Irresein den Typus
wechseln und lange Remissionen aufweisen können, die für die gerichtliche Praxis Anspruch machen dürfen, als Heilungen bezeichnet
zu werden. Z. B. bei Ehescheidungsklagen muss man deshalb bei
allen diesen Formen mit der Prognose der Unheilbarkeit sehr vorsichtig sein!! Im Allgemeinen darf man wohl sagen: Je häufiger die
einzelnen Anfälle auftreten und je regelmässiger der Typus der
Periodicität ist, desto grösser ist die Wahrscheinlichkeit, dass derselbe
erhalten bleibt und umgekehrt.

Die Remissionen oder sogenannten gesunden Zwischenzeiten bieten
nun aber, abgesehen von dem mutmasslichen Wiederauftreten neuer
Anfälle insofern häufig Schwierigkeiten dar, als ein mehr oder weniger
hochgradiger secundärer Schwachsinn vorhanden sein kann. Die Beurteilung desselben wird für die Frage der Bevormundung mit den
eben erörterten Gesichtspunkten combiniert werden müssen. Bei
einzelnen rechtlich relevanten Handlungen, welche während solcher
Zeiten zu sachverständiger Begutachtung rufen, kann man nur den
Grad des vorhandenen Schwachsinns taxieren und danach sein Urteil
so oder so abgeben. Fehlt derselbe oder ist er nur sehr gering, so
wird man hier und nur hier, d. h. bei den periodischen Formen mit
Recht von „luciden Intervallen" sprechen dürfen, welche in der alten
gerichtlichen Psychopathologie eine so grosse Rolle spielten. Solche
„lucide Intervalle" hat man nämlich früher häufig auch da constatieren
wollen, wo ein Geisteskranker sich anscheinend verhältnismässig
normal benahm, so dass in seinem momentanen Verhalten die geistige
Störung nicht auf den ersten Blick erkennbar war! Wir haben bereits
in der Hypomanie einen Fall kennen gelernt, wo ein solches ober-
flächliches Urteil leicht zu Stande kommen kann, und werden auch im
Folgenden noch manche, in dieser Hinsicht gleichartige Fälle kennen
lernen. Es bedarf wohl kaum eines besonderen Hinweises darauf, dass
der hypomanische Kranke während seines ganzen Anfalls für ununterbrochen unzurechnungsfähig zu erklären ist.

Unser besonderes Interesse nimmt das „intermittierende Irresein"
noch aus folgenden Gründen in Anspruch. Es kommt namentlich bei
Entarteten vor und kann zu secundären Schwächezuständen führen. Die
Entartung kann sich aber, ebenso wie auch die secundären Schwächezustände, vorwiegend in moralischen Defekten äussern. In der That beobachten wir bei solchen Entarteten neben anderen mannigfachen specifischen Krankheitssymptomen nicht so selten auffallende Schwankungen
des gemütlichen Gleichgewichtes, die sich bald in regelmässigen Zeiten,
bald in regelloser Weise zu ausgebildeten maniakalischen Anfällen erheben

können. Will man nun den moralischen Idioten vor dem Gesetz eine Sonderstellung einräumen gegenüber den anderen Geistesstörungen, so kommt es dann für die Versorgung der Betreffenden lediglich darauf an, ob man auf die dauernde Charakteranomalie oder auf den momentanen maniakalischen Anfall das grössere Gewicht legt. Mit principieller Betonung dieses letzteren Gesichtspunktes hat man früher die Versetzung jedes „geisteskranken Verbrechers" in die Irrenanstalt verlangt. Von dem anderen Gesichtspunkt aus hat man die geisteskranken Verbrecher, insbesondere die „Gewohnheitsverbrecher", wie man sie damals noch nannte, in der Strafanstalt oder in Annexen derselben auch während der akuten Geistesstörungen behalten wollen. Diese Leute würden nach modernen Anschauungen im Zweifel in die „Strafabsonderungshäuser" gehören. Man darf aber nicht übersehen, dass z. B. ein Verbrecher, der paralytisch wird, durchaus nicht zu dieser Kategorie von Leuten gehört. (Vgl. hierzu S. 31/32.) Jedenfalls zeigen uns diese Fälle, wie von der einfachsten und, wenn man so sagen darf, typischesten akuten Geistesstörung eine fortlaufende Reihe von Übergangsformen uns hineinführt mitten in die Gruppe der Entarteten, der wichtigsten Übergangsformen zwischen Geisteskrankheit und Gesundheit.

## § 2.
### Die Verrücktheit (Paranoia).

Chronische unheilbare Formen des degenerierten Gehirns mit vorwiegenden Störungen des Vorstellungsinhaltes.

Die Verrücktheit äussert sich in einem fixierten systematisierten Wahnsystem, welches bei anfänglich noch gut erhaltenem Urteilsvermögen immer weiter sich ausdehnt und so schliesslich die gesammten Anschauungen des Kranken „verrückt". Das Endresultat des Prozesses ist ein mehr oder weniger hochgradiger Blödsinn. In seltenen Fällen kann, namentlich im Beginne der Krankheit, das Wahnsystem ziemlich partiell erscheinen. Das Krankheitsbild wird sich je nach dem ursprünglichen Stande der Intelligenz sehr verschieden gestalten. Die Wahnideen knüpfen an an 1. Sinnestäuschungen, welche dann immer durch die wahnhafte Deutung charakterisiert sind (am häufigsten beobachtet man Gehörs- und Gemeingefühls-, seltener Geschmacks-, Geruchs- und vor Allem Gesichtstäuschungen), 2. Erinnerungsfälschungen, 3. wirkliche Erlebnisse. Der Inhalt der Wahnideen, von der Bildung des Patienten abhängig, giebt dem einzelnen Fall sein besonderes Gepräge, ist aber sonst für die Beurteilung der Krankheit ohne Belang. — Der Verlauf der Krankheit gestaltet sich sehr verschiedenartig, mitunter mehr stätig progressiv in typischen 4 Stadien (Vorläuferstadium — Verfolgungswahn mit lebhaften Sinnestäuschungen — Grössenwahn — Blödsinn), bei vorher relativ Gesunden (Paranoia completa), bald allmählich

oder plötzlich einsetzend, exacerbierend und remissionierend, oder lange stationäre
Phasen aufweisend mit wechselnden Grössen- und Verfolgungsideen bei von Geburt
an psychopathischen Individuen (originäre Paranoia), bald in sehr kurzer Zeit zu
höhergradigem Blödsinn führend (Dementia paranoides). — In Conflikte mit den
Gerichten geraten die Paranoiker auf die verschiedenartigste Weise; kritisch sind
besonders das 2. Stadium der Paranoia completa und ihm entsprechende Stadien der
anderen Formen.

Für alle dem Wahnsystem entspringende Handlungen kann der Kranke in
keiner Weise verantwortlich gemacht werden; er ist dann sowohl für unzurechnungsfähig als handlungsunfähig zu erklären. Bei Entmündigungsgutachten ist die besondere Art des Wahnsystems zu berücksichtigen. Nicht alle Verrückte müssen
entmündigt werden. — Bei verbrecherischen Verrückten ist ausser dem Wahnsystem
auch die allgemeine psychopathische Degeneration zu berücksichtigen.


Die unter diesem Namen zu schildernde Krankheit bildet in ihrer
typischen Form wieder ein klassisches Gegenstück zu dem Typus der
vorigen Gruppe. Die Störungen des Affektes und des Vorstellungsablaufes fehlen hier oder treten wenigstens sehr zurück gegenüber
den das Bild beherrschenden des Vorstellungsinhaltes. Während Manie
und Melancholie eher bei gesunden Leuten und als akute heilbare
Krankheiten vorkommen, ist die Verrücktheit chronisch und unheilbar
und befällt vorwiegend erblich belastete, ohnehin schon psychopathische
Menschen.

Das Wesen der Krankheit macht der systematisierte und fixierte
Wahn aus. Falsche Vorstellungen, namentlich über die eigene Person,
treten, mehr oder weniger ohne äussere Veranlassung, zunächst als
Vermutungen auf, gewinnen dann aber immer grössere Macht über
den Patienten, so dass sie, im Gegensatz zum physiologischen Irrtum,
auf keine Weise mehr corrigiert werden können, sondern im Gegenteil
dem Kranken je länger, desto mehr zur unumstösslichen Gewissheit
werden. Die Wahnideen werden nicht nur unter einander, sondern
allmählich mit dem gesammten Vorstellungsinhalt in mehr oder weniger
logischer Weise verknüpft. Je weiter dieser Prozess fortschreitet,
desto mehr muss er somit die gesammten Anschauungen über die
Aussenwelt sowohl, wie über die eigene Person verfälschen und so den
Standpunkt des Patienten verrücken. Der im gewöhnlichen Leben
heutzutage für „Geisteskrank" überhaupt gebrauchte Ausdruck „verrückt" ist deshalb ausserordentlich bezeichnend für diese besondere
Krankheitsform und wird in der Psychiatrie auch ausschliesslich in
diesem besonderen Sinne gebraucht. In gleicher Weise ist wohl der
griechische Name „Paranoia" zu erklären. — Das Urteilsvermögen im
Allgemeinen ist im Beginne der Krankheit wenigstens erhalten, soweit

nicht der besondere Wahn das Urteil fälscht; wo derselbe aber hinein-
spielt, lässt es im Stich und ist unfähig, auch die gröbsten Widersprüche zu corrigieren, die aber oft in recht gewandter und mitunter
so complicierter Weise durch Trugschlüsse verdeckt werden, dass dieselben auf den ersten Blick oft gar nicht zu erkennen und deshalb
nicht leicht nachweisbar sind. Geht man dann aber dem Gedankengang genauer nach, stösst man schliesslich immer wieder auf den, in
Folge der Krankheit eben uncorrigierbaren Wahn. Je weniger An-
knüpfungspunkte derselbe mit bestimmten Vorstellungscomplexen hat,
desto weniger wird die Krankheit erkennbar sein, so lange solche im
Bewusstsein des Kranken vorherrschen. So ist es möglich, dass ein
Verrückter lange Zeit seinen Berufsgeschäften nachgeht und auch
privatim mit anderen Menschen umgeht, ohne dass die Umgebung etwas
von der Krankheit merkt. Mitunter vermeiden es die Kranken sogar
mit Geschick, das Gespräch auf ihr Wahnsystem, auf ihre „Achillesferse" zu bringen, und es sind hauptsächlich, wenn nicht ausschliesslich,
die „Verrückten", welche in der Weise „dissimulieren", wie im allgemeinen Teil näher erläutert worden ist. Auf die Dauer wird der
Kranke indessen die Dissimulation nicht mit Erfolg durchführen können
so dass der Sachverständige zur richtigen Erkenntnis des Sachverhaltes
gelangt, der Laie wenigstens Verdacht schöpft, wenn er auch vielleicht
zunächst vor einem ihm unlösbaren Rätsel steht. Dazu kommt, dass
die Krankheit im Allgemeinen einen progressiven Charakter hat. Der
Wahn zieht immer weitere und grössere Kreise, verfälscht immer neue
Vorstellungsgebiete in hohem Grade, wird, in zunehmend stärkerer
Betonung der Beziehungen zur eigenen Person zum Brennpunkt alles
Denkens, so dass diejenigen Vorstellungen, welche keine näheren Beziehungen zum Wahnsystem haben, für den Kranken mehr und mehr
an Bedeutung verlieren. Der Gesichtskreis wird enger, so weit er
reicht, ist er von den krankhaften Wahnideen völlig beherrscht; die anfänglich noch ziemlich logischen Verknüpfungen zwischen den einzelnen
Wahnideen werden zunächst für den Beobachter immer unkenntlicher,
gehen schliesslich für das Bewusstsein des Kranken selbst verloren,
und das Endresultat des ganzen Prozesses kann ein ziemlich hochgradiger Blödsinn sein, dessen Entstehung unter Umständen vielleicht
nicht einmal für den Sachverständigen mehr erkennbar ist.

Diese endlichen Blödsinnsformen, deren Intensität übrigens recht
verschieden sein kann, sind es aber nicht, welche unser besonderes
Interesse in Anspruch nehmen, vielmehr jene ersten Anfänge der Krankheit, bei welchen man nicht ganz mit Unrecht von einer „partiellen
Verrücktheit" gesprochen hat, ein Begriff, welcher früher gerade in

gerichtlichen Fragen eine grosse Rolle gespielt hat, dann als ganz
verfehlt allgemein fallen gelassen wurde, neuerdings aber wieder in
widerstreitendem Sinne auf das Lebhafteste erörtert wird. Unseres
Erachtens liegt — wenigstens für praktische Zwecke — die Wahrheit
in der Mitte; für eine tiefergehende psychologische Betrachtung bleibt
allerdings wohl, wie Goethe sagt, das Problem in der Mitte liegen.
Jedes Wahnsystem muss zwar — weil wir es mit einem „Individuum",
einem Unteilbaren, zu thun haben — sämmtliche Vorstellungen des
Kranken beeinflussen, und dies würde sich auch nachweisen lassen,
wenn wir jede Vorstellung eines Menschen in allen ihren Beziehungen
zu anderen Vorstellungen in minutiöser Weise verfolgen könnten. Insofern ist die Verrücktheit immer eine universelle Erkrankung. Abgesehen aber davon, dass eine solche Untersuchung thatsächlich nicht
möglich ist, so ist in manchen Krankheitsfällen die Verfälschung, welche
das Urteil in manchen grösseren Vorstellungscomplexen, die nur geringfügige und weitläufige Anknüpfungen mit dem Wahnsystem haben,
durch dasselbe erfährt, so gering, dass wir für die praktische Rechnung
diese Grösse füglich = 0 setzen können. Und in diesem Sinne giebt
es in der That eine partielle Verrücktheit. Der Sachverhalt lässt sich
vielleicht durch Hinweis auf das gesunde Leben erläutern. Wir können
mit einem Menschen unter Umständen lange verkehren und manche
wissenschaftliche Zwiegespräche führen, ohne in seine religiöse Überzeugung einen Einblick zu bekommen, weil diese letztere nur in geringfügigen Beziehungen zu seinen wissenschaftlichen Anschauungen steht,
und beide Vorstellungscomplexe in gewissem Sinne eine Sonderexistenz
in seinem Gehirne führen. Je höher aber die geistige Entwicklung
des Betreffenden ist und je länger wir mit ihm verkehren, desto mehr
werden wir erkennen, wie seine wissenschaftlichen Anschauungen durch
die religiöse Überzeugung beeinflusst werden und umgekehrt, weil
eben irgend welche Beziehungen zwischen beiden Vorstellungsgebieten
immer existieren. Je mehr sich Jemand in religiöse Probleme vertieft,
desto mehr werden seine gesammten Anschauungen dadurch beeinflusst
werden und desto mehr wird seine religiöse Überzeugung bei jeder
Gelegenheit zu Tage treten. Ähnlich ist es mit dem Wahnsystem des
Verrückten; nicht besonders berührt, wird es auf den ersten Blick kaum
erkennbar sein, bei näherer Bekanntschaft aber und in späteren
Stadien der Krankheit mehr und mehr aus jeder Äusserung des
Kranken hervorleuchten, eben weil es mehr und mehr sein gesammtes
Denken in Anspruch nimmt.

Je intelligenter nun ein Kranker im Beginn des Prozesses ist,
desto mehr ist er gegen falsches Urteil auf von seinem Wahnsystem

fernabliegenden Vorstellungsgebieten geschützt, desto mehr wird er
aber dazu getrieben, fernliegende Anknüpfungen zu bilden; sein Wahnsystem wird immer complicierter werden, aber auch immer grössere
Dimensionen annehmen. Dagegen ist ein ursprünglich Schwachsinniger
geschützt; sein System wird einfach bleiben, aber um so leichter zu
groben Trugschlüssen auf anderen Vorstellungsgebieten führen und so
ebenfalls schliesslich eine allgemeine Verfälschung des Urteils ver-
ursachen. So oder so wird also der Prozess in unbedingt allgemeiner
Erkrankung enden.

Welche praktischen Consequenzen sich aus dieser Auffassung der
„partiellen" Verrücktheit ergeben, werden wir gleich sehen. Zunächst
noch einige Bemerkungen zur allgemeinen Charakteristik der Krankheit.

Wenn auch der Wahn als das Wesentlichste und immer Primäre
des Symptomencomplexes bezeichnet werden muss, so knüpft er doch
immer an Wahrnehmungen und Erinnerungen an, die ihrerseits wieder
krankhafter Natur sein können, das heisst Trugwahrnehmungen, beziehungsweise Erinnerungsfälschungen. Namentlich die Trugwahrnehmungen (Sinnestäuschungen) können dann das Krankheitsbild derartig
beherrschen, dass sie ihrerseits als das Primäre erscheinen, was die
Wahnideen erst veranlasst hat. In den meisten Fällen sind wohl die
Wahnideen das Primäre, doch hat diese Frage für unseren praktischen
Zweck keine Bedeutung. Es mag genügen, auf die Wichtigkeit und
Häufigkeit der Sinnestäuschungen im Krankheitsbilde der Verrücktheit
hinzuweisen, ein Umstand, der auch zu besonderer Benennung („folie
sensorielle", „chronischer Wahnsinn", „Hallucinatorische Verrücktheit")
geführt hat. Was die Sinnestäuschungen der Verrücktheit besonders
charakterisiert, ist ihre umständliche und sorgfältige Deutung im Sinne
der Wahnideen. Am häufigsten findet man Gehörstäuschungen. Die
„Stimmen" werden gedeutet als solche von Geistern, welche den
Kranken verfolgen oder ihm Prophezeihungen machen; oder er bekommt sie zu Gehör vermöge besonderer Maschinen (Sprachrohre,
Telephone u. s. w.), welche von den Verfolgern eigens construiert worden
sind; auf diese Weise wird ihm allerlei zugerufen, oder es werden
ihm die Gedanken abgezogen, indem der Kranke Alles hört, was er
gerade denkt; oder er hat ein besonders feines Gehör, kann durch
mehrere Zimmer hindurch hören u. s. w. u. s. w. Gerade die Gehörstäuschungen treten oft allmählich und undeutlich auf, um dann aber nach
und nach an Intensität und Häufigkeit ungeheuer zuzunehmen und so
das Krankheitsbild völlig zu beherrschen. — Recht häufig sind auch
die Hallucinationen des Gemeingefühls: Eigentümliche abnorme Empfindungen im Körper werden bald auf Tiere, Geister, besondere krank-

hafte Prozesse im Körper zurückgeführt, bald wiederum als maschinelle Beeinflussung von aussen gedeutet; Elektricität und Magnetismus, in neuester Zeit auch der Hypnotismus, spielen dabei meist eine grosse Rolle. Seltener sind schon Geruchs- und Geschmackshallucinationen meist als Teilerscheinung des Vergiftungswahnes, indem der Kranke nicht nur die schlechten Dünste mit dem Geruch, den abnormen Geschmack im Essen, sondern meist auch die üblen Folgen des Giftes in Form von abnormen Sensationen im Körper wahrzunehmen glaubt. Am seltensten sind Gesichtstäuschungen. Sie treten bei der Verrücktheit, im Gegensatz zu Gehörs- und Gefühlstäuschungen, meist in Form von einzelnen seltenen Visionen auf, namentlich Nachts mit grosser Deutlichkeit. Der Heiland erscheint in grossem Glanze mit Heiligenschein an der Wand, spricht einige wenige bedeutungsvolle Worte — diese vermeintlichen Erlebnisse spielen dann eine wichtige Rolle im Wahnsystem, und werden wegen ihrer Seltenheit von den Kranken oft nach vielen Jahren noch mit grosser Genauigkeit datiert.

Ob es sich gerade bei derartigen Angaben wirklich immer um Sinnestäuschungen handelt und nicht vielmehr um Erinnerungsfälschungen, muss allerdings dahingestellt bleiben. Solche kommen jedenfalls bei Verrückten vor, indem dem Kranken bald Träume, bald mehr oder weniger freie Phantasiegebilde als Erlebnisse der eigenen Vergangenheit erscheinen. Namentlich die Angaben der Kranken, welche für ein Wahnsystem wichtige Erlebnisse (eine bedeutungsvolle Äusserung des Vaters und dergl.) bis in fernabliegende Zeiten, ja bis in die Kindheit zurückverlegen, wo die Umgebung noch gar nichts von der Krankheit merkte, beruhen wohl meist auf Erinnerungsfälschungen.

Gar nicht selten knüpfen die Wahnideen schliesslich an wirkliche Ereignisse an, indem solchen, an sich harmlos, besondere Bedeutung beigelegt wird. Zwei Nachbarn, welche auf der Strasse miteinander lachen, haben sich über den Kranken lustig gemacht, ein Fremder, welcher, als er ihm begegnete, das Taschentuch herauszog, wollte damit ein besonderes Zeichen geben, die neue Posse, welche im Theater gegeben wird, stellt seine Lebensgeschichte dar. In den Predigten in der Kirche, in den Zeitungen, überall werden besondere Anspielungen herausgefunden.

Bei solchen Angaben mögen häufig Erinnerungsverfälschungen und Illusionen mit unterlaufen, indem der Kranke seine zutreffenden, aber unvollkommenen Erinnerungen und Wahrnehmungen mit freier Phantasie ergänzt. Im Einzelnen lässt sich das oft gar nicht feststellen. Häufig kommen Erinnerungsfälschungen, Sinnestäuschungen und wahnhafte Auslegung wirklicher Ereignisse nebeneinander vor und mischen sich in mannigfaltiger Weise miteinander, oft aber herrscht das eine oder andere dieser Momente vor und wird auch wohl ausschliesslich bei einem Kranken beobachtet. Je nachdem können dann sehr verschiedene Krankheitsbilder entstehen, die man auch unter besonderen Namen von einander unterschieden hat als hallucinatorische (bei vorherrschenden Sinnestäuschungen) und combinatorische (bei Fehlen derselben) Verrücktheit.

Eine weitere Einteilung in Untergruppen hat man nach dem Inhalte der Wahnideen gemacht in depressive (bei vorherrschendem Verfolgungswahn) und expansive Formen (bei vorherrschendem Grössenwahn). Doch treten Verfolgungs- und Grössenwahn auch neben- und nacheinander bei demselben Kranken auf. Noch weniger Wert hat die Einteilung nach dem besonderen Inhalte des Wahns in einen erotischen Wahn (wenn sich der Kranke von einer Person des anderen Geschlechtes verehrt oder geliebt glaubt — meist in Form der combinatorischen Verrücktheit) und einen religiösen Wahn (wenn sich der Kranke für den auserwählten Propheten Gottes hält — meist mit lebhaften Hallucinationen), einen Eifersuchtswahn, einen combinatorischen Grössenwahn (wenn der Patient auf Grund complicertester Nachweise z. B. zu der Überzeugung kommt, dass er von diesem oder jenem Fürstengeschlechte abstammt) u. s. w. u. s. w.

Alles dies, ob Erinnerungsfälschungen oder Sinnestäuschungen, ob der Kranke von bösen Geistern, von Freimaurern, Socialisten oder Anarchisten verfolgt wird, ist für die Auffassung des Krankheitsbildes schliesslich gleichgültig. Der Wahn wird je nach dem ursprünglichen Bildungsgrade des Patienten und den allgemeinen Anschauungen der Umgebung und der Zeit immer sein besonderes Gepräge erhalten. Das besondere Gepräge ist für die uns interessierenden Collisionen mit der Umgebung natürlich ausschlaggebend. Aber es ist nicht möglich, auf die Fülle sehr verschiedenartiger Krankheitsbilder, denen wir in der Praxis begegnen, im Einzelnen näher einzugehen. Ganz besonders wichtig für unsere Zwecke ist aber dies: Oft, namentlich in späteren Stadien der Krankheit, sind die Wahnideen so phantastisch und abenteuerlich, dass sie auf den ersten Blick als solche zu erkennen sind, und ebenso verhält es sich oft genug mit den Sinnestäuschungen. Das ist aber durchaus nicht immer so! In irgend zweifelhaften Fällen wird dann der Gerichtsarzt gut thun, sich sorgfältigst nach dem Sachverhalt zu erkundigen, welcher etwa den Wahnideen zu Grunde liegt oder zu Grunde liegen könnte. Dem Geübten wird ja allerdings höchstens das passieren, dass er bei wirklich bestehender Verrücktheit etwa als Wahnidee auch diese oder jene Behauptung des Patienten auffasst, der bei näherer Prüfung doch ein thatsächlicher Sachverhalt entspricht. Für die Gesammtauffassung des Krankheitsbildes hätte das ja keine wesentliche Bedeutung. Solche Irrtümer bringen aber bei den Laien den Gerichtsarzt und die Psychiatrie stets in Misskredit. Man beschränke sich also im Gutachten stets auf das zweifellos Erwiesene, begnüge sich darüber hinaus mit Vermutungen, bei welchen die Geringfügigkeit des bezüglichen Umstandes zu betonen man natürlich ja nicht vergessen darf. Gleiche Vorsicht ist bei der Diagnose von Hallucinationen zu beobachten. Oft genug entpuppen sich scheinbare Hallucinationen bei näherer Prüfung als Illusionen, oder z. B. als thatsächlich gefallene Worte, die aus ihrem ursprünglichen Zusammenhang herausgerissen, unwahrscheinlich oder unmöglich erschienen und deshalb den Verdacht von Gehörstäuschungen erweckten.

Der Verlauf der Krankheit ist im Allgemeinen progressiv, kann sich aber im Einzelnen ausserordentlich verschiedenartig gestalten, so dass man auch nach diesen Verschiedenheiten des Verlaufes wieder die verschiedensten Untergruppen unterschieden hat. Gehen wir auch hier wieder von einem Typus der erworbenen Störung aus, so soll die Krankheit bei wenig oder gar nicht erblich Belasteten (dies also im Gegensatz zu dem von uns aufgestellten Durchschnittstypus) etwa im 4.—5. Lebensjahrzehnt beginnen und sich in typischen 4 Stadien allmählich weiter entwickeln. Der Kranke wird zunächst menschenscheu und missmutig. Auf Grund allmählich sich einstellender Sinnestäuschungen, über deren wahre Natur aber noch Zweifel bestehen, tauchen Vermutungen über vermeintliche Verfolgung auf, werden aber noch, wenn auch mit Mühe, zurückgedrängt. Im 2. Stadium werden die Sinnestäuschungen lebhaft und deutlich, die Verfolgungswahnideen sind zur unumstösslichen Gewissheit für den Kranken geworden und er reagiert energisch gegen die vermeintlichen Verfolger. Im 3. Stadium gesellen sich zu den Verfolgungs- Grössenwahnideen, im 4. tritt der terminale Blödsinn auf. Scharfe Grenzen zwischen den Stadien existieren natürlich nicht; namentlich das dritte und vierte Stadium treten oft ziemlich gleichzeitig ein. Diese besondere Verlaufsform bezeichnet man als Paranoia completa oder délire chronique à evolution systématique. Im Gegensatz dazu ist der Kranke bei der „originären Paranoia" in Folge von erblicher Belastung von Geburt an abnorm, schon in der Kindheit nicht wie andere Kinder; mit zunehmender geistiger Entwicklung tritt die Verschrobenheit immer mehr zu Tage, bis dann, oft schon um das 20. Altersjahr, ausgesprochene Wahnideen auftreten; oft handelt es sich hier um combinatorischen

Wahn; die Grössenideen stellen sich häufig vor oder gleichzeitig mit
den Verfolgungsideen ein. Der weitere Verlauf gestaltet sich dann
ausserordentlich mannigfaltig. Die Krankheit kann lange stationär
bleiben, kann sich langsam weiter entwickeln oder umgekehrt auffällige, oft jahrelange Remissionen aufweisen, in welchen die Patienten
bei verhältnismässiger Krankheitseinsicht fast geheilt erscheinen. Zu
jeder Zeit kann sich aber auch rasche Verblödung einstellen. Indem
sie in den remissionierenden Fällen die Exacerbationen als selbständige
Krankheiten auffassen, bezeichnen die Franzosen eine solche dann als
délire chronique des dégénérés. Zwischen diesen beiden Typen der
Paranoia completa und der originären Paranoia kommen nun die
mannigfaltigsten Übergänge vor; je mehr sich ein solcher der Paranoia
completa nähert, desto eher kann man einen stetigen progressiven
Verlauf vorhersagen, je mehr er sich der originären Paranoia nähert,
desto vorsichtiger soll namentlich der Gerichtsarzt in der Prognose
sein, indem Heilungen im gerichtlichen Sinne, d. h. jahrelange verhältnismässig gesunde Zeiten sehr wohl möglich sind. Andererseits
wird dann die „Degeneration" immer mehr oder weniger auch in den
sogenannten gesunden Zwischenzeiten erkennbar sein und kann in
manchen Fällen sehr wohl für sich einen krankhaften Grad erreichen.
Wie die manischen und melancholischen Formen in der besonderen
Erscheinungsform des periodischen Irreseins, so führt uns also die
Verrücktheit im Typus der originären Paranoia wieder unvermerkt
hinüber zu den Charakteranomalieen oder constitutionellen Formen.

Endlich dürfte es sich empfehlen, noch eine Varietät der Verrücktheit besonders zu erwähnen, bei welcher nach vorhergehender Gesundheit in kurzer Zeit eine ziemlich hochgradige dauernde Verwirrtheit
eintritt unter vorübergehender Entwicklung von oft sehr phantastischen
Wahnideen mit lebhaften Sinnestäuschungen. Der Blödsinn tritt hier vom
ersten Beginn der Krankheit an so sehr in den Vordergrund, dass man
von der Entwicklung eines Wahnsystems füglich nicht mehr sprechen
kann. Die von uns als wesentlich bezeichneten Kriterien der Verrücktheit
sind dann also kaum noch erkennbar, so dass man diese Formen wohl
auch als Dementia paranoides ganz von der Verrücktheit abzuspalten
versucht hat. Eine irgend fixierbare Grenze zwischen Dementia paranoides und Paranoia existiert aber entschieden nicht, so dass wir uns mit
dem Hinweis auf die erstere als Varietät glaubten begnügen zu dürfen.

Nach der von uns hier um der vereinfachten Darstellung willen
festgehaltenen weiteren Fassung des Begriffes muss die Verrücktheit
als ziemlich häufige Krankheit bezeichnet werden. Es bedarf wohl
kaum besonderer Erwähnung, dass der Verrückte in Folge seiner

7*

Wahnideen in mannigfaltigster Weise mit den Gerichten in Conflikt geraten kann. Der an erotischem Wahn Leidende belästigt den vermeintlichen Gegenstand seiner Liebe so lange, bis sich dieser dagegen wehren muss. Kranke, die sich an hochgestellte Persönlichkeiten, die sie für ihre Verwandten halten, herandrängen, geraten mit der Polizei in Conflikt; solche mit religiösen Wahnideen stören den Gottesdienst oder verletzen auf andere Weise privatim oder öffentlich die religiösen Gefühle einer grösseren oder kleineren Gemeinschaft, oder lassen sich auf vermeintlichen göttlichen Befehl hin zu religiösen Opfern hinreissen. Oder aber die Kranken reagieren gegen ihre vermeintlichen Widersacher oder Verfolger, die Einen durch Klagen beim Gericht, die Anderen durch Drohungen und Thätlichkeiten, bald durch beleidigende Briefe oder öffentliche Schmähungen, bald durch Ohrfeigen, bald mit dem Revolver. Anklagen wegen Verbrechens gegen die Person, wegen Drohung, Beleidigung, Verleumdung, öffentlichen Ärgernisses u. s. w. u. s. w. sind die Folgen ihres Benehmens. Die Art der Reaktion scheint zum Teil von dem ursprünglichen Temperamente abhängig zu sein, zum Teil von der Art der Wahnideen, vor Allem aber von dem Stadium der Krankheit. Kritisch ist besonders das 2. Stadium der Paranoia completa, die Zeit, wo die Kranken anfangen, an ihren Wahnideen nicht mehr im Geringsten zu zweifeln. Vorher hält die Unsicherheit und Zaghaftigkeit von folgenschweren Handlungen zurück. In späteren Stadien haben sich die Patienten an ihre Wahnideen gewöhnt, und daran, dass die Umgebung anders darüber denkt. Wie aber in sehr vielen Fällen dieses Stadium nicht deutlich ausgeprägt ist, so kann Gefährlichkeit in den verschiedensten Stadien des Krankheitsprozesses auftreten; mitunter beobachtet man noch sehr spät heftige Affektausbrüche!

Besonderer Erwähnung verdient noch der Querulantenwahn. Derselbe knüpft immer an ein vermeintliches oder auch wohl wirkliches kleines Unrecht an, welches der Kranke, sei es in einem gerichtlichen Prozess, sei es im Verwaltungs- oder Disciplinarverfahren, erlitten hat. Er sucht auf dem Wege der Beschwerde oder der Appellation an die höhere Instanz zu seinem Rechte zu gelangen. In allen Persönlichkeiten, welche in den betreffenden Prozessen mitgewirkt haben, glaubt er persönliche Widersacher oder professionelle Rechtsverdreher zu erkennen und beginnt nun seinerseits seine vermeintlichen Verfolger mit Beschwerden, Klagen, Schmähungen, Verleumdungen zu verfolgen. Diese Handlungen führen nun ihrerseits zu Gegenklagen oder sonstigen Massregelungen und es entsteht eine endlose Reihe von Prozessen, die vom Kranken mit immer wachsender Leidenschaftlichkeit geführt werden. Im Laufe der Jahre eignet er sich dabei immer eine oft

erstaunliche Kenntnis der Gesetzesparagraphen und der Gerichtspraxis
an, um sich in Wahrheit immer mehr von der wirklichen Erkenntnis
des Rechtes zu entfernen, und in endlosen Verdrehungen, wenn auch
in oft geschickten Rabulistereien nun ebenfalls Erstaunliches zu
leisten. Durch diese scheinbare Gewandtheit wissen die Kranken
manche Laien oft sehr lange und sehr intensiv zu täuschen; sie
kommen deshalb oft erst sehr spät zu gerichtlicher Begutachtung,
pflegen aber mit ihrem Prozessieren nicht eher aufzuhören, als bis sie
durch Entmündigung oder Internierung in einer Anstalt gewaltsam
daran verhindert werden. Alle Versuche der Belehrung sind natürlich
erfolglos und das beste Mittel ist noch, wenn alle Beschwerden und
Klagen des endlich gerichtsnotorischen Querulanten einfach ignoriert
werden, soweit das irgend angängig ist. — Der Querulantenwahn
würde sich als „combinatorischer" dem Bilde der originären Paranoia
am ehesten nähern und zeigt dementsprechend manche Übergänge
zu anderen Formen der originären Paranoia und zur constitutionellen
Psychopathie überhaupt. Diese Übergänge können dann natürlich wie
alle constitutionellen Formen wieder besondere Schwierigkeiten in der
gerichtlichen Praxis bieten.

Bei der typischen Form der Paronoia ist die Beurteilung stets
sehr einfach, sobald es sich um eine That handelt, welche direkt aus
den Wahnideen des Kranken entspringt. Mag sie noch so sorgfältig
und, in gewissem Sinne, klar überlegt sein; die Überlegung ist immer
bedingt durch eine aus der krankhaften Wahnidee entspringende
falsche Voraussetzung. Der Kranke kann also die Beweggründe, die
Folgen und den sittlichen Charakter seines Verhaltens, wenigstens in
diesem besonderen Fall, nicht richtig, nicht in einer dem Gesunden
entsprechenden Weise erkennen, es fehlt ihm also die zur Erkenntnis
der Strafbarkeit der That erforderliche Urteilskraft. Die Bestimmbarkeit des Willens durch Vorstellungen (wenn auch krankhafter) ist
hier scheinbar eher erhalten. Wie nun aber die Wahnideen das gesammte Vorstellungsleben beim Verrückten durchaus beherrschen, so
wirken sie auch in dominierender Weise auf das Handeln ein, indem
sie z. B. bei verbrecherischen Impulsen allfälligen altruistischen Gegenvorstellungen, selbst wo solche an sich noch möglich sind, ihre Kraft
und ihren Einfluss auf das Handeln des Patienten rauben und ihn
leicht darüber hinweg zu der von der Wahnidee diktierten That
schreiten lassen. In diesem Sinne ist der Verrückte moralisch defekt
und seine „freie Willensbestimmung" aufgehoben. Der Kranke ist
also, sobald sein Wahnsystem in Betracht kommt, sowohl unzurechnungsfähig als handlungsunfähig! — Wie aber, wenn sich der

Ursprung der Handlung aus einer besonderen Wahnidee nicht nachweisen lässt? — So kann er darum doch vorhanden sein und muss
vorhanden sein, weil es eine partielle Geistesstörung im Allgemeinen
nicht giebt. Dies ist die allgemeingültige Argumentation, die auch
in weitaus der Mehrzahl der Fälle mit Recht anzuwenden sein wird.
Immerhin lässt sich nicht in Abrede stellen, dass einige, übrigens recht
seltene Fälle von sogenannter partieller Verrücktheit zu Zweifeln
Veranlassung geben können, namentlich wenn die Entmündigung in
Frage kommt. Ob eine solche bei „partieller Verrücktheit" angezeigt
ist, wird vor Allem von der besonderen Art und Richtung der Wahnideen abhängen. Es giebt zweifellos Verrückte, welche ihre ökonomischen Angelegenheiten sehr wohl selbst besorgen können und vielfach besser besorgen werden, als es ein Vormund thun würde. Es genügt
deshalb im Entmündigungsverfahren durchaus nicht die einfache
klinische Diagnose der Verrücktheit, vielmehr bedarf es einer sorgfältigen Prüfung der Eigenarten des einzelnen Falles, welche allein
der erfahrene Psychiater richtig wird beurteilen können. Aber es sei
noch einmal besonders hervorgehoben, dass die Fälle selten sind, wo
man ausnahmsweise einmal es riskieren kann, die Entmündigung nicht
zu empfehlen. Dann aber hat der Gerichtsarzt auch die Pflicht, die
Gründe, welche gegen jene Massregel trotz bestehender Geistesstörung
sprechen, klar und ausführlich darzulegen. — Sehr viel grössere
Schwierigkeiten bietet scheinbar die „partielle" Verrücktheit für die
Frage der Zurechnungsfähigkeit; doch dürfte diese Schwierigkeit mehr
in der Theorie als in der Praxis bestehen. In weitaus der Mehrzahl
der Fälle, wo ein Verrückter ein nicht dem besonderen Wahnsystem
entspringendes Verbrechen begeht, wird dies zurückzuführen sein auf
andere Abnormitäten allgemein constitutionellen Charakters, welche
eventuell für sich allein schon ausreichen können, eine Unzurechnungsfähigkeit oder verminderte Zurechnungsfähigkeit zu statuieren. Diesen
Sachverhalt wird man deshalb so häufig finden, weil die Verrücktheit
vorwiegend bei Degenerierten auftritt; so bricht sie auch nicht so
selten bei langjährigen Zuchthaussträflingen, also erst nach Antritt
der Strafe aus. Wir werden bei Besprechung der constitutionellen
Formen sehen, dass dabei oft arge Zweifel entstehen hinsichtlich der
Frage: totale Unzurechnungsfähigkeit oder verminderte Zurechnungsfähigkeit. Tritt nun zu diesen allgemein constitutionellen Störungen
noch eine Paranoia hinzu, so wird durch dieses Plus jeder Zweifel
schwinden. — Übrigens ist in allen Fällen zu bedenken, dass im Allgemeinen die Verrücktheit einen progressiven Charakter hat und dass
deshalb die anfänglich vielleicht noch als „partiell" zu bezeichnende

Krankheit über kurz oder lang einen zweifellos universellen Charakter annehmen wird.

## § 3.

## Der akute Wahnsinn, die Erschöpfungszustände, der sekundäre Blödsinn, die Verblödungsprozesse.

Zu den erworbenen funetionellen Störungen sind noch eine Reihe verschiedenartiger Mischformen zu rechnen: namentlich der akute, expansive oder depressive Wahnsinn, mit Hallucinationen und Wahnbildungen, aber Störungen des Affektes bei akutem Verlauf, die Erschöpfungszustände (heilbare Formen von verschiedener Dauer): das Collapsdelirium nach einmaligen schwächenden Momenten von nur mehrtägiger Dauer, die akute Verwirrtheit von mehrmonatlicher Dauer mit höhergradiger Bewusstseinstrübung, ohne Hemmung oder Ideenflucht und die länger dauernde Dementia akuta mit tiefem Stupor — nach chronisch schwächenden Einflüssen.

Nach allen bisher besprochenen Krankheiten können sekundäre Schwächezustände von verschiedenartiger Intensität zurückbleiben (sekundärer Blödsinn), die je nach dem einzelnen Fall beurteilt werden müssen. Ausser den genannten kommen aber noch andere, erst neuerdings beschriebene, selbständige Verblödungsprozesse vor, von denen neben der Katatonie namentlich die Dementia praecox oder Hebephrenie besondere Beachtung verdient, weil die bezüglichen Kranken besonders in den Militärlazaretten und Correktionsanstalten leicht verkannt und für Simulanten gehalten werden.

Wir haben in den vorstehenden §§ diejenigen Typen der erworbenen functionellen Seelenstörungen geschildert, welche schon seit langer Zeit erkannt und beschrieben worden sind und heutigen Tages noch als Typen allgemein anerkannt werden. Wir fanden dabei mehrfach Gelegenheit, darauf hinzuweisen, wie die Ansichten über manche atypische Formen oder Abarten jener Typen geteilt sind. Verschiedene dieser Mischformen werden diesen Typen von einigen Autoren in der That nicht mehr zugezählt, sondern haben vielmehr zur Abgrenzung gesonderter Krankheitsbilder geführt; doch herrscht im Einzelnen über diese Abgrenzung noch grosse Uneinigkeit und schien es uns schon deshalb nicht geraten, näher darauf einzugehen. Ein kurzer Hinweis auf diese Gruppen wird nichtsdestoweniger nötig sein, weil die ihnen angehörigen Krankheitsfälle durchaus nicht selten und ihre Bezeichnungen bei vielen Autoren so gebräuchlich sind, dass sie notwendiger Weise erwähnt werden mussten. Die grosse klinische Bedeutung dieser Formen und die Wünschbarkeit ihres genaueren Studiums ist auch durchaus nicht zu verkennen. Sie geben aber weit seltener zu gerichtlicher Begut-

achtung Veranlassung und bieten, wenn es der Fall ist, keine grösseren
Schwierigkeiten dar, weil es sich vorwiegend um akut einsetzende
schwerere Störungen handelt, die eine rasche Versorgung in einer
Anstalt notwendig machen. Auch deshalb glaubten wir uns hier kurz
fassen zu dürfen.

Zunächst begegnen wir in der Praxis häufig Krankheitsfällen,
welche uns im Zweifel lassen, ob wir sie der Manie oder Melancholie
einerseits oder der Verrücktheit andererseits zuzählen sollen. Sie sind
charakterisiert durch ausgeprägte Wahnbildungen und Hallucinationen
und erinnern insofern an Paranoia, zeigen aber intensivere Affekt-
störungen als diese, beginnen akut und können zunächst wenigstens
in Heilung übergehen; ausserdem sind die Wahnideen nicht in dem
Grade systematisiert wie bei der Verrücktheit. Diese Formen bezeichnet man gewöhnlich als „akuten Wahnsinn" und je nach der
mehr maniakalischen oder melancholischen Färbung des Krankheitsbildes als „expansiven" oder „depressiven Wahnsinn", welch letzterer
bei Weitem der häufigere ist. Die Krankheit zeigt nun aber vielfach
Neigung, in periodischen Anfällen wiederzukehren und vor Allem
entschiedene Tendenz, in unheilbaren Blödsinn überzugehen, oft unter
Fixierung aber nur sehr mangelhafter Systematisierung der Wahnideen. Es ist also wohl möglich, dass heute vielfach verschiedene
Formen in der Gruppe des „akuten Wahnsinns" zusammengefasst
werden, die einerseits den Manieen und Melancholieen oder dem
periodischen Irresein, andererseits der Paranoia, vielleicht gerade der
originären Paranoia (délire chronique des dégénérés) und der Dementia
paranoides zuzuzählen sind. So sehr die Ansichten hierüber auseinandergehen, so lassen sich doch immerhin schon heute einige Leitgedanken
für die Vorhersage ableiten, die ja für die praktischen Zwecke, im
Besonderen bei der Frage der Bevormundung immer das Wichtigste
bleibt: Je mehr sich eine solche Form der Manie oder Melancholie
nähert, desto eher kann die Heilung als wahrscheinlich bezeichnet
werden, je mehr der Paranoia, desto weniger; oder es muss bei Wiederholung der Anfälle die Prognose wie bei periodischem Irresein gestellt
werden. —

In einer anderen Gruppe von Fällen finden wir bei akutem
Krankheitsverlauf (von 3—4 Monaten und mehr) im Gegensatz zu
allen bisher besprochenen Bildern eine mehr oder weniger hochgradige
Verwirrtheit ohne stärkere Affektstörung und ohne ausgeprägte
Hemmung oder Ideenflucht, oft mit lebhaften Hallucinationen und unklaren phantastischen Wahnideen; eine Kranke, die ich fragte, ob sie
ihre Phantasiegebilde für Wirklichkeit oder Traum halte, antwortete

mir: „Wohl für Träume, aber Träume sind nicht immer Schäume!"
Die Kranken hören Orgel spielen, singen, schiessen, fragen was das
Alles sei, sagen auch wohl: „ich heisse ja gar nicht mehr Meyer",
wenn man sie bei ihrem Namen anredet, finden sich gar nicht in ihrer
Umgebung zurecht und glauben den alltäglichsten und gewöhnlichsten
Dingen besondere Bedeutung beilegen zu müssen. Die Krankheit be-
zeichnet man als „akute Verwirrtheit" oder „Amentia". In anderen
Fällen tritt eine höhergradige Benommenheit auf, so dass die Krankheit ganz einem akuten Blödsinn gleicht; die Fälle haben eine längere
Dauer, können aber ebenfalls in Heilung übergehen. Man nennt sie
Dementia akuta oder sie wird auch wohl als „Melancholia attonita"
zur Melancholie gerechnet. Oder aber das Bild zeigt bei wesentlich
kürzerer Dauer (von nur wenigen Tagen) mehr deliriösen Charakter
und wird dann als Collapsdelirium bezeichnet, weil es namentlich nach
akut schwächenden Einflüssen (z. B. grösseren Blutverlusten) auftritt,
während jene anderen Formen vorwiegend langsam schwächenden
Momenten (Wochenbetten, Laktation, Typhus, schlechter Ernährung,
Tuberkulose) u. s. w. ihre Entstehung verdanken. Die gemeinsame
Ursache hat Veranlassung gegeben, alle diese Formen unter dem
Namen der „Erschöpfungszustände" zusammenzufassen. Das ätiologische
Moment dürfte für gerichtliche Fragen wohl noch am ehesten bei
diesen Formen von Bedeutung sein.

Alle bisher beschriebenen Krankheiten, auch die der vorhergehenden §§, können nun, wie ja schon häufig erwähnt, nach Ablauf
des akuten Prozesses in secundäre Schwächezustände übergehen, die
man alle, auch die späteren Stadien der Paranoia, unter dem gemeinsamen Begriff des secundären Schwach- oder Blödsinns zusammenzufassen pflegt. Sowohl Intensität als Art dieses Defektes sind ungeheuer verschieden und bieten die mannigfaltigsten Abstufungen von den
feinsten, kaum oder nur für die Nächststehenden erkennbaren Störungen
bis zu den tiefsten Graden des Blödsinns dar. Allen diesen Zuständen
gemeinsam ist die mehr oder weniger grosse Unfähigkeit zu selb-
ständiger geistiger Verarbeitung neuer Erfahrungen. Das, was von
dem früher Erworbenen aus der Krankheit gerettet ist, bleibt nun
auch weiterhin erhalten und der Kranke muss damit so gut es geht
haushalten. Manche derartige Patienten sind wohl noch im Stande,
sich in einer bescheidenen Stellung selbständig durch das Leben zu
bringen; andere bedürfen der dauernden Pflege in Anstalten. Die
meisten Insassen der Pflegeanstalten gehören zu dieser Gruppe des
sekundären Blödsinns; ein Teil von ihnen vermag sich auch in der
Anstalt noch mehr oder weniger nützlich zu machen.

Die Anstaltspfleglinge sind es aber nicht, welche unser besonderes Interesse in Anspruch nehmen; vielmehr jene leichteren Formen, die sich noch ausserhalb der Anstalt zu halten im Stande sind. Diese können sehr wohl zu gerichtlicher Beurteilung Veranlassung geben; zunächst hinsichtlich ihrer Zurechnungsfähigkeit. Sie kommen zwar bei Weitem nicht so häufig mit dem Strafgesetz in Conflikt, als in den akuten Stadien, weil sie ihre Aktivität im Allgemeinen verloren haben. Doch können auch bei ganz alten abgelaufenen Fällen noch Affekte auftreten, die zu Gewaltakten oder anderen rechtlich relevanten Handlungen führen. Häufiger aber werden diese Fälle zu Entmündigungsgutachten Veranlassung geben. Eine allgemeine Regel für ihre Beurteilung lässt sich nicht aufstellen. Es wird sowohl von der Intensität wie von den besonderen Eigentümlichkeiten des einzelnen Falles abhängen, wie man ihn beurteilen will. Eine verminderte Zurechnungsfähigkeit kann hier sehr wohl in Betracht kommen.

In manchen Fällen lässt sich zwar der dem dauernden Defekt zu Grunde liegende Krankheitsprozess noch erkennen und somit wäre eine Einteilung der verschiedenen secundären Blödsinnsformen mit ihren besonderen Eigentümlichkeiten sehr wohl möglich; doch können wir darauf hier nicht näher eingehen. Nur Eine dieser Gruppen bedarf einer besonderen Erwähnung, auf die erst in neuerer Zeit die Aufmerksamkeit gelenkt worden ist. Es scheint nämlich, dass gar nicht alle Fälle von secundärem Blödsinn einer der bisher beschriebenen Krankheitsprozesse ihre Entstehung verdankt, sondern vielmehr primären specifischen Verblödungsprozessen, deren Wesen zwar bisher noch ungenügend studiert worden ist, die aber in ihrer Entwicklung gerade für die gerichtlichen Fragen ganz besondere Beachtung verdienen. Namentlich in den Entwicklungsjahren, aber noch bis in den Beginn des 3. Lebensjahrzehntes beobachtet man nicht so selten bei Individuen, die sich bis dahin normal, mitunter sogar sehr gut geistig entwickelt hatten, nicht nur einen Stillstand der Entwicklung, sondern sogar einen allmählichen Rückgang der geistigen Fähigkeiten, ohne dass eines der bisher besprochenen akuten Krankheitsbilder zu constatieren ist. Während das Gedächtnis leidlich erhalten bleibt und die Kranken äusserlich noch gut orientiert sind, nimmt ihre Leistungsfähigkeit mehr und mehr ab. Sie sind nicht mehr im Stande, sich regelmässig zu beschäftigen, auch mit den einfachsten mechanischen Arbeiten nicht, machen sich nicht die mindesten Gedanken um ihre Zukunft, was schliesslich bei zunehmenden Misserfolgen gerade in dem Alter besonders auffällt. Sie werden überhaupt sehr urteilslos, zerfahren in ihrem ganzen Thun und Treiben und zeigen oft ein auffällig läppisches Benehmen. Ihre unvernünftigen Handlungen können bei oberflächlicher Beobachtung den Eindruck gewöhnlicher Jugendstreiche machen, werden auch wohl als solche motiviert, unterscheiden sich aber von ihnen wesentlich dadurch, dass sie ohne jede Berücksichtigung der besonderen Gelegenheit oder der dabei beteiligten Persönlichkeiten ausgeführt werden und die Kranken sich nicht im Geringsten der Gefahr oder der Unannehmlichkeit bewusst sind, in die sie sich begeben und die bei gesunden jungen Leuten vielfach den Hauptanreiz für die bezüglichen dummen Streiche abgiebt. Alle Massregelungen, welcher Art sie auch immer sein mögen, sind erfolglos. Urteilslosigkeit und Zerfahrenheit nehmen immer mehr zu, bis endlich, oft erst sehr spät, vielleicht auch niemals, die krankhafte Natur des Leidens erkannt wird. Dieser Prozess kann zum Stillstand kommen und dann eben zu einem leichteren Grade dauernden sekundären Schwachsinns führen, oder aber stetig fortschreitend mitunter in die schwersten Blödsinnsformen auslaufen. Dann allerdings gesellen sich zu den bisher besprochenen meist deutlicher ausgeprägte Krankheitserscheinungen, bald mehr maniakalischer, bald melancholischer oder hypochondrischer Färbung; auch Hallucinationen und Wahnideen, meist sehr schwachsinnigen Charakters kommen vor. Diese Formen hat man als „Dementia praecox" oder „Hebephrenie" (Jugendirresein) bezeichnet. Dieser Gruppe von Verblödungen reiht sich eine weitere mit wieder sehr viel schwereren Krankheitserscheinungen, den sogenannten katatonischen an, welche in eigentümlichen Störungen der Ausdrucksbewegungen und Handlungen bestehen. Auf die klinisch höchst interessanten Einzelheiten der sogenannten „Katatonie" hier näher einzugehen, hat insofern weniger Zweck, weil dieselbe wieder, wie Wahnsinn und akute Verwirrtheit, schneller als schwere Geistesstörung erkannt zu werden pflegt. Doch möge noch erwähnt werden, dass die schon oben erwähnte Dementia paranoides wieder den Übergang dieser Verblödungsprozesse zu den uns schon bekannten Krankheitsformen bildet. Für uns am wichtigsten sind jene leichteren Formen der Dementia praecox. An sie muss man namentlich denken bei unerklärlichen Insubordinationen beim Militär und scheinbarer Simulation in Militärlazaretten. Ausserdem kommen diese Kranken natürlich mit Polizei und Strafgesetz leicht in Conflikt, und es ist wohl mit Recht der Verdacht geäussert worden, dass manche Vagabonden und Insassen der Correktions- und Strafanstalten, die ebenfalls wieder als mutmassliche Simulanten den Irrenanstalten zugeführt, hier aber als sekundär blödsinnig erkannt

wurden, einer Dementia praecox ihr Schicksal zu verdanken haben.
Weitere Beobachtungen sind hier dringend erwünscht, gerade darum
aber schien es notwendig hier besonders auf diese Formen hinzuweisen.

<hr>

## Kapitel 2.

# Organische Störungen.

### § 1.

### Die Dementia paralytica

sogenannte „Gehirnerweichung"

ein verhältnismässig scharf abgegrenztes Krankheitsbild mit charakteristischem
Sektionsbefund: Schwund der nervösen Substanz im Gehirn. — Kommt vor vorzugsweise, wenn nicht immer, bei Syphilitikern, bei Männern häufiger als bei Frauen, in
mittlerem Lebensalter. Auf allen Gebieten des Centralnervensystems treten
Störungen auf, die als Coordinationsstörungen und Associationsstörungen charakterisiert sind: neben Coordinationsstörungen der Pupilleninnervation, der Gesichts-
muskulatur, der Sprache, der Schrift, des Ganges, kommen krampf- und schlagartige
Anfälle vor, Sensibilitäts- und Circulationsstörungen. Durch eigentümliche Lockerung namentlich der unbewussten Ideenverbindungen wird der Seelenzustand des
Paralytikers ähnlich dem des physiologischen Traumes. Richtiges und kritikloses
Urteil findet sich oft nebeneinander. Diebstähle, Betrügereien, Schwindeleien, Verletzung von Anstand und Sitte sind besonders häufig. Stimmungsanomalieen und
Stimmungswechsel, Vielgeschäftigkeit und Apathie kommen vor. Die Symptome
können sich auf das Mannigfaltigste combinieren. Man beobachtet maniakalische,
depressive und einfach demente Formen. Die Krankheit endigt immer nach längerer
oder kürzerer Zeit mit dem Tode, im Verlaufe können Besserungen und Schein-
heilungen vorkommen, welche, wie das Vorläuferstadium für die gerichtliche Praxis
wegen allfälliger socialer Verwicklungen besonders wichtig sind. Schwierigkeiten
bietet hier immer die Zuverlässigkeit der Diagnose; jene werden durch eine „verminderte Zurechnungsfähigkeit" nicht beseitigt. Die Hauptbedeutung der Paralyse
liegt in der Frage der Bevormundung und ähnlichen Massnahmen, die hier besonders
wertvolle Dienste leisten können. Voreilige oder allzu ängstliche Gesundheitserklärungen richten oft grossen Schaden an.

Unter den organischen Seelenstörungen haben wir zunächst in
der Dementia paralytica eine Krankheit, welche wie keine andere der

bis jetzt bekannten charakterisiert und von anderen abgrenzbar ist.
Wenigstens kommt man heute immer mehr von der früher recht verbreiteten Annahme zurück, dass es sich hier nur um einen unklaren
Sammelbegriff verschiedener Krankheitsbilder handle. Der Sektionsbefund ist, namentlich in weit vorgeschrittenen Fällen, ungemein
charakteristisch: Neben Hirnwassersucht von wechselnder Intensität,
entzündlichen Prozessen an den inneren und äusseren Hirnhäuten,
Wucherungen an der Innenfläche der Schädelkapsel und Veränderungen
der Blutgefässe, findet man vor Allem Schwund der nervösen Substanz
des Gehirns, sowohl der Nervenfasern als der Nervenzellen, besonders
deutlich in der Hirnrinde erkennbar. Die Schrumpfung findet ihren
deutlichen Ausdruck auch in der oft sehr beträchtlichen Abnahme des
Gewichtes des Gesammtgehirnes, wie seiner einzelnen Teile. Der
Sektionsbefund kann natürlich für die nachträgliche Stellung der
Diagnose von hohem Werte sein; doch wird das bei den uns hier
interessierenden Fragen wohl selten vorkommen. Wo bis zum Tode
keine Sicherheit über die Diagnose oder womöglich nicht einmal der
Verdacht auf Paralyse bestand, wird die Sektion, wenn überhaupt, oft
nicht mit der nötigen Sorgfalt gemacht werden. Wenn überhaupt das
Bedürfnis genauerer Erhebungen erst so spät entsteht — Anfechtung
von Testamenten auf Grund mangelnder Geistesgesundheit dürfte am
ehesten Veranlassung dazu geben — wird es auch zur gerichtlichen
Sektion zu spät sein.

Auch die klinisch sehr interessante Frage nach der Krankheitsursache ist für uns von geringer Bedeutung: Excesse in baccho et
venere, intellektuelle, gemütliche, körperliche Überanstrengungen
(Kriegsstrapazen — „Der Kampf ums Dasein"), Sonnenstich, überhaupt
Einwirkung hoher Temperaturen (z. B. bei Heizern), Kopfverletzungen
— alles dies dürfte nur die Gelegenheitsursache für den endlichen Ausbruch der Krankheit abgeben, während die früher überstandene
Syphilis höchstwahrscheinlich die wichtigste, wenn nicht die einzige
wahre Ursache ist. Da indessen auch hierüber die Ansichten noch
geteilt sind, wird man gut thun, in gerichtlichen Gutachten auf das
ursächliche Moment nicht zu viel Gewicht zu legen. Namentlich die
Erwähnung der Syphilis giebt vielfach nur z. B. bei Versicherungs-
fällen den Gesellschaften Gelegenheit, Schwierigkeiten zu machen, die
bei den heutigen Verhältnissen unbedingt als ungerechtfertigt zurück-
gewiesen werden müssen; auf Grund des Nachweises einer früher
überstandenen Syphilis darf die Paralyse niemals als selbstverschuldete
Krankheit angesehen werden. Ausserdem wird die Erwähnung der
Syphilis in den Gutachten von den Angehörigen der Patienten vielfach

als Indiscretion angesehen, insofern mit Recht, als sich eben daraus
rechtlich bedeutungsvolle Folgerungen meistens doch nicht ziehen
lassen.

Die Krankheit kommt bei Männern häufiger vor als bei Frauen,
wenn bei diesen, nur bei verheirateten, oder solchen, die schon geschlechtlichen Umgang hatten, namentlich bei Prostituierten. Die Erkrankung
fällt vorwiegend in das 3. oder 4. Lebensjahrzehnt und findet sich,
ganz allgemein gesprochen, mit um so grösserer Wahrscheinlichkeit,
je grösser die Gelegenheit zu syphilitischer Ansteckung im Vorleben
des Patienten war. Die Berücksichtigung dieser Umstände kann für
Stellung der Diagnose wertvolle Anhaltspunkte geben. Die Erblichkeit
spielt hier eine geringe Rolle; die Krankheit verläuft immer progressiv
und führt in durchschnittlich einigen Jahren zum Tode unter allmählicher Abnahme der Geisteskräfte. Doch kommen auch Fälle von
erheblich längerer Dauer vor, während umgekehrt natürlich ein früh-
zeitiger Tod in jedem Stadium das Ende herbeiführen kann.

Das Wichtigste im Symptomencomplex ist das Auftreten krankhafter Erscheinungen auf allen Gebieten des Centralnervensystems;
wir finden Störungen nicht nur der Geistesthätigkeit, sondern auch
der sogenannten nervösen Funktionen. Dies ist allerdings ein Merkmal der meisten organischen Geisteskrankheiten. Die paralytischen
Störungen aber haben ihren eigenen Charakter, den vielleicht ein
Beispiel am besten erläutert: Zu jeder auch nur einigermassen complicierten Bewegung, z. B. dem Gehen, ist nötig das Zusammenwirken
einer grossen Anzahl verschiedener Muskeln und Muskelgruppen in
dem Sinne, dass jeder einzelne Muskel zur richtigen Zeit und in
richtiger Stärke innerviert wird — im Verhältnis zur Innervation
der anderen. Dieses richtige Zusammenwirken wird durch eine complicierte gemeinschaftliche Thätigkeit verschiedener Centren des Centralnervensystems erreicht. Beim Erlernen einer solchen Thätigkeit bedarf
es der Mitwirkung unserer bewussten Aufmerksamkeit. Mit fort-
schreitender Übung aber vollzieht sich der Vorgang mehr und mehr in
untergeordneten Nervencentren ohne die bewusste Aufmerksamkeit durch
äusserst sichere Coordination in denselben. Bei der Paralyse nun geht
diese sichere Coordination mehr und mehr verloren, so dass compliciertere Bewegungen zunächst kaum merklich unsicher und unzuverlässig,
dann immer unbeholfener werden, bis sie schliesslich gar nicht mehr
möglich sind. Ganz dasselbe beobachten wir bei den geistigen Störungen
der Paralyse. Auch jede compliciertere Vorstellung setzt sich aus
verschiedenen Einzelvorstellungen zusammen, die untereinander „asso-
ciiert" werden. Unzählige solcher, anfänglich bewusster Associationen

werden im Laufe des Lebens allmählich unbewusst. Diese Associationen, und in erster Linie die unbewusst sich vollziehenden, werden in der Paralyse nach und nach immer unzuverlässiger, und durch diese eigentümlichen Associationsstörungen sind die krankhaften Erscheinungen im Seelenleben der Paralytiker charakterisiert. So z. B. uriniert der Kranke in den Spucknapf oder in den Kommodenkasten, weil ihm die Ideenverbindung von Urinieren und Abtritt, die sich bei jedem Gesunden ohne bewusste Aufmerksamkeit vollzieht, abhanden gekommen, oder wenigstens im Moment nicht gegenwärtig ist. Das Ungereimte seiner Handlungsweise kommt ihm dabei gar nicht zum Bewusstsein. Und darin liegt das specifisch paralytische. Ein Maniakalischer ist wohl einer gleichen Handlungsweise fähig, aber er glaubt dann einen Scherz zu machen oder seine Umgebung ärgern zu können. Ein Paralytiker wird in gleicher Weise, wie jene maniakalische Kranke, welche wir oben erwähnten, im Stande sein, eine fremde Cigarre in den Mund zu stecken und zu rauchen; aber er wird nicht im Geringsten daran denken, sie wieder wegzulegen, sondern gemächlich weiter rauchen und es gar nicht verstehen, wenn man ihn darüber zur Rede stellt. — Auch diese Associationsstörungen der Paralyse beginnen allmählich und sind im Anfang kaum zu bemerken, um schliesslich einen solchen Grad zu erreichen, dass jedes geordnete Denken oder sagen wir jedes Denken überhaupt aufhört.

Obwohl uns nun die psychischen Störungen allein hier direkt interessieren, ist doch im Hinblick auf die Diagnose ein summarischer Überblick über die „nervösen" Störungen nötig. Doch sei ausdrücklich hervorgehoben, dass unter Umständen auf Grund der eigenartigen Geistesstörung die Diagnose schon zu einer Zeit gestellt werden kann, wo „nervöse" Störungen noch kaum, oder wenigstens nicht sicher, nachweisbar sind. In der motorischen Sphäre finden wir also vor Allem Coordinationsstörungen, namentlich leicht erkennbar in folgenden Muskelgebieten: Die Pupillen sind verschieden weit, abnorm eng oder abnorm weit, reagieren träge, gar nicht oder pervers. Auch Lähmungen der äusseren Augenmuskeln kommen vor. Das feinere Mienenspiel geht verloren und das Gesicht erhält leicht einen maskenartigen Ausdruck. Häufig treten fibrilläre Zuckungen namentlich um die Mundwinkel auf. Die Sprache wird undeutlich, schmierend, meckernd oder es werden einzelne Buchstaben oder Silben verstellt, ausgelassen, oder durch falsche ersetzt. Sehr deutlich pflegt auch die Coordinationsstörung der Kehlkopfmuskulatur in deren schwierigster Reaktion, beim Gesang, zum Ausdruck zu kommen. Der Gang wird unsicher und unbeholfen, am ersten wieder bei schwierigeren Operationen, wie

Tanzen, Marschieren auf der Dielenritze u. dergl. Ebenso unsicher
werden die Bewegungen der Arme und Hände, so dass die Schrift des
Paralytikers wieder ungemein charakteristisch ist. Die Schriftzüge
werden schief, unregelmässig, unsicher. Die Schriftstücke sind un-
sauber. Auch kommen darin die Associationsstörungen deutlich zum
Ausdruck. Einzelne Buchstaben, Silben und ganze Worte werden
ausgelassen. Das Datum der Briefe ist falsch. Diese beginnen mit
der Anrede an eine Person, an welche die folgenden Seiten gar nicht
mehr gerichtet sind u. s. w. u. s. w. — Alle die genannten Coordinationsstörungen, namentlich die der Sprache und die fibrillären Zuckungen im
Gesicht nehmen unter dem Einflusse einer gemütlichen Erregung meist
bedeutend zu. Urin und Koth werden bald verhalten, bald gehen sie
unfreiwillig ab in Folge abnormer Innervation der bezüglichen Muskulatur.
— Sehr wichtig für die Diagnose können endlich die sogenannten
paralytischen Anfälle sein, deren Wesen uns bis jetzt allerdings ganz
unbekannt ist; sie sind krampfartig, wie die epileptischen, oder schlag-
artig, oder erscheinen als einfacher Schwindel; sie können zu jeder
Zeit während der Krankheit auftreten, im Besonderen auch die ersten
deutlichen Symptome oder wesentliche Verschlimmerungen einleiten,
aber auch ohne auffällige Folgeerscheinungen vorübergehen bei sehr
wechselnder Intensität.

Im Beginn beobachtet man vielfach schmerzhafte oder sonst
abnorme Empfindungen im Gemeingefühl; später tritt meist eine Abstumpfung der Empfindungen ein, so dass die Kranken selbst schwere
Verletzungen, Verbrennungen, Beinbrüche u. s. w. erleiden können,
ohne Schmerz zu spüren. Täuschungen im Gebiet der höheren Sinne
sind selten, kommen aber vor, am ehesten Gehörstäuschungen. Illusionen,
z. B. Personenverkennung, kommen häufig vor; doch handelt es sich
dabei wohl mehr um Fehler des Urteils, als um eigentliche Illusionen.
Mitunter findet man Schwund des Sehnerven.

Sehr wichtig sind endlich Störungen in der Blutcirculation (die
ja ebenfalls durch einen sehr complicierten Innervationsapparat geregelt
wird) und überhaupt Ernährungsstörungen in den verschiedensten
Organen und in der Gesammtconstitution; sie können zu verhängnisvollen Complicationen führen.

Die psychischen Erscheinungen bezeichnet man gewöhnlich als
paralytischen „Blödsinn“, nicht ganz mit Recht. Die Paralytiker
können im Gegensatz zu anderen Blödsinnigen ungemein produktiv
sein. Aber in Folge der eigenartigen Associationsstörung kommen die
ungeheuerlichsten Ideenverbindungen zu Stande. Nicht in jeder
Ideeenverbindung des Paralytikers kommt dies zum Ausdruck, und

wenn überhaupt, mit sehr wechselnder Deutlichkeit. Oft aber überraschen die Kranken durch das eigentümliche Gemisch von gesunden und krankhaften Äusserungen. Mitunter lässt sich dies durch eine einfache Probe demonstrieren: Rechenaufgaben aus dem Einmaleins löst der Kranke zunächst vielleicht noch ganz richtig; stellt man plötzlich in etwas verblüffendem Tone die Aufgabe um („7 × 5" statt „5 × 7"), weiss er gar nichts zu sagen oder giebt eine falsche Antwort. Ähnliche Widersprüche weist vielfach das Gedächtnis auf. Über manche Daten und Einzelheiten des Vorlebens giebt der Kranke oft noch sehr gut Auskunft, während er von anderen, oder gar von den gleichen zu anderer Zeit gar nichts mehr weiss. Weil die Aufnahmsfähigkeit für neue Eindrücke durch die Krankheit mehr und mehr erschwert wird, ist allerdings im Allgemeinen das Gedächtnis für die Erlebnisse der jüngsten Vergangenheit am schlechtesten. Sehr häufig kommen Erinnerungsfälschungen, mitunter sehr phantastischen Inhaltes, vor. — Auf das unberechenbare Gemisch von gesunden und kranken Elementen im Geistesleben des Paralytikers müssen wir besonders aufmerksam machen, weil dadurch leicht der Verdacht auf Simulation erweckt wird. Sorgfältige Prüfung auf andere paralytische Symptome wird gegen einen solchen Irrtum schützen. — Durch die eigentümliche Lockerung des Gedankenzusammenhanges wird der Bewusstseinszustand des Paralytikers ähnlich dem des physiologischen Traumes. Ein Kranker erzählte uns mit grossem Behagen und blühender Phantasie, wie er jetzt die Anstalt, die er als solche erkannte, für sich und seine Frau als prächtiges Schloss ausgebaut und ausgestattet habe, bez. es thun wolle, indem er richtig erkannte, dass er sich jetzt noch in üblichen Anstaltsräumen befinde. Fast ohne Atem zu schöpfen fuhr er dann fort die idyllische Existenz auszumalen, welche er mit seiner Frau in einem ganz einfachen Bauernhause, das er gekauft habe, führen wolle mit ganz bescheidenen hölzernen Möbeln u. s. w. u. s. w. Derartige Gedankensprünge passieren uns im Traum oft; und ebensowenig als der Kranke stossen wir uns im Traum bei Erbauung solcher Luftschlösser an die Thatsache, dass wir die Baukosten nicht im Geringsten bestreiten können. So stiehlt der Kranke, indem er unbekümmert um seine Umgebung sich aneignet, was ihm gefällt, ohne irgend daran zu denken, dass es ihm nicht gehört. Setzt man ihn darüber zur Rede, so leugnet er in plumpester Weise ohne sich klar zu machen, dass das Leugnen hier ganz unmöglich ist, oder bildet sich ein, der Gegenstand gehöre ihm, weil er ihn in seiner Tasche findet, und wird grob, oder er bezeichnet das Vorkommnis freundlich lächelnd

als harmlose Zerstreutheit, ohne das geringste Bewusstsein davon zu
haben, wie sehr er sich blossgestellt hat. Ein Patient kaufte mit
gewisser Umsicht und seinen Verhältnissen noch annähernd entsprechend
in einem Juwelierladen ein. Im Weggehen sieht er einen sehr wert-
vollen Brillantschmuck und sagt leichthin: „Ach legen Sie den den
anderen Sachen auch noch bei." Beim Anblick des Schaufensters
neben der Ladenthür dreht er endlich noch einmal um und bittet, ihm
den ganzen Inhalt des Schaufensters zu schicken! — Die krassesten
Diebstähle, Schwindeleien und Betrügereien können so zu Stande
kommen, desgleichen, wie schon oben angedeutet, Verletzung von Anstand und guter Sitte durch· Verrichten der Notdurft an unpassendem
Orte, Erzählen obscöner Geschichten in Damengesellschaft oder sonstiger
Taktlosigkeiten.

Handlungen so plumper Art, wie in den vorstehenden Beispielen,
werden natürlich meistens bald als krankhaft erkannt. Während des
oft sehr schleichenden Beginns der Erkrankung ist das ganz anders;
da wird das Leiden oft lange verkannt. Vielleicht fällt der Umgebung
eine gewisse Zerstreutheit, einige Nachlässigkeit in der Toilette auf,
aber man legt kein Gewicht darauf; man beachtet vor Allem nicht
kleine Nachlässigkeiten und Unordnungen, die sich der Kranke in seinem
Beruf zu Schulden kommen lässt, selbst dann nicht, wenn die oft
erheblichen Folgen dieser Unordnungen schon klar am Tage liegen,
und der Kranke sich selbst über seine ihm unbegreiflichen Misserfolge
bekümmert. Oft werden dann diese ersten Symptome als Ursache der
Krankheit bezeichnet, die durch Sorgen und Überanstrengung im
Geschäft entstanden sein soll! In diesem Stadium ist es oft sehr
schwer sich ein Urteil zu bilden, inwieweit die Handlungen des
Patienten schon durch die Krankheit beeinflusst worden sind. Ein
Gross-Kaufmann von auswärts, welcher mit blühendem Grössenwahn
in die Anstalt gebracht wurde, hatte in den letzten Wochen eine
Filiale seines Geschäfts in Zürich errichtet und eben eröffnet. Die
Ansichten der Sachverständigen über dieses Unternehmen waren sehr
geteilt; die Einen erklärten es für ganz unsinnig, die Andern hielten
es für gar nicht übel. Ausgesprochene Vorläufersymptome der Krankheit bestanden jedenfalls schon seit Monaten, und die krankhafte
Vielgeschäftigkeit des Patienten, welche in den letzten Tagen unge-
heuerliche Dimensionen annahm, hatte sicher schon vor mehreren
Wochen begonnen. Welche Fülle von Schwierigkeiten und Verwicklungen gerade in socialer Beziehung hier entstehen können, bedarf
wohl kaum eines besonderen Hinweises.

Die Stimmung der Patienten ist sehr verschieden. Grosse Reiz-

barkeit, Rührseligkeit, übertriebene Schwarzseherei, auf der anderen
Seite abnorme Heiterkeit, rosige Stimmung bis zu einem unermess-
lichen Glücksgefühl, krankhafte Vielgeschäftigkeit und unbegreifliche
Apathie kommen vor. Vor Allem charakteristisch ist der sehr rasche
Wechsel der Stimmung, den es oft gelingt durch eine kurze Bemerkung,
ja nur durch eine heitere oder ernsthafte Miene, die man dem Kranken
zeigt, herbeizuführen. Man sagt auch vielfach, es trete ein „Erlöschen
des Mitgefühls für Andere" ein, aber nicht mit Recht. Vielmehr ist
auch hier wieder die eigentümliche Associationsstörung das Wesentliche.
So kann es kommen, dass der sehr mitleidige Patient über eine kleine
Verletzung, die sich sein Arzt zugezogen hat, in einen Strom von
Thränen ausbricht, während er über die Nachricht vom Tode seiner
Frau rasch zur Tagesordnung übergeht — einfach deshalb, weil er
Tragweite und Bedeutung der Ereignisse nicht zu ermessen vermag.

Alle die genannten Erscheinungen können neben und nacheinander
in verschiedenster Intensität zur Ausbildung kommen und es muss
noch einmal ausdrücklich hervorgehoben werden, dass das Fehlen
einiger oder einer ganzen Reihe derselben durchaus nicht gegen die
Diagnose der Dementia paralytica spricht. Nur der positive, nicht der
negative Nachweis liefert wichtige Anhaltspunkte. Ist übrigens erst
einmal der Verdacht entstanden, so wird man häufig genug Anzeichen von krankhaften Erscheinungen finden, die bis dahin völlig
übersehen worden waren. Der endliche Ausgang der Krankheit in
völlige Verblödung und Tod wird schliesslich die Diagnose immer
sicher stellen. Die Mannigfaltigkeit der Krankheitsbilder ist aber
ungemein gross, und in gleicher Weise kann sich der Verlauf ausserordentlich verschiedenartig gestalten. Um nur die wesentlichsten
Verlaufstypen anzudeuten, so treten in einer Reihe von Fällen maniakalische Aufregungen auf, von oft grosser Intensität und wohl immer
mit ganz phantastischen Grössenideen. Ein Hamburger Schiffskapitän
wollte sämmtliche Südseeinseln vergoldet in die Aussenalster setzen.
Der oben erwähnte Kaufmann wollte am ersten Tage Finanzminister
des deutschen Kaisers werden, am zweiten Tage war er es, am dritten
war er selbst Kaiser von Deutschland, dann von Europa, von der
Erde, von der Welt und schliesslich wurde er Gott u. s. w. u. s. w.
Von System ist in solchen Wahnideen natürlich keine Rede; sie
können, namentlich wenn die Aufregung vorüber, persistieren, wechseln
und schwinden aber sehr oft. In einer anderen Gruppe von Fällen
entwickeln sich umgekehrt melancholische Zustände oft mit intensiver
Angst und ähnlich grotesken aber depressiven Wahnideeen wie bei
der maniakalischen Form. Endlich kann die Paralyse in Form ganz

allmählicher Abstumpfung und Verblödung dem Ende zusteuern. Jahrelange Stillstände des Leidens sind sehr häufig, während ebensowohl bei rasch progressivem Verlauf, in Folge der hier sehr häufigen Complicationen, zu jeder Zeit der Tod eintreten kann.

Was uns hier aber besonders interessiert, sind die Vorläufererscheinungen und die Remissionen oder Besserungen. Die Krankheit kann zwar ziemlich plötzlich auftreten. Je genauer man aber nachforscht, desto häufiger wird man Prodromalsymptome constatieren können, die sich oft über Jahre hinziehen. Neben manchen nervösen Beschwerden, die besonders zu Verwechslungen mit einfacher „Neurasthenie" (besser „chronischer nervöser Erschöpfung") Veranlassung geben können, finden wir hier namentlich jene scheinbar geringfügigen, oft sehr verhängnisvollen Erscheinungen der oben ausführlich gekennzeichneten Art. Remissionen geringeren Grades beobachtet man recht häufig, daneben aber auch so erhebliche Besserungen, dass man früher geradezu die Heilung der Paralyse für möglich hielt. Die Rückfälle treten aber unweigerlich ein, und es liegt auf der Hand, dass die Remissionen die gleichen Gefahren in sich schliessen, wie das Vorläuferstadium hinsichtlich unangenehmer socialer Verwicklungen. Der einzige Vorteil ist hier, dass man auf Grund der vorausgegangenen ausgesprochenen paralytischen Erscheinungen meist in der Diagnose sicher ist; doch kann es auch vorkommen, wenn die nervösen Störungen geringfügig waren, dass man an der Diagnose zweifelhaft wird. Wie dort wird aber auch hier eine sorgfältige Prüfung der einschlägigen Momente oft wertvolle Anhaltspunkte liefern. Auch die Remissionen können sich über viele Jahre erstrecken.

Ausgeprägte Fälle von Dementia paralytica bieten in der gerichtlichen Praxis natürlich nicht die geringsten Schwierigkeiten. Die normale Urteilskraft fehlt vollständig und der Kranke ist völlig unzurechnungsfähig und handlungsunfähig. Wie aber in dem Prodromalstadium? — Man hat gerade auf dieses häufig verwiesen als Beispiel für die Notwendigkeit einer gesetzlich anzuerkennenden verminderten Zurechnungsfähigkeit. Praktisch aber hat dieselbe gerade hier wenig Wert. Ist die Paralyse nach der eingeklagten Handlung wirklich zum vollen Ausbruch gekommen, so wird die Frage nach der Zurechnungsfähigkeit zur Zeit der That hinfällig. Es hat keinen Sinn und Zweck mehr, den schwer kranken, einem unheilbaren Leiden verfallenen, zu verurteilen; er gehört in eine Irrenanstalt, oder bedarf anderweitiger Pflege, kann aber keines Falls bestraft werden. Anders allerdings liegt die Sache, wenn die Diagnose zweifelhaft ist. Da können für den Gerichtsarzt grosse Schwierigkeiten entstehen; die werden aber durch Annahme einer verminderten Zurechnungsfähigkeit nicht gehoben. Denn hier handelt es sich nicht um eine Geschmackssache, ob man den Kranken noch für zurechnungsfähig oder für schon unzurechnungsfähig erklären will, sondern um ein Ja oder Nein. Gelingt es während der Untersuchung die beginnende Paralyse wirklich nachzuweisen, so ist der Kranke total unzurechnungsfähig und es wäre völlig zwecklos, darüber nachzusinnen, ob er zur Zeit der That vielleicht noch eine Spur von normaler Urteilskraft besessen habe. Man würde niemals das Recht haben, dies zu behaupten. Kann man sich aber nicht mit genügender Bestimmtheit für die Diagnose der beginnenden Paralyse aussprechen, dann wird der Angeklagte eben im Zweifel für zurechnungsfähig zu erklären sein. Ein Mittelweg hat hier so wenig Sinn, wie wenn man einen mutmasslichen Mörder nicht zu lebenslänglichem Zuchthaus, sondern nur zu 10 Jahren verurteilen wollte, weil seine Schuld nicht ganz sicher' erwiesen ist.

Wieder ganz anders liegt die Sache aber bei einer civilrechtlichen Handlung. Auch wenn hier der unzweifelhafte Nachweis der Paralyse geliefert ist, so bleibt immer die Frage zu lösen, ob oder inwieweit die von ihm eingegangenen Verpflichtungen als rechtsverbindlich erklärt werden können oder nicht. In vielen Fällen wird es gelingen, auf Grund sorgfältiger Erhebungen den Nachweis zu liefern, dass das Leiden schon in jener Handlung zum Ausdruck kam, obwohl schwerere Erscheinungen erst später festgestellt worden waren. Gelingt dies nicht, so hat der Gerichtsarzt die Frage offen zu lassen und muss es dem Gericht oder den Parteien überlassen, die Angelegenheit zum Austrag zu bringen.

Die Hauptbedeutung der Paralyse für die gerichtliche Psychopathologie aber liegt wohl nicht in der Frage der „natürlichen", sondern der „formalen Handlungsunfähigkeit" oder der Bevormundung und ähnlichen Massnahmen. So lange die Therapie gegenüber diesem Leiden so machtlos bleibt, wie sie es heutigen Tages ist, liegt in diesen Massnahmen überhaupt die praktische Bedeutung der Krankheit und ihrer rechtzeitigen Erkennung. Aus den obigen Ausführungen geht hervor, welches Unheil ein Paralytiker über sich und Andere bringen kann und zwar gerade im Prodromalstadium und in den Remissionen, d. h. zu einer Zeit, wo die Krankheit nicht klar zu Tage liegt. Hier gilt es, die nötigen Vorsichtsmassregeln zu treffen und das ist in erster Linie die Pflicht des Arztes. Hat der Kranke einen verantwortungsvollen Beruf, ist er unbedingt an dessen Ausübung zu verhindern (z. B. Ärzte, Apotheker, Hebammen, Lokomotivführer u. s. w. u. s. w.). Wird durch seine Krankheit nur das eigene Vermögen ge-

fährdet (z. B. bei Kaufleuten), so ist dasselbe durch Bevormundung des Kranken sicher zu stellen, und kann sich die Familie
zu solchen Massregeln nicht entschliessen, so hat der Arzt wenigstens
die Pflicht sie auf das Risiko, welches sie läuft, aufmerksam zu machen.
Alle diese Massregeln sind um so wichtiger, als die Kranken in den
kritischen Zeiten durchaus nicht immer der Anstaltspflege bedürfen,
sondern unter angemessener Überwachung sehr wohl in Freiheit leben
und sogar in bescheidener Thätigkeit sich nützlich machen können.
Die bezüglichen Massnahmen sind je nach dem besonderen Fall mit
Rücksicht auf Beruf und sonstige Verhältnisse zu regeln, erfordern
stets grossen Takt des Arztes und gehen gewöhnlich über gerichtliche
Massnahmen hinaus, sind aber fast immer innig mit solchen verknüpft,
so dass sich der Jurist unbedingt mit dieser Sachlage vertraut machen
muss. Schliesslich läuft auch hier wieder Alles auf die Zuverlässigkeit der Diagnose hinaus; im Allgemeinen wird als Regel dienen
müssen: Lieber zu viel Vorsicht für den Kranken und seine Umgebung als zu viel für die eigene Person des Arztes oder des Richters,
die ja nicht glauben dürfen, durch voreilige Gesundheitserklärungen
sich am besten allen Unannehmlichkeiten und Schwierigkeiten entziehen zu können.


## § 2.

### Der Altersblödsinn.

Der Altersblödsinn wird bedingt durch Rückbildung der Gehirnsubstanz in
höherem Alter, und diese wieder begünstigt durch eine eigenartige Blutgefässerkrankung:
die „Arteriosclerose"; er kann schon im 6. Lebensjahrzehnt auftreten. Die wesentlichsten Symptome sind intellektuelle Schwäche, Abnahme des Gedächtnisses, Abstumpfung des ethischen Empfindens. Neben einfachen beobachtet man melancholische (mit schwachsinnigem Verfolgungswahn) und maniakalische Formen (mit eigen-
artiger Vielgeschäftigkeit, im Besonderen auch geschlechtlichen Perversitäten). — Die
Krankheit ist progressiv, doch können Besserungen vorkommen. — Die gerichtliche
Bedeutung des Altersblödsinns ist ähnlich derjenigen der Gehirnerweichung. Im
Beginn der Erkrankung kann die Diagnose Schwierigkeiten machen. Bevormundung
ist oft sehr angezeigt.


Im höheren Alter des Individuums erleiden regelmässig alle Organe
eine gewisse Schrumpfung und Entartung und in Folge davon eine
sich allmählich steigernde Abnahme ihrer Leistungsfähigkeit, so auch
das Gehirn. Dieser Prozess wird in sehr vielen Fällen beschleunigt

durch eine in höherem Alter ungemein häufige Erkrankung der Schlagadern, deren Wände verkalken, wodurch die Ernährung der umliegenden
Gewebe wesentlich gestört wird. Wenn sich diese Krankheit besonders
in den feinsten Blutgefässen der Hirnrinde lokalisiert, so müssen dadurch die psychischen Funktionen besonders leiden, weil die ohnehin
im hohen Alter eintretende Rückbildung der Nervensubstanz dadurch
beschleunigt wird. Neben dieser diffusen Atrophie tritt in Folge der
Gefässverkalkung häufig totaler Zerfall der Hirnsubstanz in umgrenzten
Gebieten auf. Dieselben können sich in grosser Menge aber in oft
nur minimaler Ausdehnung finden. Je grösser die einzelnen zerfallenen
Partieen sind, desto deutlicher werden die dadurch bedingten „Herdsymptome" im Krankheitsbilde hervortreten und demselben ein eigen-
artiges Gepräge verleihen, worauf wir noch zurückkommen werden.
Zwischen den zuerst besprochenen Krankheitsformen und den eigentlichen Herderkrankungen finden sich mannigfaltige Übergänge. Die
genannten Veränderungen, besonders die Verkalkung der Schlagadern
(sogenannte „Atheromatose der Arterien" oder „Arteriosklerose")
stellen sich nun bei verschiedenen Individuen in verschiedenem Alter
und in verschiedener Intensität ein. Als Ursache dieser Verschiedenheit muss man eine besondere Disposition annehmen, eine geringere
Widerstandsfähigkeit des Gehirns und seiner Gefässe. Diese Disposition mag zum Teil ererbt sein, unbedingt wird sie aber durch alkoholische
Excesse wesentlich begünstigt. Thatsache ist jedenfalls, dass wir dem
Altersblödsinn (der „Dementia senilis") nicht erst im 8. und 7., sondern,
namentlich nach alkoholischen Excessen, schon im 6. und mitunter
sogar Ende des 5. Lebensjahrzehnts begegnen. Oft finden sich dann
deutlichere Symptome des chronischen Alkoholismus. Diesen Vorgang
der frühzeitigen Altersrückbildung bezeichnet man auch wohl als
„Senium praecox". Über den Wert des oben kurz skizzierten Sektions-
befundes für die gerichtliche Praxis können wir auf das über die
„Gehirnerweichung" Gesagte verweisen. Die Thatsache eines Senium
praecox mit seiner besonderen Ursache kann für die Diagnose wertvolle Anhaltspunkte liefern.

Im Symptomenbild des Altersblödsinns ist das Wesentlichste die
intellektuelle Schwäche. Die Fähigkeit der Auffassung neuer Eindrücke
nimmt ab, und die letzteren bleiben in Folge dessen nicht mehr im
Gedächtnis haften. Dieses leidet deshalb vorzugsweise für die Ereignisse
der jüngsten Vergangenheit, während die Erinnerung an frühere
Zeiten, namentlich an Jugend und Kindheit oft noch sehr gut erhalten
ist. So engt sich der Ideenkreis immer mehr ein, die Kranken erzählen
gern in kurzen Zwischenräumen die gleiche Geschichte. Neben ein-

fachen Ausfallerscheinungen des Gedächtnisses kommen auch Erinnerungsfälschungen vor, namentlich in der Form, dass Geträumtes, Gelesenes, Gehörtes als eigenes Erlebnis reproduciert wird. Schliesslich hört jede Orientierung auf; der Patient weiss nicht mehr, ob Morgen oder Abend ist, verkennt seine nächste Umgebung, weiss die Jahreszeit und Jahreszahl nicht mehr, u. s. w. — Dazu stumpft sich das ethische Empfinden ab, was in Verbindung mit der senilen Urteilsschwäche zu unmoralischem Lebenswandel führen kann. In ähnlicher Weise ist wohl auch der bekannte Eigensinn und die Reizbarkeit der Greise zu erklären.

In der beschriebenen, einfachen Form ist die Krankheit namentlich in geringerer Intensität recht häufig, giebt aber verhältnismässig selten zu wichtigen Massnahmen, im Besonderen solchen rechtlicher Natur Veranlassung. Für uns von sehr viel grösserem Interesse sind nun aber seltenere Formen, bei welchen besondere Merkmale vor der intellektuellen Schwäche mehr hervortreten. Zunächst kommen depressive Formen vor, die eventuell als ausgesprochene Melancholieen verlaufen können und so in mannigfaltigen Übergängen die nahe Verwandtschaft des Altersblödsinns mit den Melancholieen des Rückbildungsalters beweisen. Im Zweifel tritt dann ein schwachsinniger Verfolgungswahn gegen den Versündigungswahn mehr hervor. In übertriebenem Misstrauen glauben die Kranken überall hintergangen, betrogen, bestohlen zu werden; vielfach ist Veranlassung solcher Wahnideen die Vergesslichkeit der Kranken, welche ihre Sachen verlegen und verkramen, bis sie sie selbst nicht wiederfinden. Die fälschliche Beschuldigung seines Dienstmädchens wegen Diebstahls gab bei einem meiner Kranken die Veranlassung zur Überführung in die Anstalt; bei demselben war der Schwachsinn zu der Zeit noch gar nicht sehr auffällig. Meist fehlt die für die einfachen Melancholieen charakteristische Hemmung.

Im Gegensatz dazu beobachtet man ziemlich häufig in anderen Fällen eine abnorme Vielgeschäftigkeit, die sich bald bei abnormer Schläfrigkeit am Tage, durch nächtliches Umherwandeln und Umherkramen, unvorsichtiges Umgehen mit Licht und dergl. m. geltend macht, bald ein mehr submaniakalisches Gepräge annimmt. Wie der Maniakus kann der Kranke durch unüberlegte Geschäfte, durch Erregung öffentlichen Ärgernisses u. dergl. mit den Gerichten in Conflict kommen; mitunter entwickelt sich eine ausgesprochene Queruliersucht. Für den Altersblödsinn besonders charakteristisch ist aber die Perversität des Geschlechtstriebs, die hier auf die verschiedenste Weise zum Ausdruck kommen kann. Vor Allem sind geschlechtliche Vergehen an kleinen Kindern zu nennen. Sodann muss wohl, bei der thatsächlich in diesem Alter immer abnehmenden Potenz, als Perversität auch die abnorme Steigerung des Geschlechtstriebes bezeichnet werden. Dieselbe führt in Verbindung mit der Urteilsschwäche die Kranken häufig in Conflikt mit den Gerichten. Sie werden von übelbeleumundeten Frauenzimmern leicht ausgebeutet, indem bald die Betreffende den Greis zu einer Heirat veranlasst, bald zur Ausstellung eines Testamentes zu ihren Gunsten. Je nach socialer Stellung und Familienverhältnissen können dadurch natürlich verschiedene Conflikte entstehen!

Mitunter beobachtet man ausgeprägte „senile Melancholieen und Manieen"; die bezüglichen erwähnten Krankheitsmomente können aber in beliebigen geringeren Intensitäten neben dem typischen Schwachsinn zum Ausdruck kommen. Schwierigkeiten bereiten die Fälle insofern als eben mitunter im Beginn der Erkrankung der Schwachsinn gar nicht, oder wenigstens für den Laien nicht erkennbar ist. Eine sorgfältige Expertise wird ihn aber dann meistens nachweisen können, der weitere Verlauf der Krankheit immer die anfänglich vielleicht angezweifelte Diagnose bestätigen. Denn die Krankheit muss als progressiv und unheilbar bezeichnet werden; Remissionen können zwar vorkommen; meist gehen aber gerade die Fälle mit ausgesprochener maniakalischer und melancholischer Erregung rasch in hochgradigen Blödsinn über, falls nicht eine zufällige interkurrente Krankheit das Leben vorher beendigt. Andererseits müssen wir betonen, dass auch in hohem Alter noch heilbare Melancholieen und Manieen vorkommen. Das Alter allein sichert also die Diagnose nicht, ebensowenig deutliche körperliche Alterssymptome, die wie die Degenerationszeichen bei den constitutionellen Formen nur einen relativen Wert für die Diagnose beanspruchen können.

Für die Begutachtung vor Gericht liegen die Verhältnisse ähnlich wie bei der Paralyse. Ausgeprägte Fälle von Altersblödsinn mit zweifellos vollständiger Unzurechnungsfähigkeit und Handlungsunfähigkeit werden keine Schwierigkeiten machen. Im Beginn der Erkrankung liegt die Schwierigkeit wieder in der Sicherheit der Diagnose. Doch wird hier vielfach die bezügliche Handlung an sich durch ihre Widernatürlichkeit auffallen, so z. B. Geschäfte, die für den alten Mann keinen Sinn mehr haben und vor Allem die geschlechtlichen Vergehen. Da macht dann eher der Nachweis der Krankheit dem Laien gegenüber Mühe als die Diagnose selbst. Für die Bevormundung liegen die Verhältnisse insofern im Zweifel einfacher wie bei der Gehirnerweichung, als Leute des fraglichen Alters sich ohnehin mehr von den Geschäften zurückziehen und, falls wirklich Besserungen eintreten, sich eher zur

Unthätigkeit bereden lassen. Zudem beobachtet man beim Altersblödsinn viel seltener jene unberechenbaren Streiche und Fehler des
Urteils wie bei den Paralytikern. Die allgemeine Urteilsschwäche
fällt eher auf! Rechtzeitige Bevormundung kann aber auch hier
dringend angezeigt sein und ist das beste Mittel, mancherlei Unannehmlichkeiten zu verhüten. Die grössten Schwierigkeiten wird die
nach dem Tode angezweifelte Testierfähigkeit machen. Dabei kommt
natürlich Alles darauf an, ob es nachträglich gelingt durch sorgfältige
anamnestische Erhebungen den Nachweis der intellektuellen Schwäche
im Allgemeinen zu liefern.

## § 3.

### Andere organische Formen.

Auch bei anderen diffusen Hirnerkrankungen (z. B. der Hirnsyphilis) wie auch
bei den sogenannten Herderkrankungen (lokalisierten hochgradigen Veränderungen
der Hirnsubstanz) kommt Geistesstörung, insbesondere intellektuelle Schwäche, vor,
welche Zurechnungsfähigkeit und Handlungsfähigkeit aufhebt oder einschränkt.
Beide können bei den durch Herderkrankung bedingten Sprachstörungen erhalten
bleiben. Abgesehen von den akuten Störungen können nach Hirnerschütterungen
und anderen Hirnverletzungen schwere chronische geistige Störungen eintreten.

Ausser Altersblödsinn und Gehirnerweichung giebt es noch andere
diffuse Erkrankungen des Gehirns wie z. B. die Hirnsyphilis. Sie sind
sehr viel seltener als jene und bieten kein so charakteristisches
Symptomenbild, so dass wir hier nicht näher darauf eingehen können.
Auch müssen wir uns mit einem kurzen Hinweis begnügen auf eine
klinisch sehr wichtige Gruppe nicht seltener Formen: die schon oben
kurz erwähnten Herderkrankungen. Vor Allem durch Geschwülste,
Abscesse, Blutungen (bei Schlaganfällen) und andere Störungen der
Blutcirculation können schwere anatomische Veränderungen in umgrenzten Hirnpartieen entstehen, die zwar hauptsächlich umgrenzte
durch den Ort im Gehirn speciell charakterisierte Funktionsstörungen
hervorrufen, aber in den meisten Fällen die gesammte Seelenthätigkeit
in Mitleidenschaft ziehen, wenn auch in den einzelnen Fällen in sehr
verschiedener Intensität. Vor Allem von Wichtigkeit ist auch hier
wieder die intellektuelle Schwäche; dazu können sich mancherlei Reizerscheinungen gesellen. Das Leiden ist häufig, aber durchaus nicht
immer, progressiv. Insofern kann hier sehr wohl eine verminderte

Zurechnungsfähigkeit in Frage kommen; ebenso wird es in vielen Fällen nur von dem Grad der geistigen Störung abhängen, ob man den Kranken für handlungsfähig oder für handlungsunfähig zu erklären hat; es kommen alle Übergänge von völligem Blödsinn bis zu minimaler Abschwächung der feinsten intellektuellen Leistungen vor. Allgemeine Gesichtspunkte lassen sich hier, selbst wenn wir auf die Einzelheiten der verschiedenen Krankheitsbilder eingehen wollten, nicht aufstellen; vielmehr wird man jedes Mal nach der Eigenart des besonderen Falles zu entscheiden haben. Von den eigentlichen Herdsymptomen, die für die klinische Diagnose natürlich von der grössten Wichtigkeit sind, interessieren uns besonders nur die verschiedenen Sprach- und Schriftstörungen. Es kann nämlich vorkommen, dass solche Kranken die Fähigkeit verlieren, ihren Gedanken durch die Sprache Ausdruck zu geben, indem sie entweder überhaupt nicht mehr sprechen können (sogenannte „Aphasie") oder sinnlose Worte oder Silben sprechen und die richtigen nicht finden können („Paraphasie"). Ebenso können sie die Fähigkeit verlieren, für ihre Gedanken die richtigen Schriftzeichen zu schreiben („Agraphie"). In anderen Fällen geht wiederum die Fähigkeit verloren den Sinn der gesprochenen Worte, deren Klang wohl vernommen wird, zu verstehen („Worttaubheit"), oder die Schriftzeichen ihrem Sinne nach zu deuten, obwohl keine eigentliche Blindheit besteht („Alexie"). In allen diesen Fällen k a n n das Urteil klar erhalten sein, während der Kranke mitunter auf den ersten Blick ganz blödsinnig erscheint (namentlich bei der Aphasie). Je mehr sich von den aufgeführten Einzelerscheinungen miteinander kombinieren, desto schwieriger ist es, sich über die geistigen Fähigkeiten des Kranken ein Urteil zu bilden. Bei sorgfältiger Prüfung ist es aber unter Umständen sehr wohl möglich, z. B. wenn ein Aphasischer die zu ihm gesprochenen Worte versteht, und sich selbst durch die Schrift verständlich machen kann, die geistige Integrität des Kranken nachzuweisen. In solchem Falle ist er natürlich sehr wohl im Stande z. B. ein Testament aufzusetzen. Bei solchen Untersuchungen darf man aber nicht vergessen, dass, wie bei allen anderen Herderkrankungen, neben der Aphasie eine allgemeine Schwäche des Verstandes bestehen kann, und häufig genug besteht, die für sich allein die Testierfähigkeit einschränkt oder ganz aufhebt.

Abgesehen von der Testierfähigkeit, der Handlungsfähigkeit überhaupt, die bei allen organischen Hirnerkrankungen in Frage kommen können, verdienen unser besonderes Interesse noch die Hirnverletzungen; schwerere werden ja der Begutachtung weniger Schwierigkeit bieten, sei es dass es sich zugleich um Schädelverletzungen handelt, sei es dass starke innere Hirnblutungen schwere Lähmungen u. s. w. hervorrufen. Hier besteht über die schwere Hirnverletzung wenigstens kein Zweifel und erscheint dann die allgemeine geistige Störung (abgesehen von den Herdsymptomen) als sichere Folge der Verletzung. Ob aber selbst grössere „Herde" im Gehirn deutliche Herderscheinungen während des Lebens machen, hängt vor Allem von der besonderen Lage des Herdes ab; ausgesprochene Herdsymptome können auch ausbleiben. Ihr Fehlen spricht also nicht unbedingt gegen eine schwerere (bei der Sektion dann natürlich nachweisbare) Hirnverletzung, welche somit auch in solchen Fällen Ursache schwererer Allgemeinerscheinungen sein kann.

Endlich kommen nun aber schwere geistige Störungen nach Gehirnerschütterungen vor, ohne dass deutliche Veränderungen des Gehirns bei der Sektion nachweisbar sind, obwohl Alles darauf hindeutet, dass schwerere organische offenbar mikroskopische Veränderungen vorliegen, wenn sich dieselben auch mit unseren heutigen Untersuchungsmethoden nicht nachweisen lassen. Bei der Gehirnerschütterung selbst tritt im Momente der schweren Verletzung eine einfache Ohnmacht oder auch länger (selbst Tage und Wochen) dauernde Bewusstlosigkeit ein (oft mit Erbrechen und anderen Reizerscheinungen). Daran kann sich eine mehr weniger tiefe Trübung des Bewusstseins mit Verwirrtheit wiederum von mehrwöchentlicher Dauer anschliessen, bis dann, zunächst wenigstens, Genesung erfolgt. Diese unmittelbaren Folgen der Gehirnerschütterung bieten natürlich in Bezug auf die ursächliche Deutung keine grossen Schwierigkeiten. In Folge dieser Störungen, die ja zunächst offenbar reparabel sind, können sich aber in einzelnen Fällen schleichende chronische Störungen einstellen, die in eine schwere unheilbare Geistesstörung auslaufen. Das Charakteristicum einer solchen ist wiederum das der organischen Hirnerkrankung überhaupt: zunehmende intellektuelle Schwäche, verschiedenartige nervöse Reizerscheinungen, vor Allem auch epileptoide Störungen, worauf wir in dem Kapitel über Epilepsie zurückkommen werden. Häufig, aber nicht unbedingt, beobachtet man dann Symptome, die auf organische Hirnerkrankung hindeuten (Störungen in der Innervation der Pupillen, Steigerung der Reflexe u. A.). Fehlen sie, kann die Differentialdiagnose mit traumatischer Neurose Schwierigkeiten machen, die unter Umständen unlösbar sind, so dass man die Frage offen lassen muss. Für gerichtliche Fragen ist es aber noch besonders wichtig zu betonen, dass derartige schwere chronische Störungen auch in Fällen eintreten, in welchen die momentanen Folgen der Gehirnerschütterung nur sehr geringfügig waren (z. B. nur eine leichte Ohnmacht mit oder ohne

Erbrechen). Ja es scheint, dass solche Störungen sogar noch Jahre nach der Verletzung einsetzen können; die Ansichten über einen derartigen Zusammenhang zwischen Hirnerschütterung und späterem Hirnleiden sind zwar geteilt; es giebt aber Fälle, in denen es mir entschieden gewagt erscheint, ihn mit Bestimmtheit zu leugnen.

---

## Kapitel 3.

# Die Vergiftungen.

## § 1.

### Der Alkoholismus.

Der Alkohol schädigt das Centralnervensystem direkt, und indirekt durch die Blutgefässerkrankungen bei chronischer Vergiftung. Die Widerstandsunfähigkeit gegen ihn ist individuell sehr verschieden; sie kann ererbt und erworben sein. Die Erscheinungen der akuten Vergiftung, des Rausches, treten andeutungsweise schon nach kleinen Dosen auf. Sie bedingen je nach ihrer Intensität verminderte Zurechnungsfähigkeit oder völlige Unzurechnungsfähigkeit. Bei psychopathischen Individuen können schon nach kleinen Dosen schwere Aufregungszustände mit hochgradiger Bewusstseinstrübung auftreten („pathologischer Rausch"). — Bei chronischer Vergiftung leiden in Folge fortgesetzter Unmässigkeit Intelligenz und Charakter progressiv; die Störungen, anfänglich noch heilbar, gehen schliesslich in unheilbaren Blödsinn über. Die Sucht nach dem Alkohol kann periodisch auftreten; ausserdem kann sich chronischer Alkoholismus mit periodischem Irresein und anderen constitutionellen Geistesstörungen combinieren. — Nach chronischer Vergiftung tritt häufig eine charakteristische vorübergehende Störung ein: das Delirium tremens: Bei lebhaften, meist flüchtigen Sinnestäuschungen, namentlich des Gesichts, treten mannigfaltige Wahnideen mit höhergradiger Bewusstseinstrübung und wechselnden Affekten auf. Dabei besteht charakteristisches Zittern mit anderen körperlichen Symptomen. Nach Stunden bis Wochen tritt Heilung ein, oder durch Complicationen der Tod oder dauernde Defektzustände. — Weit seltener als Delirium tremens beobachtet man nach dauerndem Alkoholmissbrauch sogenannte „alkoholische Paralyse" und „alkoholischen Wahnsinn", nicht so selten Epilepsie.

Alkoholismus ist direkt oder indirekt eine ausserordentlich häufige Ursache von Verbrechen, namentlich Todtschlag, Mord, Körperverletzung, Sittlichkeitsverbrechen, Hausfriedensbruch, Widersetzlichkeit. Bei der Frage der Zurechnungsfähigkeit im Rausch kann man die Fälle, in denen sich der Verbrecher zum Zwecke eines schon vorher geplanten Verbrechens betrinkt, trennen von denen zufälliger Trunkenheit. In allen Fällen sollte man den verbrecherischen Trinker durch Totalenthaltsamkeit

zu heilen versuchen — wenn nicht anders, so durch Umwandlung der Freiheitsstrafe
in einen Aufenthalt in einer Trinkerheilanstalt. — Um die Verbrechen zu verhüten
wäre es ferner nötig, Gewohnheitstrinker rechtzeitig zu heilen. Dazu fehlt es in den
meisten Gesetzgebungen an geeigneten Bestimmungen. — Als Radikalmittel gegen
die grosse Verbreitung des Alkoholismus wird in neuester Zeit mit Recht die
totale Abschaffung des Alkohols als Genussmittel überhaupt angestrebt.

Unter den Vergiftungen ist im Allgemeinen wie besonders für die
gerichtliche Praxis bei Weitem die wichtigste der Alkoholismus. Der
Alkohol, welcher durch den Genuss alkoholischer Getränke in das
Blut gelangt, übt auf das Centralnervensystem wie auf alle anderen
Organe eine schädliche Wirkung aus, welche nach einmaligem Genuss
zunächst vorübergehende Funktionsstörungen erzeugt. Bei wieder-
holtem Genuss gleichen sich diese Störungen allmählich immer lang-
samer aus und führen schliesslich zu chronichen Krankheitserscheinungen, deren verhängnisvollste die steigende Sucht nach erneutem
Genuss ist, welcher immer schwerere Vergiftungserscheinungen
hervorruft. Auch die chronischen Störungen sind zwar bis zu
einem gewissen Zeitpunkt noch bei dauernder Enthaltsamkeit
heilbar. Schliesslich aber treten irreparable Veränderungen in den
Geweben ein; für das Centralnervensystem kommt dazu dann noch
die indirekte Schädigung, welche durch mangelhafte Ernährung des
Nervengewebes bedingt wird, wenn die Blutgefässe durch den chronischen Alkoholgenuss pathologisch verändert sind. Wir deuteten
darauf schon bei Besprechung des Altersblödsinns hin. Das Endresultat der chronischen Alkoholvergiftung ist somit unheilbarer Blödsinn. Die Widerstandsfähigkeit gegen die giftige Einwirkung des
Alkohols ist nun aber nicht nur bei den einzelnen Individuen ausserordentlich verschieden, sondern auch bei den einzelnen Organen des
Individuums und wiederum in den einzelnen Teilen des Centralnervensystems. So erklärt es sich, dass der Eine nach kleinen, der Andere
erst nach grossen Mengen Alkohols einen schweren Rausch bekommt,
dass der Eine rasch, der Andere langsam dem chronischen Alkoholismus
verfällt, dass der eine Alkoholiker an Herzverfettung, der Andere an
Lebererkrankung zu Grunde geht, der dritte aber an schwerer geistiger
Störung erkrankt, während die vegetativen Organe noch verhältnismässig intakt sind — so erklärt es sich endlich, dass auch die
psychischen Symptome der akuten wie der chronischen Vergiftung bei
den einzelnen Individuen sich ausserordentlich verschieden gestalten.
Die geringe Widerstandsfähigkeit des Centralnervensystems gegen
den Alkohol ist zum grössten Teil ererbt, wird aber auch häufig

erworben, namentlich durch Alkoholmissbrauch. Zur erworbenen
Widerstandsunfähigkeit ist auch in gewissem Sinne die Schädigung
zu rechnen, welche das Keimplasma ursprünglich gesunder Eltern
durch deren übermässigen Alkoholgenuss erfährt (vergl. hierzu S. 51).
Beide Ursachen können sich natürlich combinieren. Die geringe
Widerstandsfähigkeit gegen Alkohol ist Teilerscheinung der allgemeinen
Disposition zu Erkrankungen des Centralnervensystems. Deshalb findet
sich Alkoholismus neben anderen derartigen Krankheiten in der gleichen
Familie; besonders aber zeugen trunksüchtige Eltern wieder trunksüchtige Kinder. Je mehr sich schädigende Ursachen combinieren,
desto schwerer wird die Erkrankung: Wenn der erblich belastete
Vater Trinker wird, zeugt er oft nicht nur trunksüchtige, sondern
bereits epileptische oder blödsinnige Kinder. Je stärker die Disposition
ist, desto geringere Quantitäten Alkohols genügen um schwere Vergiftungserscheinungen hervorzurufen. Umgekehrt können solche auch
bei geringer Disposition entstehen, sobald der Missbrauch erheblich ist.

Alle alkoholhaltigen Getränke, nicht nur die starken (Schnaps und
Wein) können chronischen Alkoholismus bedingen. Selbst schwere
alkoholische Delirien sind schon nach ausschliesslichem (aber excessivem)
Obstweingenuss beobachtet worden. Auch im Schnaps ist die wesent-
lich schädliche Substanz der gewöhnliche Äthylalkohol. Die als
Verunreinigung darin vorkommenden Fusel, wenn auch an sich
giftiger, finden sich stets nur in verhältnismässig unschädlichen
Mengen. Der feinste Cognac ist daher ebenso schädlich als schlechter
Kornbranntwein.

Bei Schilderung der Symptome sind die akuten von den chronischen
wohl zu unterscheiden. So sehr man sich auch bei dem heute allgemein üblichen unmässigen Genuss alkoholischer Getränke gewöhnt
hat, den Rausch als etwas Natürliches und Normales zu betrachten, so
ist derselbe doch nichts anderes als eine akute Geistesstörung. Schon
nach verhältnismässig geringen einmaligen Gaben absoluten Alkohols
(30—45 g d. i. etwa 1—2 Gläser Schnaps) lässt sich eine Erschwerung
sämmtlicher geistiger Vorgänge experimentell unzweideutig nachweisen.
Der dadurch erzeugte bis zu 1 Stunde andauernde Zustand ist dem
der physiologischen Ermüdung sehr ähnlich. Bei geringeren Gaben
geht dieser Lähmung eine kurze Erregung voran. Eine genauere
Analyse des Experimentes ergiebt aber, dass die rein intellektuellen
Vorgänge, die Auffassung und intellektuelle Verarbeitung der Eindrücke
auch nach den kleinsten Dosen von Anfang an verlangsamt wird; nur
die motorischen Vorgänge, die Innervation der Sprachmuskeln und die
Bewegungen überhaupt werden nach kleineren Gaben anfänglich be-

schleunigt. Die Redegewandtheit ist also rein äusserlich und kommt
auf Kosten des Gedankeninhaltes des Gesprochenen zu Stande. Durch
die Erleichterung der Bewegungsvorgänge erklärt sich auch die heitere
Stimmung nach Alkoholgenuss, ähnlich wie wir es bei dem maniakalischen Kranken sahen. Diese leichten Elementarstörungen beim
Experiment finden wir in voller Ausbildung als die allbekannten Erscheinungen des Rausches wieder: Unfähigkeit die Vorgänge der Umgebung zu verfolgen, sich zurecht zu finden oder völlige Empfindungslosigkeit, ferner Unmöglichkeit verwickelte Auseinandersetzungen zu
geben oder zu verstehen, die Aufmerksamkeit zu concentrieren, Urteilslosigkeit gegenüber eigenen und fremden Geistesprodukten, Mangel
an klarer Überlegung und an Einsicht in die Tragweite der eigenen
Worte und Handlungen bei fader Geschwätzigkeit, Neigung zu trivialen
Redensarten und Wortwitzen — endlich gesteigerter Bewegungsdrang
mit impulsiven und gewaltthätigen Handlungen, welche bei erhöhtem
Kraftgefühl und Selbstbewusstsein auf geringfügige Reize hin zu
Stande kommen. Es fehlt also sowohl die zur Erkenntnis der Strafbarkeit der That erforderliche Urteilskraft als die Fähigkeit der
Selbstbestimmung. Bei der sehr verschiedenen Intensität des Rausches
kann sehr häufig verminderte Zurechnungsfähigkeit in Frage kommen.
Die verschiedenen Varietäten des Rausches mit ihren mannigfaltigen
Eigenheiten sind zu bekannt, als dass wir darauf näher einzugehen
brauchten. Für die Statuierung der Unzurechnungsfähigkeit in Folge
von Trunkenheit sind aber 2 Momente zu beachten: die Intensität
der Bewegungsstörungen geht gar nicht immer parallel derjenigen der
intellektuellen. Ein Trunkener kann noch ohne Zungenschlag und vor
allem wenig sprechen, aufrecht und sicher gehen und dabei in seiner
Urteilsfähigkeit schon ganz erheblich beeinträchtigt sein, und umgekehrt. Ebenso ist das Verhalten der Erinnerung sehr verschieden;
das Gedächtnis, welches nach Ablauf der Vergiftung für die Zeit
derselben meist getrübt oder aufgehoben ist, kann in Ausnahmefällen
auch nach schwerer Trunkenheit sehr gut erhalten sein, in anderen
Fällen nach scheinbar leichter Trunkenheit völlig fehlen. Das letztere
Verhalten beweist aber dann immer eine höhergradige Beeinträchtigung
des Urteils. Man darf sich also um den Grad der Zurechnungsfähigkeit zu taxieren nicht ohne Weiteres auf die Zeugenaussagen von
Laien verlassen, und braucht es nicht unbedingt für eine Lüge zu
halten, wenn ein scheinbar nüchterner Verbrecher sich mit Trunkenheit entschuldigt und von der That nichts wissen will. Eine sorgfältige Untersuchung der Sachlage ist hier stets geboten.

Diese allerdings seltene hochgradige Bewusstseinstrübung bei

scheinbarer Besonnenheit im Rausch erinnert, wie so manche andere
Erscheinung bei Alkoholismus, sehr an Epilepsie, wie wir sehen werden.
Zu dieser Varietät des Rausches sind übrigens wohl auch die, namentlich bei chronischem Alkoholismus, im Rausch beobachteten geschlechtlichen Perversitäten zu rechnen (Päderastie, Exhibition u. andere). —
Eine andere, aber mit der geschilderten verwandte, Varietät der
Trunkenheit ist der zum Unterschied vom gewöhnlichen (thatsächlich
aber nicht „physiologischen") sogenannte „pathologische Rausch"
(„mania ebriosa"). Denselben beobachtet man namentlich bei sonst
sehr mässigen, nüchternen, aber offenbar stark psychopathisch veranlagten Leuten nach verhältnismässig geringem Alkoholgenuss;
es tritt eine hochgradige Erregung mit intensiver Neigung zu Gewaltthätigkeiten oder anderen unsinnigen Handlungen bei erheblicher
Trübung des Bewusstseins ein; der Zustand dauert einige Stunden
(nur selten Tage); nachher besteht keine oder nur unvollkommene
Erinnerung. Das Charakteristische des Krankheitsbildes wäre also
das Missverhältnis zwischen der geringfügigen Ursache und schwer
wiegenden Wirkung, deren innerer Zusammenhang gleichwohl nicht
geleugnet werden kann. Es muss also hochgradige Widerstandsunfähigkeit gegen Alkohol bei geringer Sucht danach vorliegen, eine
Eigenschaft des Gehirns, die vielleicht wieder der epileptischen Constitution verwandt ist, denn diese eigenartige Widerstandsunfähigkeit
ist nicht eine momentane, sondern dauernde Eigenschaft des Individuums,
welches im Leben leicht wiederholt, wenn auch nicht häufig, in pathologischen Rausch verfällt. In solchem Zustande begangene Handlungen
können natürlich in keiner Weise zugerechnet werden. Höchstens
lässt sich bei wiederholten Anfällen die Frage aufwerfen, ob sich der
Betreffende, nachdem er seine Eigenart einmal kennen gelernt hatte,
nicht hätte vor erneutem Genuss alkoholischer Getränke hüten können;
dann kommt es aber darauf an, ob er von Sachverständigen auf seine
eigentümliche Constitution aufmerksam gemacht worden war. In
solchem Falle liesse sich — wegen der mangelnden Sucht — von diesen
Leuten viel eher als von anderen Alkoholikern Enthaltsamkeit verlangen.
Andererseits deutet die eigentümliche Reaktion auf tiefere constitutionelle
Störung hin, die auch in nüchternem Zustande die Zurechnungsfähigkeit beeinträchtigt erscheinen lassen kann, und im Momente der That
ist die Zurechnungsfähigkeit jedenfalls völlig aufgehoben.

Wenn wir jetzt zum chronischen Alkoholismus übergehen,
so sind hier wohl zu unterscheiden die dauernden von den akuten
geistigen Störungen, welche zwar nur nach jahrelanger chronischer
Vergiftung entstehen, aber für sich von kurzer Dauer und heilbar

sind, trotzdem aber nicht mit der akuten Alkoholvergiftung verwechselt
werden dürfen. Nach jahrelangem gewohnheitsmässigem Alkoholmissbrauch entwickeln sich, je nach der individuellen Disposition, chronische
psychische Störungen, die denen der akuten Vergiftung mehr oder
weniger entsprechen. Die Fähigkeit, neue Eindrücke in sich aufzunehmen,
nimmt ab, der Gesichtskreis verengert sich, das Urteil wird immer
minderwertiger und das Gedächtnis leidet; so wird namentlich die
eigene Lage verkannt, die übeln Folgen der, auch abgesehen von der
häufigen Arbeistverhinderung durch die Excesse, immer mangelhafter
werdenden Leistungsfähigkeit werden den schlechten Zeiten oder direkt
anderen Leuten, nur nicht der eigenen Trunksucht zugeschrieben.
Namentlich leidet der Charakter. Je ungehöriger die Aufführung wird,
desto weniger wird sie als solche erkannt, alle Rücksichten auf Moral
und Sitte gehen verloren. Der immer zunehmende Mangel an Selbstbeherrschung äussert sich besonders in der steigenden Unfähigkeit, erneute Excesse zu vermeiden. Aber auch sonst wird der Trinker
immer mehr der Spielball momentaner Launen und Triebe. Das
Handeln wird direktionslos, impulsiv und egoistisch. Wenn sich diese
Störungen auch anfänglich noch annähernd innerhalb der physiologischen
Breite bewegen — wo dann für die Diagnose der Vergleich mit dem
früheren Verhalten heranzuziehen ist — so nimmt das Krankheitsbild
allmählich immer mehr eine, auch dem Laien erkennbare, pathologische
Physiognomie an. Aus der Beschuldigung Anderer wegen der eigenen
Misere entwickelt sich ein ausgesprochener Verfolgungswahn, immerhin
mehr oder weniger an thatsächliche Verhältnisse anknüpfend. Besonders charakteristisch ist der Eifersuchtswahn, der bei erkaltender
libido sexualis in den zerrütteten Familienverhältnissen leicht reichliche
Nahrung findet. Dieser letztere Umstand muss übrigens stets zur
Vorsicht mahnen. Man erkundige sich sorgfältig nach den thatsächlichen Verhältnissen, ehe man diesbezügliche Angaben eines Säufers
als Wahn anspricht. — Die hochgradige Reizbarkeit kann schliesslich
zur sinnlosen Brutalität führen, die sich in ganz planlosen Gewaltakten Luft macht. In diesem Stadium namentlich kann übrigens,
vielfach mit lebhaften Sinnestäuschungen, eine regelrechte Paranoia
zur Entwicklung kommen. Das Endresultat ist unheilbarer Schwach-
oder Blödsinn, der sich meist allmählich einstellt, aber auch nach
schweren Delirien oder anderen akuten Aufregungszuständen („alkoholische Paralyse") zurückbleiben kann. Ehe es so weit gekommen ist,
ist Heilung möglich. Das geht daraus hervor, dass bei erzwungener
Totalenthaltsamkeit in den Anstalten die beschriebenen krankhaften
Symptome oft verblüffend rasch von einem Tage zum anderen ver-

schwinden. In anderen Fällen lässt die Besserung länger auf sich warten, kann aber selbst nach mehreren Monaten und später noch eintreten. Man sei also — namentlich im Entmündigungsverfahren — mit Erklärung der Unheilbarkeit vorsichtig. Ob die Heilung von Dauer ist, hängt lediglich davon ab, ob der Patient im Stande ist, die Totalenthaltsamkeit dauernd auch in der Freiheit durchzuführen. Massgebend hierfür ist einmal die äussere Lage, in welche es den Trinker zu versetzen gelingt, vor Allem aber, abgesehen von der Intensität der chronischen Vergiftung, die ursprüngliche Constitution des Patienten, hinsichtlich Energie und Charakter überhaupt, und in Bezug auf seinen krankhaften Hang im Besonderen.

Aus dem gleichen Gesichtspunkt wie beim Rausch ist der Gewohnheitstrinker bald für vermindert zurechnungsfähig, bald für völlig unzurechnungsfähig zu erklären. Für die Diagnose massgebend sind zunächst die anamnestisch zu ermittelnden Thatsachen und das charakteristische Symptomenbild, welches bei Totalenthaltsamkeit schwindet oder sich bessert. Schwere und leichte Räusche, welche die Krankheitserscheinungen steigern, werden bei chronischem Alkoholismus natürlich sehr häufig, aber keineswegs immer beobachtet, sind also zur Diagnose nicht, wie die Laien vielfach meinen, unerlässlich. Man beobachtet alkoholische Delirien, das sicherste Zeichen der chronischen Vergiftung, nicht so selten bei Leuten, die nie oder nur sehr selten einen ausgesprochenen Rausch hatten! Wichtig für die Diagnose sind aber noch die nicht psychischen Folgen der chronischen Vergiftung des Organismus, die aber — es sei noch einmal betont — in ihrer Intensität den psychischen nicht parallel zu laufen brauchen; wir führen sie kurz an: zunächst nervöse Störungen: unbestimmte Hallucinationen: Brummen, Sausen, Glockenläuten, Erscheinungen von Funken, Blitzen, unbestimmten Schatten, höchstens Nachts deutlichere Sinnestäuschungen, Hören einzelner Worte, Sehen von Fratzen u. dergl. m. Bei einfachem Alkoholismus werden diese Erscheinungen noch in ihrer wahren Natur vom Patienten erkannt; insofern zählen wir sie nicht unter die rein psychischen Anomalieen. Unter den motorischen Störungen fehlt nie ein gleichmässiges Zittern (alkoholischer Tremor), am deutlichsten an der Zunge und den gespreizten Fingern erkennbar. Es nimmt im Beginne der Abstinenz häufig noch einige Tage zu, um dann meist rasch ganz zu verschwinden. Mitunter beobachtet man ausgeprägte epileptische Krampfanfälle. Zu untersuchen sind ferner die anderen Organe: Herz, Leber, Nieren, deren Veränderungen, wenn vorhanden, insofern von Wert, als sie gar nicht oder nur langsam verschwinden. Die gestörte Blutcirculation und Ernährung ist an dem gedunsenen

blauroten Gesicht, den schwimmenden Augen, der allgemeinen Fett-
sucht meist deutlich erkennbar. Doch wird ebenso auch auffallende
Magerkeit und Blässe beobachtet. In allen schwereren Fällen besteht
chronischer Magenkatarrh mit Appetitmangel, belegter Zunge, Erbrechen, namentlich bei nüchternem Magen. Diese Erscheinungen
schwinden wiederum rasch bei Totalabstinenz.

Die Excesse mit ihren Folgen treten nun beim Gewohnheitstrinker
zu Zeiten stärker auf, zu anderen schwächer. Die Schwankungen
hängen vielfach von äusseren Verhältnissen ab, oft aber scheinen sie
die Folge von einer stärker werdenden Sucht des Patienten. In
seltenen Fällen tritt dies Verlangen nach Alkohol nicht nur zeitweise
stärker, sondern überhaupt nur periodenweise auf; die Patienten können
in den Zwischenzeiten die solidesten nüchternsten Leute sein; wenn
aber die kritische Zeit kommt, ist die Gier nach dem Alkohol so
intensiv, dass derselbe in jeder Form, selbst als denaturierter Spiritus,
in ganz ungeheuren Quantitäten genossen wird; meist tritt dann
stärkere, schliesslich allerdings in völlige Erschlaffung übergehende
Aufregung ein; derartige Fälle bezeichnet man als „Dipsomanie", oder
„periodische Trunksucht", die Kranken auch wohl als „Quartalsäufer".
Diese in solcher Reinheit nur selten vorkommende Form des Alkoholismus beruht jedenfalls auf einer schweren constitutionellen Störung;
es scheint, dass auch bei erzwungener Abstinenz bei solchen Patienten
Schwankungen des gemütlichen Gleichgewichts eintreten, so dass die
Krankheit jedenfalls nicht als alleinige Folge der Vergiftung angesprochen werden kann, sondern vielleicht richtiger dem periodischen
Irresein zugezählt werden muss; jedenfalls giebt es mannigfache Übergangsformen zu periodischen Manieen, deren einzelne Anfälle nur
durch alkoholische Excesse wesentlich gesteigert werden. Wie mit
dem periodischen Irresein kann sich chronischer Alkoholismus mit
jeder anderen Form der constitutionellen Geistesstörungen combinieren.
Die gerichtliche Beurteilung solcher Combinationen richtet sich nach
der Eigenart des betreffenden Falles.

Wenn es bei den bisher besprochenen verschiedenen Varietäten
des chronischen Alkoholismus, wie ja auch bei den akuten Vergiftungen, vorwiegend von der Intensität der Erscheinungen abhängt,
ob man den einzelnen Fall als ausgesprochene Geistesstörung oder als
Übergangsform zwischen Geistesstörung und Gesundheit anzusprechen
hat, so treten wir mit Besprechung der akuten Störungen des chronischen Alkoholismus wieder in das Gebiet der ausgesprochenen geistigen
Erkrankungen ein. Wegen der Schwere und Unzweideutigkeit der
Erscheinungen bieten diese Krankheiten der gerichtlichen Begutachtung

weniger Schwierigkeiten dar und können deshalb hier kürzer abgehandelt werden.

Die bei Weitem wichtigste Form der Gruppe ist der „Säuferwahnsinn" — das „alkoholische Delirium" oder „Delirium tremens". Es kommt einzig und allein bei Gewohnheitstrinkern vor; welche Gelegenheitsursache schliesslich den Ausbruch der akuten Krankheit verursacht, ist bis jetzt nicht genügend aufgeklärt. Man beobachtet es bei schweren körperlichen Krankheiten, die den Trinker plötzlich an das Bett fesseln, namentlich bei schweren Verletzungen und Lungenentzündungen, nach langsam schwächenden Momenten, wie ungenügende Ernährung inFolge chronischen Magenkatarrhs, nach körperlichen und geistigen Überanstrengungen und namentlich nach gehäuften Excessen. Ob plötzliche Abstinenz überhaupt je ein Delirium verursacht, wie man früher allgemein annahm, ist sehr zweifelhaft. Nicht selten tritt es in Untersuchungshaft auf, niemals nach länger dauernder Enthaltsamkeit. Die Krankheit wird meist eingeleitet durch ein Vorläuferstadium von stunden- bis tagelanger Dauer mit Schlaflosigkeit, allgemeiner Unruhe, Kopfschmerzen, Angst, unbestimmten Hallucinationen, namentlich Nachts, wie man sie schon bei einfachem chronischem Alkoholismus beobachtet. Auf der Höhe der Krankheit bestehen sehr lebhafte Hallucinationen, oft in allen Sinnen, die sich im Allgemeinen durch ihre Flüchtigkeit auszeichnen. Die Kranken sehen vorbeihuschende Schatten, namentlich kleiner Tiere, Ratten, Mäuse, Vögel, Katzen, Teufel, Soldaten, Reiter, oft in grossen Massen auf sie eindringend; sie sehen Feuer, Rauch, Wasser an den Wänden herabfliessend; sie hören Stimmen, die sie verhöhnen, auslachen, verfolgen, oft sehr obscönen Inhalts; sie fühlen Ungeziefer, Spinnen u. s. w. auf ihrem Körper herumkriechen, spüren wie sie mit feinem Sprühregen angeblasen werden, riechen schlechte Dünste, schmecken Gift in den Speisen. Durch entsprechende Wahnideen ist das Bewusstsein wesentlich getrübt; oft wähnen sich die Kranken auch in der Schankwirtschaft und bestellen ihr Bier oder bringen es den Kunden, sie glauben bis an die Knie im Wasser zu stehen, mit Erdarbeiten beschäftigt — während sie thatsächlich im Bett liegen. Derartige „Beschäftigungsdelirien" werden meist durch den Beruf des Betreffenden bestimmt. Die Stimmung ist sehr wechselnd, durch den Inhalt der Delirien beeinflusst, bald heiter, bald hochgradig ängstlich. Die Besonnenheit kehrt zwar häufig für kurze Zeit zurück, und für Augenblicke gelingt es oft leicht, die Aufmerksamkeit des Kranken zu fesseln und ihn zum Bewusstsein seiner Lage zu bringen. Zu anderen Zeiten aber wird er wieder vollständig von seinen Wahnideen beherrscht und kann dann die grössten Gewaltthätigkeiten gegen seine vermeintlichen Verfolger und Widersacher begehen. Die Gefährlichkeit der Patienten wird dadurch noch erhöht, dass sie bei der Erleichterung und gleichzeitigen Unsicherheit der motorischen Innervation jedes Gefühl für die von ihnen aufgewendete Kraft verlieren. Auch abgesehen von vereinzelten Gewaltakten ist der Patient in beständiger Bewegung. — Für die Diagnose von Wert ist von nicht psychischen Symptomen vor Allem das gleichmässige alkoholische Zittern (d. i. „Tremor", daher der Name „Del. trem."), und die häufig bestehende erhöhte Schweisssekretion. Complicationen mit Lungenentzündungen, Verdauungsbeschwerden, Fieber, septischen Infektionen u. s. w. kommen häufig vor.

Die verschiedenen Ausgänge der Krankheit sind für die gerichtliche Praxis beachtenswert: Ein Teil der Kranken stirbt an Complicationen; eine vorsorgende Therapie vermag hier viel zu leisten. Jeder Delirant gehört deshalb unbedingt in ein darauf eingerichtetes Krankenhaus unter sachverständige Aufsicht. Die grössere Mehrzahl der Fälle dagegen geht nach einigen Tagen oder Wochen in Heilung über; der chronische Alkoholismus bleibt aber ohne geeignete Massnahmen bestehen; bei fortgesetztem Alkoholmissbrauch treten leicht neue Delirien auf. Die Prognose wird bei jeder neuen Erkrankung natürlich immer schlechter. Jeder geheilte Delirant bedarf deshalb noch der Behandlung auf chronischen Alkoholismus.

Mitunter zieht sich das Delirium unter Nachlass der stürmischen Erscheinungen längere Zeit hin. Auch dann kann schliesslich noch Heilung eintreten. In seltenen Fällen aber bleibt ein unheilbarer, unter Umständen tiefer Blödsinn zurück.

Weit seltener als Delirien kommen bei Gewohnheitstrinkern Aufregungszustände mit eventuell nachfolgendem Schwachsinn vor, welche den paralytischen ausserordentlich ähnlich sind. Man bezeichnet dies als alkoholische Paralyse; sie unterscheidet sich von der ächten progressiven Paralyse dadurch, dass der Schwachsinn bei Abstinenz stationär bleibt, sich eher bessert, als verschlimmert.

Als specifisch alkoholisch muss ferner eine übrigens seltene Form des akuten Wahnsinns bezeichnet werden: ein etwas systematisierter Verfolgungswahn mit Gehörshallucinationen. Für die „Stimmen" charakteristisch ist, dass sie nicht zu dem Kranken, sondern miteinander über ihn sprechen. Die Besonnenheit ist vollkommen erhalten und der Wahn wird vom Patienten mit der Ruhe eines alten Paranoikers vorgetragen. Eine Verwechslung mit „Verrücktheit" ist also wohl möglich und wegen des Ausgangs leicht verhängnisvoll. Bei Abstinenz pflegt nämlich nach einigen Wochen in einer für den Unkundigen überraschenden Weise Heilung einzutreten. Sorgfältige Nachfrage nach dem Beginn des stets erst seit Kurzem bestehenden Verfolgungswahnes schützt vor der Fehldiagnose. Dauernder Alkoholmissbrauch ist immer nachweisbar, doch braucht durchaus kein schwerer chronischer Alkoholismus zu bestehen; vielmehr gelten die Kranken nach den landläufigen Begriffen oft für solide Leute. Dieser Umstand weist auf die schwere psychopathische Disposition hin, die natürlich auch zu anderen nicht alkoholischen Erkrankungen führen kann.

Noch einmal sei auf die nahe Verwandtschaft der alkoholischen Vergiftung mit Epilepsie hingewiesen. Eine solche entwickelt sich mitunter in typischer Form nach Alkoholmissbrauch („Alkoholepilepsie"). Die Grenze zwischen beiden Krankheitsbildern ist eine fliessende.

Endlich giebt es überhaupt kaum eine Geistesstörung, die nicht durch alkoholische Excesse verschlimmert, deren Ausbruch nicht dadurch begünstigt werden könnte. Vielfach erhalten solche Krankheiten dadurch ein besonderes Gepräge. Bei der gerichtlichen Beurteilung solcher Mischformen sind dann die für jene Formen in Betracht kommenden Momente sowohl wie der Alkoholismus zu berücksichtigen. Bei ausgesprochenen Geistesstörungen, wie besonders beim Delirium tremens, ist die Zurechnungsfähigkeit natürlich vollkommen aufgehoben.

Wir haben den Alkoholismus hier so ausführlich besprochen, weil er in der gerichtlichen Praxis eine ausserordentlich grosse Rolle spielt, und zwar nicht nur im Strafrecht, sondern auch im Civilrecht. Dass ein sehr grosser Teil der in Europa alljährlich verübten Verbrechen direkt oder indirekt dem Alkohol seinen Ursprung verdankt, kann in keiner Weise bestritten werden. Wenn die statistisch ermittelten Zahlen über die Häufigkeit der Verbrechen und die Grösse des Alkoholkonsums in einzelnen Distrikten und Zeitabschnitten nicht immer ganz parallele Curven zeigen, so beweist das nur, dass die Criminalität eines Landes auch von anderen Ursachen als dem Alkohol abhängig ist. Für den letzteren Zusammenhang spricht nichts desto weniger schon allein die oft sehr auffallende Parallele der bezüglichen Zahlen. Dazu kommt eine erdrückende Masse weiterer Zahlen. Der Prozentsatz der Gewohnheitstrinker unter den Verbrechern ist erheblich grösser als in der nichtverbrecherischen Bevölkerung. Die bezüglichen Prozentzahlen bleiben, wenigstens für die Männer, meist nicht erheblich unter 50 %, gehen oft aber auch darüber hinaus, mitunter in bedeutendem Masse. Bei den einzelnen Verbrechen wird Trunkenheit als alleinige oder mitwirkende Ursache angegeben in einer Häufigkeit, die auch um 50 % herum schwankt. Ganz besonders auffällig wird der Zusammenhang, wenn man die verschiedenen Verbrechensarten auseinander hält.

Bei Totschlag, Mord, Körperverletzung, wie auch bei Sittlichkeitsverbrechen, Hausfriedensbruch und Widersetzlichkeit giebt der Alkohol
in der überwiegenden Mehrzahl der Fälle die Veranlassung. Sehr
bezeichnend ist auch die Thatsache, dass diese Verbrechen weit häufiger
am Sonntag, Montag und Samstag begangen werden, als an den übrigen
Wochentagen. Wir verzichten auf die Angabe präciser Zahlen, weil
dieselben zu ihrer Erläuterung zu weitläufige Erklärungen nötig machen
würden. — Es ist zuzugeben, dass die Menge der Verbrechen nicht
um die bezüglichen Zahlen abnehmen würden, wenn man den Alkoholgenuss aus der Welt schaffte. Viele Verbrecher, die heute unter dem
Einflusse des Alkohols stehen, würden ohne solchen gleichwohl mit
dem Strafgesetz in Conflict kommen, namentlich — wenigstens interessiert das uns hier am meisten — weil sie auch abgesehen von der
Alkoholvergiftung an moralischer Idiotie, an psychopathischer Degeneration überhaupt leiden. Mancher Psychopath aber, der heute durch
den Trunk fällt, würde sich ohne ihn halten können.

Auf wie mannigfaltige Weise der Alkoholgenuſs direkt und indirekt
zum Verbrechen führt, geht aus der vorstehenden Schilderung der
Krankheitserscheinungen hervor. Die Beurteilung der Zurechnungsfähigkeit wurde jeweils erörtert. Es bleibt aber für die gerichtliche
Praxis noch Mancherlei nachzutragen.

Schon seit Langem ist man geneigt, der Trunkenheit als Ver-
brechensursache eine besondere Stellung in Bezug auf die Zurechnungsfähigkeit einzuräumen, aber in sehr widersprechendem Sinne. Die
Einen, die Trunksucht als Laster betrachtend, wollen im Rausch des
Verbrechers einen Grund zur Strafverschärfung erkennen, die Anderen
dagegen verlangen Berücksichtigung mildernder Umstände in der
richtigeren Erkenntnis, dass Alkoholismus eine Krankheit sei. Die
zum wenigsten relative Unzurechnungsfähigkeit im Momente der That
wird also stillschweigend allgemein zugegeben, und man will den
Trinker nur verantwortlich machen für sein Handeln zur Zeit, als er
noch verhältnismässig nüchtern war und durch sein „freies" Handeln
zunächst die Trunkenheit verschuldete, und dadurch indirekt das Verbrechen. In solcher Weise argumentiert der Jurist auch in anderen
Fällen: Wenn z. B. eine Mutter im Schlafe das Kind, welches sie zu
sich in das Bett genommen hat, erstickt, so soll sie dafür verantwortlich gemacht werden, wenn sie diesen Ausgang bezweckt hat, oder
hätte voraussehen können, indem sie wusste, dass sie sich im Schlaf
hin und her wälzt; im anderen Falle soll sie straffrei sein (sogenannte
„actiones liberae in causa"). In gleichem Sinne, wie bei diesem Beispiel, hat man nun auch für den Rausch einen Mittelweg vorgeschlagen

und gesagt: Wenn sich Jemand ohne Nebenabsichten betrinkt und dann ein Verbrechen begeht, an welches er vorher gar nicht gedacht hat, so soll er straffrei sein. Wenn er aber sich betrinkt, um sich zu dem schon vorher beabsichtigten Verbrechen Muth zu machen, oder um sich „mildernde Umstände anzutrinken", wie sich die „Fliegenden Blätter" treffend ausdrücken, dann soll er strenger bestraft werden. Wer sich für derartige Spekulationen überhaupt erwärmen kann, wird dieser Argumentation seinen Beifall nicht versagen. Bei der individuell ungemein verschiedenen Sucht nach und Intoleranz gegen Alkohol bleibt es allerdings immer eine offene Frage, in wie weit man Jemanden überhaupt dafür verantwortlich machen darf, dass er sich betrinkt. Jedenfalls nimmt die individuelle Verantwortlichkeit mit jedem neuen Glase immer mehr und mehr ab, und für die Verführung zum Trinken — in welcher Form sie auch auftritt — muss man die Gesellschaft verantwortlich machen, nicht den Verbrecher.

Indessen wird es gerade bei dem Alkoholismus besonders augenfällig, wie unfruchtbar alle diese Spekulationen über die Berechtigung einer Sühne sind! Wenn man die einzig wesentliche Frage stellt, welche Mittel zu ergreifen sind, um die Gesellschaft vor Schädigungen seitens der verbrecherischen Trinker zu schützen, so kann die Antwort — wenn wir zunächst nur den einzelnen Verbrecher ins Auge fassen — nur lauten: Man muss zunächst versuchen, ihn von seiner Trunksucht zu heilen, und ist dies nicht mehr möglich, so muss man ihn dauernd versorgen in einer geeigneten Anstalt, in welcher er verhindert wird, sich und Andere zu schädigen. Dies letztere wäre ja in einem Zuchthaus schliesslich möglich, wenn das Verbrechen zufällig so schwer ist, dass lebenslängliche Freiheitsstrafe darauf steht. Gerade in den seltenen Fällen der sicheren Unheilbarkeit ist dann aber die geistige Abnormität meist so augenfällig, dass man in Anerkennung verminderter Zurechnungsfähigkeit die Strafe wesentlich mildert. Der einzige Zweck, den diese überhaupt noch haben könnte, wird also dann durch die „mildernden Umstände" vereitelt. Das einzig Richtige ist deshalb in solchen Fällen: Unzurechnungsfähigkeit auf Grund von unheilbarer Geistesstörung anzunehmen.

Man kann aber, wie oben häufig angedeutet, mit der Unheilbarkeitserklärung eines Alkoholikers nicht vorsichtig genug sein. Nun bilden sich freilich viele Laien ein, eine Gefängnishaft oder auch mehrjährige Zuchthausstrafe sei, wenn auch vielleicht nicht das beste, so doch immerhin ein ganz gutes Heilmittel gegen die Trunksucht. Dieser „Denkzettel" soll den Mann eben veranlassen, sich künftighin vor der „Unmässigkeit" zu hüten. Diese Ansicht ist aber ganz irrtüm-

lich! wenigstens so lange Gefängnisse und Zuchthäuser nicht in reguläre
Trinkerheilanstalten umgewandelt sind; das wird aber so bald nicht
geschehen, und so lange nützt ein Aufenthalt im Gefängnis einem
Trinker gar nichts! Mit so einfachen Mitteln, wie „Denkzetteln", und
mögen sie noch so hart sein, kuriert man ihn nicht! Die Behandlung
eines Trinkers ist eine ungemein mühsälige Arbeit, welche nur diejenigen zu leisten im Stande sind, welche sie verstehen, mögen es nun
Ärzte oder Laien sein. So einfach die Aufgabe, den Kranken für sein
ganzes Leben totalenthaltsam zu machen, zu s t e l l e n ist, so schwierig
ist ihre Lösung; deshalb sind die Resultate — wie keineswegs geleugnet werden soll —, obwohl die Abstinenz ein radikales Heilmittel
ist, noch vielfach so schlecht. Aber die vielen, oft ungeahnten Resultate,
welche man in neuerer Zeit erzielt hat, beweisen, dass die Aufgabe lösbar
ist. Es kommt darauf an, dass der Kranke erstens die richtige Einsicht in seinen Zustand gewinnt — und das dauert oft sehr lange,
dass er zweitens guten Willen hat, und drittens dass er in Verhältnisse versetzt wird, welche es ihm möglichst erleichtern beziehungsweise ermöglichen, seinen guten Vorsätzen treu zu bleiben: er muss
nicht nur den Verkehr mit seinen Zechgenossen durch denjenigen mit
Abstinenten ersetzen, sondern vielfach einfach Wohnort und Beruf
wechseln. Ohne energische Hilfe anderer Personen gelingt dies nicht!
Die Trinkerrettungsvereine wie der „Guttemplerorden" in Amerika,
den Nordländern, der Schweiz, und neuerdings auch in Deutschland,
das „Blaue Kreuz" in der Schweiz und in Deutschland und viele
andere, leisten hierin, je mächtiger sie werden, geradezu Erstaunliches!
Wir mussten deshalb auf sie als äusserst wichtiges Seitenstück zu
den Vereinen für entlassene Sträflinge und ähnliche Institutionen notwendig hinweisen. Sie sind wohl geradezu unentbehrlich, wenn der
Trinker geheilt b l e i b e n soll. In leichteren Fällen sind sie unter
günstigen Umständen allein im Stande, einen Trinker zu heilen. In
schwereren Fällen ist es notwendig, ihn anfänglich, oft für viele
Monate, selbst gegen seinen Willen zur Abstinenz zu zwingen durch
Internierung in einer Anstalt. Soll der Erfolg eines solchen Anstalts-
aufenthaltes aber ein bleibender und nicht nur ein temporärer sein,
so leisten wirklich Dienste hier nur die hierfür besonders einge-
richteten Trinkerheilanstalten mit ihrer Totalabstinenz als selbstver-
ständlicher a l l g e m e i n e r Hausregel für Pfleglinge wie Personal und
ihrem sonstigen Apparat — was Alles eben in Zucht- und Correktions-
häusern, Zwangsarbeitsanstalten u. s. w. u. s. w. nicht im Geringsten
zu finden ist. Will man also einen trunksüchtigen Verbrecher mit
zeitweiligem Freiheitsentzug bestrafen, so ist das einzig Vernünftige

seine Versetzung in eine Trinkerheilanstalt. Wer statt dessen Gefängnisstrafe empfiehlt, wird wohl hierzu im Wesentlichen nur durch
ein — vielleicht oft unbewusstes — Verlangen nach Sühne bestimmt.
So lange man sich nun von diesem Begriffe nicht trennen will,
kann man ja auf Gefängnisstrafe erkennen und diese in Aufenthalt in
einer Trinkerheilstätte umwandeln. Solche Massnahmen sollten gesetzlich festgelegt werden, wie das der Entwurf für ein Schweizerisches
Strafgesetzbuch in Aussicht nimmt. Dann könnten praktisch die einzig
zweckmässigen Massnahmen gegen trunksüchtige Verbrecher endlich
in Anwendung kommen, während man sich jetzt in unfruchtbaren
Diskussionen über Unzurechnungsfähigkeit in den überaus zahlreichen
Fällen ergeht, und schliesslich meist das Unpraktischste thut, was
man überhaupt thun kann, und „Mildernde Umstände" annimmt.

Für die Mischformen von Alkoholismus mit anderen Formen
psychopathischer Degeneration ist im Zweifel stets zu bedenken, dass
der Alkoholismus immer noch am ehesten Angriffspunkte für eine allfällige Heilung, oder sagen wir vom criminalistischen Laienstandpunkte
aus: für die Besserung des Verbrechers bietet. Deshalb soll man in
solchen Fällen im Zweifel immer noch einen Versuch mit einer
Trinkerheilanstalt empfehlen. Freilich giebt es Degenerierte genug,
bei denen der Alkoholismus eine verhältnismässig so nebensächliche
Rolle spielt, dass man von solchen Massregeln getrost abstehen kann.
Dies ist je nach der Eigenart des einzelnen Falles zu entscheiden.

Um aber beim einfachen Alkoholismus zu bleiben, so liegt bei der
geschilderten allgemeinen Sachlage natürlich der Gedanke nahe, auf
Massregeln zu sinnen, um die Trinker zu heilen, ehe sie ein Verbrechen
begangen haben und nicht abzuwarten, bis dies geschehen ist. Solche
Massnahmen sind um so notwendiger, als die Trinker ja auch abgesehen von ihrer direkten Gefährlichkeit für Andere, ihre eigene Gesundheit, ihre ökonomische Existenz, wie auch die ihrer Familien stets
in hohem Grade schädigen und zwar je länger die Trunksucht dauert,
desto mehr. Drittens ist es noch geboten, bei Zeiten einzuschreiten,
weil die Aussicht auf Heilung bei der Trunksucht stätig abnimmt.
In den meisten Ländern fehlt es aber bis jetzt an gesetzlichen Bestimmungen, welche den Verwaltungsbehörden das Recht zuerkennen,
Gewohnheitstrinker auch gegen ihren Willen in Trinkerheilanstalten
zu versorgen. Auch die Gesetzentwürfe z. B. in Deutschland und
Österreich lassen in dieser Beziehung viel zu wünschen übrig; vor
Allem ist man viel zu sehr geneigt, Trunksucht und Trunkenheit zu
bestrafen, eine Tendenz, die, um es noch einmal hervorzuheben,
ganz verfehlt ist. Der deutsche Trunksuchtsgesetzentwurf forderte als

Vorbedingung zur Versorgung in einer Trinkerheilanstalt die Bevormundung. Diese ist aber in vielen Fällen von dem Momente ab
nicht mehr notwendig, wo der Patient in die Anstalt kommt und
kann häufig ganz vermieden werden. Sie sollte deshalb erst angeordnet
werden, wenn der Heilversuch fehlgeschlagen ist! — So lange aber
noch dieser Umweg allein die Möglichkeit giebt, den Trinker zu versorgen, wird man heute oft zu diesem Auskunftsmittel greifen, um
zum Ziele zu kommen. Ein weiterer Fehler ist der, dass man den
Verwaltungsbehörden vielfach erst dann das Recht einzuschreiten zuerkennen will, wenn Jemand in Folge von Trunksucht sich oder seine
Familie der Gefahr des Notstandes aussetzt oder die Sicherheit anderer
gefährdet. Dadurch wird der rechte Zeitpunkt zur Heilung aber sehr
häufig verpasst. Not thun also gesetzliche Bestimmungen, wie sie bis
jetzt wohl einzig der Kanton St. Gallen besitzt, wonach „Personen,
welche sich gewohnheitsmässig dem Trunke ergeben, in einer Trinkerheilanstalt versorgt werden können"! Der Grund, weshalb man sich
fast allgemein vor derartigen gesetzlichen Bestimmungen scheut, ist
natürlich in scholastischen Bedenken zu suchen, welche sich nicht zu
der unzweifelhaft richtigen Erkenntnis hindurchringen können, dass
die Trunksucht eine Krankheit ist und zwar gerade in dem Sinne
eine Geisteskrankheit, als sie die Fähigkeit der Selbstbestimmung im
Besonderen dem Gifte gegenüber aufhebt. Das St. Galler Gesetz aber
fordert folgerichtig zur Constatierung der Trunksucht ein amtsärzt-
liches Gutachten, welches diese und die Notwendigkeit der Unter-
bringung nachweist. Bedauerlicher Weise vermisst man derartige
Bestimmungen umgekehrt wieder in vielen anderen Gesetzen betreffend
die Bevormundung Trunksüchtiger!

So viel über die rechtzeitige Heilung der Trinker! Der Alkoholismus ist nun aber heute so verbreitet, dass er auch abgesehen
davon, dass er einen grossen Teil der Criminalität sowie den gesund-
heitlichen und ökonomischen Ruin vieler Einzelner verursacht, als eine
allgemeine Gefahr für Gesundheit und Wohlstand des Volkes angesehen
werden muss. Zu den durch ihn bedingten geistigen Störungen sind
ja noch hinzuzurechnen die grosse Anzahl körperlicher Krankheiten.
die er direkt oder indirekt verursacht, sowie die Degeneration der
Nachkommenschaft der Trinker. Angesichts dieser Sachlage liegt es
nahe, von der rechtzeitigen Heilung der Trinker wiederum einen
Schritt weiter zu gehen und Massnahmen zu ersinnen, welche die Entstehung des Alkoholismus verhindern. Überall ist man denn auch
bemüht, diese Aufgabe zu lösen, im Besonderen auch auf dem Wege
der Gesetzgebung. Die bezüglichen Massnahmen laufen meist darauf

hinaus, den Genuss des Alkohols beim Volke einzuschränken, durch Besteuerung der Produktion und des Handels mit alkoholischen Getränken, Beschränkung der Zahl der Schankstellen, vielfach auch durch Bestrafung des Rausches einerseits, der Verführung dazu andererseits. Durch diese Massnahmen hat man im Wesentlichen sehr wenig erreicht. Das beweist die Erfahrung; auch kann es den nicht Wunder nehmen, welcher das Wesen der Trunksucht und die verführerische Wirkung des Alkohols auf das Centralnervensystem erkannt hat. So ist man auf den Gedanken gekommen, sich nicht mehr vergeblich abzumühen, den Alkoholgenuss einzuschränken, sondern ihn überhaupt abzuschaffen, das heisst die Totalenthaltsamkeit, deren Notwendigkeit für den Trinker wohl heute von allen Einsichtigen anerkannt wird, von allen Menschen ohne Ausnahme zu verlangen. Zu dieser Forderung nötigt zudem die Erkenntnis der völligen Entbehrlichkeit des Alkohols als Genussmittel einerseits, und andererseits die Erwägung, dass der Alkohol offenbar unserer Gesundheit viel mehr Schaden zufügt, als man ihm bisher zuschrieb. Diesen Gedanken hat man sich zunächst in Nordamerika und England und dann auch in den Nordländern in die That umzusetzen bemüht. Auf dem europäischen Continent anfänglich verlacht, fängt er neuerdings an auch hier immer mehr beachtet zu werden und sogar eine, wenn auch noch sehr kleine, Schaar überzeugter Anhänger zu finden. Die Erfolge, welche man in den genannten Ländern mit diesbezüglichen Bestrebungen erzielt hat, zwingen in der That dazu, auch bei uns einen Versuch damit zu machen, nachdem alle anderen Versuche, das Übel zu beseitigen, fehlgeschlagen sind. Die gesetzgeberischen Massregeln, welche in diesem Sinne anzustreben sind, laufen darauf hinaus, Produktion und Handel mit alkoholischen Getränken im Staate überhaupt zu verbieten, oder zunächst den einzelnen Gemeinden ein diesbezügliches Recht zuzuerkennen. Beide Massregeln existieren bereits in einigen der Vereinigten Staaten Nord-Amerikas. Auf Einzelheiten dieser Bestrebungen einzugehen, ist hier natürlich nicht der Ort; sie mussten aber notwendig erwähnt werden bei der einschneidenden Bedeutung, welche sie für die in diesem Kapitel besprochenen Fragen besitzen.

## § 2.

Morphinismus, Cocainismus — Fieberdelirium, akute
Vergiftungen durch Chloroform, Stickstoffoxydul u. a.

Der Morphinismus kommt namentlich in den besseren Ständen, besonders bei
Ärzten und Apothekern vor. Bei Morphiumanwendung tritt leicht und rasch intensive Sucht ein. Die Kranken werden ausserordentlich nachlässig und leichtsinnig,
wodurch die Zurechnungsfähigkeit beeinträchtigt wird. — Bei Cocainismus, meist
mit Morphinismus combiniert, beobachtet man schwere Delirien, ähnlich den alkoholischen, die wie diese zu beurteilen sind. — Auch Delirien bei Fieber und Infektionskrankheiten können die Zurechnungsfähigkeit aufheben. — Auf Grund von Hallucinationen und Wahnideen in Chloroform- und Stickstoffoxydulnarkose kommen
fälschliche Anschuldigungen wegen geschlechtlicher Attentate vor.


Von weit geringerer Bedeutung als der Alkoholismus, aber neuerdings auch bei uns immer häufiger werdend, ist der Morphinismus.
Das Morphium ist der wirksame Bestandteil des Opiums; als Genussmittel wird es in ausgedehntem Masse in China verwendet, wo das
Opiumrauchen bereits zur gleichen Volksseuche geworden ist, wie bei
uns das Trinken alkoholischer Getränke. Seit der Erfindung der
Morphiumeinspritzungen unter die Haut vor 25 Jahren hat das Mittel
bei uns ausgedehnte Anwendung in der ärztlichen Praxis gefunden;
mit dieser Erfindung hat sich aber auch die krankhafte Morphiumsucht
überraschend schnell verbreitet. Weil das Mittel teuer und schwer
erhältlich ist, so findet man die Krankheit hauptsächlich in den oberen
Ständen, besonders bei Ärzten und Apothekern.

Die akute Wirkung des Giftes ist eine intensivere; es tritt sehr
rasch grosses Wohlbehagen und geminderte Schmerzempfindlichkeit
ein, danach aber sehr viel erheblichere Beschwerden, als beim Alkoholgenuss: allgemeine Abgespanntheit, Beklemmungen, Erbrechen, die nur
auf erneute Dosen rasch schwinden. Bei wiederholter Anwendung
schwächt sich die Wirkung rasch ab, so dass zur Erzielung gleicher
Wirkungen stätig wachsende Dosen angewendet werden müssen. In
Folge davon tritt viel rascher als beim Alkohol eine Gewöhnung, beziehungsweise unwiderstehliche Sucht nach dem Gift ein, für die man
den Patienten ebenso wenig verantwortlich machen kann, als den
Trinker. Immerhin ist auch beim Morphinismus die Angewöhnung
eine allmähliche. Wenn körperliche schmerzhafte Leiden und andere
nervöse Beschwerden wohl in den meisten Fällen die Veranlassung

zur ersten Spritze geben, so lassen Abgespanntheit, Kummer, Sorgen, Ärger doch denjenigen leicht dazu greifen, welcher die Wirkung des Giftes einmal kennen gelernt hat. Doch ist auch beim Morphinismus eine individuell sehr verschiedene Disposition unverkennbar. Auf der Höhe der Krankheit findet man nicht die brutale Reizbarkeit des Trinkers, dagegen eine auffallende Lockerung der ethischen Vorstellungen. Der Morphinist ist in seiner Berufsthätigkeit ausserordentlich nachlässig, unstät, von momentanen Stimmungen abhängig; er vernachlässigt seine Pflichten oder handelt abnorm leichtsinnig. Ein Kaufmann wagt z. B. in der rosigen Stimmung nach seinen Morphiumeinspritzungen Geschäfte, die ihn mit dem Strafgesetz in Conflikt bringen können, und auf die er sich im normalen Zustande niemals eingelassen haben würde. Die Verbrechen der Morphinisten sind daher ganz anderer Art als die der Alkoholiker; doch kann auch bei ihnen die Zurechnungsfähigkeit vermindert oder ganz aufgehoben sein. Obwohl schwerere psychische Störungen lange auf sich warten lassen, während allerdings die allgemeine Ernährung stets sehr leidet, so ist es doch auch hier nötig, erstens den Morphinisten an der Ausübung eines verantwortungsvollen Berufes zu hindern, und zweitens ihn zu heilen. In ersterer Beziehung ist auf die sociale Stellung des Patienten vielleicht in ähnlicher Weise Rücksicht zu nehmen wie beim remissionierenden Paralytiker. Hinsichtlich der Heilung liegen die Verhältnisse ähnlich wie beim Alkoholismus. Die Morphiumentziehung macht aber schwere Störungen und wird meist nur in einer geschlossenen Anstalt durchführbar sein. Entmündigung kann in gleicher Weise in Frage kommen, wie bei Alkoholismus.

Schwere akute Geistesstörungen analog dem alkoholischen Delirium beobachtet man beim Morphinismus im Allgemeinen nicht, wohl aber bei der modernsten Sucht, dem Cocainismus. Das Cocain, der wirksame Bestandteil der Coca, wird in deren Heimat, in Peru, als Genussmittel verwendet wie das Opium in China, der Alkohol bei uns. In Europa fand es verhängnisvolle Anwendung in der ärztlichen Praxis zur Erleichterung der Beschwerden bei Morphiumentziehungskuren. Die Folge einer solchen Anwendung ist gewöhnlich die, dass sich der Kranke neben dem Morphiummissbrauch auch dem Cocainmissbrauch ergiebt. Die angenehme Wirkung des Giftes auf die Stimmung bei einmaliger Anwendung ist viel intensiver als beim Morphium. Bei der raschen Angewöhnung treten verhältnismässig rasch schwere deliriöse Störungen auf, ähnlich den alkoholischen, mit sehr lebhaften Sinnestäuschungen, vorzugsweise des Gesichtes und ganz phantastischen Wahnideen, unter deren Einfluss verbrecherische Handlungen zu Stande

kommen können, wie beim Säuferwahnsinn. Zurechnungsfähigkeit ist
dann natürlich völlig ausgeschlossen!

Wie das Cocain bei Morphiumentziehungskuren werden häufig
auch andere Narcotica als Ersatzmittel des zuerst angewendeten gebraucht, im Besonderen auch der Alkohol, gewöhnlich mit dem gleichen
Erfolg; in Folge dessen combinieren sich alle diese Krankheiten gern
miteinander, was der Vollständigkeit halber erwähnt sein mag.

Zu den akuten Vergiftungen ist ferner auch das Fieberdelirium
zu rechnen, so wie diejenigen Delirien, die bei Infektionskrankheiten
auch unabhängig vom Fieber vorkommen können. Handlungen, die in
solchen Zuständen begangen werden, sind in ähnlicher Weise wie die
des alkoholischen Deliriums zu beurteilen.

Besonderer Erwähnung für die gerichtliche Praxis verdienen endlich noch diejenigen Narcotica, die bei chirurgischen Operationen Anwendung finden, vor Allem das Chloroform und das Stickstoffoxydul,
welches besonders in der zahnärztlichen Praxis Anwendung findet.
Namentlich in der Stickstoffoxydulnarkose beobachtet man mitunter
neben anderen Gemeingefühlshallucinationen insbesondere auch solche
in den Geschlechtsorganen mit entsprechenden Wahnideen. In Folge
davon kann es vorkommen, dass die Narkotisierten den betreffenden
Arzt geschlechtlicher Attentate beschuldigen. Dies ist nachgerade
allerdings so bekannt, dass heutigen Tages kein Arzt mehr ohne
Zeugen narkotisieren sollte, immerhin war es doch nötig, darauf hinzuweisen, dass auf diesem Wege fälschliche Anschuldigungen zu Stande
kommen können.

---

## Kapitel 4.

# Die sogenannten „Neurosen".

Die „Neurosen", Epilepsie und Hysterie, sind Geisteskrankheiten, die auf abnormer Hirnorganisation beruhen. Sie sind unter sich, mit dem Alkoholismus und
den „constitutionellen Formen" verwandt und äussern sich wesentlich auch in
Charakteranomalieen.

Nach der landläufigen Anschauung ist mit den beiden weitver-
breiteten, auch jedem Laien bekannten „Nervenkrankheiten", der

Epilepsie und der Hysterie „häufig auch Geisteskrankheit verbunden". Thatsächlich handelt es sich dabei aber nicht um eine nur zufällige Combination zweier verschiedener oder verwandter Krankheiten, sondern die sogenannten „nervösen" wie die „psychischen" Symptome sind nur die Folgen einer und derselben abnormen Hirnorganisation. Epilepsie und Hysterie sind deshalb in ihrem ganzen Umfange eigentlich Geistes- bez. Hirnkrankheiten. Nur dem allgemeinen Sprachgebrauche folgend bezeichnen wir sie als „Neurosen" oder „Nervenkrankheiten". Das materielle Substrat der krankhaften Hirnorganisation nachzuweisen, ist bis jetzt nicht möglich gewesen, doch ist Aussicht vorhanden, dass dies, wenigstens für die Epilepsie, schon in absehbarer Zeit gelingt. Die abnorme Hirnorganisation ist eine dauernde, in vielen Fällen ererbt, in anderen allerdings erworben. Sie äussert sich in mehr oder weniger specifischen Charakteranomalieen, sowie in der Disposition zu schweren, ebenfalls specifischen, geistigen und nervösen Störungen. Eine irgend normierbare Grenze zwischen den Charakteranomalieen und den schweren geistigen Störungen existiert natürlich durchaus nicht. Die Epilepsie ist, wie erwähnt, mit dem Alkoholismus verwandt, andererseits mit der Hysterie; beide Krankheiten zeigen aber auch Übergänge zu den constitutionellen Störungen, beziehungsweise sie sind mit ihnen verwandt; in ihrer typischen Ausbildung sind sie jedoch so charakteristisch, dass sich eine gesonderte Besprechung empfiehlt. Wegen der grossen Bedeutung der Charakteranomalieen für die gerichtliche Praxis war es notwendig, auf diese allgemeinen Beziehungen hinzuweisen.

## § 1.

## Die Epilepsie.

Der seit Alters bekannte Krankheitsbegriff ist in neuerer Zeit einerseits eingeschränkt, andererseits erweitert worden. — Ursachen der Epilepsie sind: erbliche Belastung, Alkohol- und Absynthmissbrauch der Eltern, wie des Individuums, Hirnentzündungen, Schädel- und Hirnverletzungen; Gelegenheitsursachen: Schreck, Reflexwirkungen, schwere körperliche Krankheiten, Dentition, Entwicklungs- und Rückbildungsalter. — Sie tritt bei beiden Geschlechtern gleich häufig, meist schon in jugendlichem Alter auf. — Man hat die Anfälle und die Dauersymptome zu unterscheiden. Die Anfälle sind Krampfanfälle („Aura", Umstürzen, Starrkrampf, Zuckungen, tiefer Schlaf) mit ihren Varietäten und das prä- oder postepileptische Irresein, bez. das psychisch-epileptische Äquivalent. Dasselbe — die mannigfaltigsten Varietäten aufweisend (Epil. Stupor — epil. Dämmerzustand u. a.) ist charakterisiert durch den

akuten Verlauf, den Gedächtnisdefekt nach dem Anfall, intensive Angst bei fehlender
Hemmung, extremste Gewaltthätigkeit, sehr lebhafte, charakteristische Delirien. Es
ist verwandt mit dem Raptus melancholicus, der Mania ebriosa und transitoria und
dem Delirium alcoholicum. — Hinsichtlich Häufigkeit und Combination der Anfälle
kommen alle erdenklichen Varietäten vor. Epileptischer Blöd- bez. Schwachsinn
findet sich in allen Intensitäten. Ausser der Intelligenz leidet besonders der Charakter:
die Kranken sind abwechselnd mürrisch und überschwänglich glückselig, dabei
äusserst reizbar und brutal gewaltthätig. Häufig treten längerdauernde periodische
Verschlechterungen des Allgemeinbefindens auf. — Vielfach tragen die Kranken
Zeichen angeborener und erworbener Degeneration an sich.

Epileptiker begehen ausserordentlich häufig Verbrechen. Viele Zuchthaus-
insassen sind Epileptiker. Ihre Unzurechnungsfähigkeit wird sehr oft verkannt.
Das Gutachten hat erst die Epilepsie, dann die Unzurechnungsfähigkeit zur Zeit der
That nachzuweisen. Bei Prüfung derselben ist das akute epileptische Irresein von
der chronischen epileptischen Degeneration wohl zu unterscheiden; ersteres bedingt
immer totale Unzurechnungsfähigkeit, letztere aber entweder ebensolche oder verminderte Zurechnungsfähigkeit. — Gemeingefährliche Epileptiker sind in geeigneten
Anstalten zu versorgen, in einzelnen Fällen ist Alkoholabstinenzkur von überraschen-
dem Erfolge.

Die Epilepsie ist eine schon seit dem Altertum bekannte Krankheit, die vor Allem durch charakteristische Krampfanfälle gekennzeichnet
ist; ihr Begriff ist aber in neuerer Zeit einerseits eingeschränkt,
indem die Erfahrung gelehrt hat, dass den typisch epileptischen sehr
ähnliche Krampfanfälle vorkommen können, die ihrem Wesen nach
aber nichts mit der Epilepsie zu thun haben, und zwar bei specifischen,
mit groben anatomischen Veränderungen einhergehenden Hirnkrankheiten, wie Geschwülsten und anderen Herderkrankungen und bei der
Dementia paralytica (sogenannte epileptiforme Krampfanfälle). Andererseits ist der Begriff der Epilepsie wiederum erweitert worden, indem
ihr erstlich Krankheitsformen mit Anfällen zugerechnet werden, die
den typischen Krampfanfällen zwar äusserlich unähnlich aber trotzdem
wesensgleich sind; — indem man zweitens erkannt hat, dass die
Epileptiker abgesehen von den Anfällen charakteristische Dauersymptome darbieten, so dass manche Autoren sogar glauben, Epilepsie
diagnosticieren zu müssen in Fällen, in denen gar keine charakteristischen Krampfanfälle nachweisbar sind.

Die epileptische Constitution, die wir als die Ursache der Anfälle
wie der Dauersymptome ansprechen müssen, ist in vielen Fällen ererbt.
In den Familien der Kranken lassen sich häufig Geistes- und Nervenkrankheiten, im Besonderen Epilepsie nachweisen. Sehr häufig erzeugt
Trunksucht, sowohl der Eltern als des Individuums, Epilepsie. Die
gleiche Wirkung hat der Absynthmissbrauch und die Bleivergiftung.
Während des Lebens des Individuums entsteht Epilepsie ferner in

Folge von subakuten und chronischen entzündlichen Prozessen im Hirn
und seinen Häuten, im Besonderen im Embryonalleben und im Kindesalter. (Schwere Krankheiten, welche das Kind in der Entwicklung
sehr zurückgebracht haben, deuten darauf hin.) In gleicher Weise ist
es wohl zu erklären, wenn sich nach schweren Schädel- bez. Hirnverletzungen in späterem Alter Epilepsie entwickelt. Thatsache ist es
jedenfalls, dass schwere echte Epilepsie nach Verletzungen des Schädels,
die ja meist mit Hirnverletzungen verbunden ist, auftreten kann. Der
ursächliche Zusammenhang wird durch unzweifelhafte Heilerfolge erwiesen, die man in solchen Fällen mit chirurgischen Operationen (Entfernung von Knochensplittern, Öffnung von Hirnabscessen u. s. w.),
vollends wenn man bald nach der Verletzung dazu schreitet, erzielen
kann. Die bezüglichen Misserfolge bei verspäteten Operationen deuten
aber darauf hin, dass der lokale Reiz allein nicht die Epilepsie bedingen
kann. Über die Combination von Epilepsie mit organischen Hirnerkrankungen vergl. S. 124. — In einer Reihe von Fällen ist keine
Krankheitsursache nachweisbar.

Der erste epileptische Anfall tritt häufig auf nach Schreck oder
anderen psychischen Erschütterungen, als Reflexwirkung z. B. von
Narben an den Extremitäten (angeblich sogar von kariösen Zähnen),
nach schweren körperlichen Krankheiten, zur Zeit des Zahnens, im
Entwicklungsalter, mitunter sogar noch im Rückbildungsalter der
Frauen. Alle diese Ursachen sind aber wohl nur als auslösende
Momente bei schon bestehender epileptischer Constitution zu betrachten.
Deshalb darf man z. B. einem Lehrer nicht ohne Weiteres die
Schuld beimessen, wenn ein Kind nach einer Züchtigung in der Schule
den ersten epileptischen Anfall bekommt. Nervöse Kinder bedürfen
aber immer der Schonung in dieser Beziehung. Ebenso wenig darf
man eine Fingerverletzung unbedingt als Ursache der Epilepsie ansprechen, wenn diese sich auch im Anschluss daran als Reflexepilepsie
entwickelt. Sorgfältige Prüfung der ganzen Sachlage ist in solchen
Fällen dringend geboten! — Dagegen ist es sehr wohl möglich, dass
sich ausschliesslich in Folge einer Schädelverletzung, ja vielleicht
sogar nach Hirnverletzungen ohne schwere momentane Störungen
(vgl. Kapitel 2 § 3) selbst nach Jahren erst echte Epilepsie einstellt.

Die Krankheit ist recht verbreitet und kommt bei männlichem
und weiblichem Geschlecht annähernd gleich häufig vor (je nach Ausdehnung des Begriffes überhaupt, des der Hysterie und Hysteroepilepsie
i. B. lauten die Zahlenangaben allerdings sehr verschieden). Sie setzt
meist im Kindes- oder Entwicklungsalter ein, später sehr viel seltener;

10*

nur die traumatischen und alkoholischen Fälle sind in höherem Alter aus äusseren Gründen häufiger.

Bei Beschreibung der Krankheitserscheinungen sind die Dauersymptome von den Anfällen (im weitesten Sinne des Wortes) wohl zu unterscheiden. Der typische Krampfanfall wird mitunter eingeleitet durch eine Stunden bis Tage dauernde mürrische Stimmung und dann oft durch eine sogenannte „Aura", d. h. der Kranke hat z. B. das Gefühl, als ob ein Hauch von der Hand hinauf über den Arm zum Kopf streiche; daher der Name; es kommen aber auch mancherlei andere Trugwahrnehmungen in den verschiedenen Sinnesgebieten als „Aura" vor. In vielen Fällen jedoch merkt der Kranke das Herannahen des Anfalles nicht! — Dann stürzt er, oft mit lautem Schrei, zu Boden, bekommt einen Starrkrampf der gesammten Muskulatur, darauf heftige Zuckungen im ganzen Körper, die ziemlich rasch nachlassen und nun folgt in vielen aber nicht in allen Fällen ein tiefer Schlaf von oft mehrstündiger Dauer. Die Dauer des eigentlichen Krampfstadiums beträgt durchschnittlich nur eine halbe Minute, erscheint aber der Umgebung meist viel länger!! (5—10 Minuten). Im Beginn wird das Gesicht leichenblass, dann blau; das ist wichtig, weil die Leichenblässe einerseits nicht wohl simuliert werden kann, andererseits meist auch Laien auffällt und in Erinnerung bleibt. Oft tritt blutiger Schaum vor die Lippen, die Zunge wird gar nicht selten durch Bisswunden verletzt, die dauernd sichtbare Narben zurücklassen können! Durch das Umstürzen und die heftigen Bewegungen (z. B. auch durch das Aufschlagen des Kopfes auf eine harte Unterlage) können andere Verletzungen eintreten. — Dem Laien fällt ausser den sonst stark verzerrten Gesichtszügen meist das Verdrehen der Augen auf, „so dass man nur das Weisse im Auge sieht". Der Sachverständige constatiert ferner Weite und Starre der Augensterne, eine Erscheinung, die wiederum nicht simuliert werden kann. Immer fehlt das Bewusstsein vollkommen und kehrt oft erst nach längerer Zeit zurück, so dass die Kranken vielfach nur aus Erzählungen Anderer von ihren Anfällen wissen! Während des Anfalles sind die Reflexe erloschen.

Das Wesentliche des sehr mannigfaltigen Symptomcomplexes ist der Bewusstseinsverlust! Man beobachtet ausser dem typischen Anfall folgende Varietäten: 1. Bewusstseinsverlust mit weniger intensiven Krämpfen, 2. Bewusstseinsverlust mit nur partiellen Krämpfen, 3. Bewusstseinsverlust ohne Krämpfe, aber mit Leichenblässe des Gesichtes (sogenanntes „petit mal" oder „absence" im Gegensatz zum „grand mal" dem typischen Krampfanfall), 4. Trübung des Bewusstseins mit

„Aura“ und Schwindel, 5. Schlafparoxysmen mitten im Gespräch, ja im Stehen, 6. Paroxysmale Neuralgieen mit Bewusstseinstrübung, 7. Schweissparoxysmen und endlich 8. Bewusstseinsverlust mit automatischen Bewegungen: d. h. der Kranke springt z. B. plötzlich auf, läuft eine Strecke weit geradeaus, bleibt mit einem Ruck stehen und erwacht! Von diesen Varietäten geleiten dann Übergänge zu hysterischen Krämpfen (z. B. die sogenannte Epilepsia rotatoria, Lach-, Weinkrämpfe u. s. w.) und zu complicierteren sogenannten automatischen Handlungen (z. B. Stehlen, Brandstiften) mit nachfolgender unvollkommener oder vollständiger Amnesie, Erinnerungslosigkeit (d. h. richtiger psychischen Anfällen). Hierher sind jedenfalls manche Fälle von sogenannter „Kleptomanie“ und „Pyromanie“ zu rechnen. Dafür spricht einmal, dass man diese Triebe häufig bei zweifellosen Epileptikern beobachtet, dann aber auch das Unmotivierte, Impulsive der bezüglichen Handlung selbst bei traumartiger Benommenheit des Bewusstseins!

Neben diesen Anfällen und ihren Varietäten kommen nun ausgesprochene schwere akute Geistesstörungen vor, die sich als „epileptische“ kennzeichnen einmal durch ihr Vorkommen neben den typischen Anfällen, dann aber auch durch ihren eigenartigen Symptomencomplex. Sie können durch Krampfanfälle eingeleitet, unterbrochen und abgeschlossen werden, aber auch unabhängig von diesen auftreten; man bezeichnet sie dann als präepileptisches, postepileptisches Irresein oder als „psychisches epileptisches Äquivalent“! Das Bild des akuten epileptischen Irreseins ist ungemein variabel, zeigt aber so charakteristische Symptome, dass sie allein unter günstigen Umständen die Diagnose ermöglichen. Es beginnt meist recht plötzlich und schliesst sehr häufig auch plötzlich ab, nicht so selten mit einem tiefen Schlaf (mit oder ohne vorangehendem Krampfanfall), aus welchem die Kranken als geheilt erwachen. Es dauert einige Minuten bis Stunden, bis Tage, kann sich aber auch über Wochen und Monate hinziehen. Immer ist das Bewusstsein erloschen, beziehungsweise in hohem Grade getrübt; gerade hierin zeigt sich die Analogie mit den Krampfanfällen. Man hat sehr viele Varietäten beschrieben und ihnen mancherlei Namen gegeben; wir wollen nur zwei sehr verschiedene Typen skizzieren: Beim epileptischen Stupor besteht hochgradige Benommenheit mit lebhaften Delirien, d. h. massenhaften Sinnestäuschungen und entsprechenden Wahnideen. Diese Delirien sind sehr grotesk und märchenhaft; die phantastischen Verfolgungs- und Grössenideen wechseln rasch miteinander oder verschlingen sich auf das Intimste. Die Kranken sehen grosse Menschenmassen auf sich eindringen, erleben Blutbäder,

Feuersbrünste (das Hallucinieren der roten Farbe gilt für charakteristisch), wähnen sich in der Hölle, beim jüngsten Gericht, bei dem sie verdammt werden oder auch selig gesprochen; dann sehen sie Gott Vater auf seinem Thron im himmlischen Licht u. s. w. u. s. w. (Auch die religiösen Delirien gelten für charakteristisch.) Den Wahnideen entsprechend besteht überschwängliche Seligkeit oder intensive Angst und in Folge davon extremste Gewaltthätigkeit. Die grässlichsten Gewaltakte, Morde, Massenmorde sind in solchen Zuständen begangen worden. Nicht so selten sprechen die Kranken gar nicht oder sehr wenig, so dass man ihre Wahnideen nur aus Analogie mit ähnlichen Fällen oder aus ihren Handlungen erraten kann. Bei längerer Dauer können sie gegen das Ende ihres Anfalles ziemlich klar erscheinen und ihre oft noch grässlichen Wahnideen dissimulieren. Bei der oft sehr kurzen Dauer des Anfalls werden dieselben Mangels sachverständiger Beobachtung leicht völlig übersehen und mit ihnen unter ungünstigen Umständen das Krankhafte der ganzen Erscheinung.

Nicht als wohl zu unterscheidende Varietät, sondern im Gegenteil als anderes Ende einer grossen Reihe von Übergangsformen mögen nun die traumhaften Dämmerzustände der Epileptiker folgen; in ihnen können die Kranken die compliciertesten Handlungen begehen, der Umgebung sogar normal erscheinen und trotzdem von der ganzen Zeit des Anfalls kein Bewusstsein haben. Ein Kaufmann erinnert sich nur noch, seine Wohnung in Marseille verlassen zu haben und erwachte zu seinem höchsten Erstaunen auf der Rhede von Bombay; von der ganzen, völlig zwecklosen Reise hatte er gar keine Erinnerung und war gleichwohl in seinem Benehmen den Reisegefährten nicht aufgefallen. Man glaubte ihm, dass er nichts von der Reise wisse, weil er kein Verbrechen begangen hatte. Ein Conditorgeselle erschoss ohne jeden ersichtlichen Grund seine Schlafkameraden und andere Hausgenossen, reinigte sich dann von den Blutspuren, wechselte die Kleidung, liess sich den Bart abschneiden und floh. Man glaubte ihm nicht, dass er von alledem nichts wisse, nach zahlreichen einander sehr widersprechenden Gutachten. Im Zuchthaus wurde später die Epilepsie mit charakteristischen Äquivalenten unzweifelhaft nachgewiesen; er wurde gleichwohl von den Gerichten bis an sein Lebensende als Simulant angesprochen. — Um den Kreis zu schliessen, sei im Anschluss an diese epileptischen Dämmerzustände wieder an die automatischen Handlungen erinnert. Bei dieser Gelegenheit sei übrigens noch einer Varietät von Dämmerzuständen gedacht, in welchen die Kranken bei scheinbarer Lucidität ein eigentümlich läppisches Wesen zur Schau tragen. Sie machen sich beim Militär leicht der Insubordination schuldig und sind in den Militärlazaretten dann oft für Simulanten gehalten worden.

Wichtig für die Diagnose wäre nach dem Gesagten also vor Allem das Verhalten der Erinnerung nach solchen Zuständen. Häufig ist das Gedächtnis vollständig erloschen. In anderen Fällen aber ist es nur wesentlich getrübt und zwar in verschiedener Weise. Mitunter besteht eine traumartige Erinnerung an die Gesammtzeit des Anfalles und wirkliche Gedächtnislücken bestehen nur für die kritischen Momente (z. B. für einen Mord selbst). · In anderen Fällen ist gerade umgekehrt nur eine dumpfe Erinnerung für die wichtigsten Momente vorhanden. Endlich kann es vorkommen, dass sich die Kranken gegen Ende des Anfalles an alle Geschehnisse desselben deutlich erinnern und sich nach Begehen von Verbrechen (z. B. Brandstiftungen und Diebstählen) selbst angeben oder, auf der That ertappt, ein vollkommenes Geständnis ablegen, um dann am anderen Tage und in allen weiteren Verhören nichts mehr von der Sache zu wissen. Der Laie meint in solchen Fällen leicht, dass der Verbrecher nur hartnäckig leugne. Wir glauben indessen bei Wiederholung von Verhören und sorgfältiger Prüfung aller Angaben, lässt sich immer feststellen, ob wirklich die Erinnerung fehlt oder ob der (gesunde) Verbrecher in plumper Weise leugnet. Der normale Lügner wird sich dabei immer in eine solche Fülle von Widersprüchen verwickeln, dass dieselben mit den sehr charakteristischen krankhaften Erinnerungsdefekten in keiner Weise verwechselt werden können.

Das Verhalten des Gedächtnisses verdient aber auch abgesehen vom Verbrechen zur Zeit eines akuten epileptischen Irreseins unsere Aufmerksamkeit: Wir werden weiter unten sehen, dass bei vorgeschrittener Epilepsie das Gedächtnis dauernd geschwächt ist. Leidet nun ein solcher Kranker an häufigen akuten epileptischen Geistesstörungen, so ist es leicht begreiflich, wenn er sich bei den durch letztere veranlassten vollkommenen Gedächtnislücken in seinem Vorleben überhaupt nicht mehr zurecht findet, und dann liegt die Gefahr vor, dass er dieses unvollkommene Erinnerungsbild seines Vorlebens durch Phantasiegebilde ergänzt. In der That glauben wir, dass solche „positive Erinnerungsfälschungen" bei Epileptikern häufig vorkommen, aber bisher zu wenig beachtet worden sind. Eine unserer Kranken erzählte uns in anfallfreien Zeiten mit der grössten Bestimmtheit verschiedene Erlebnisse, von denen sie schon nach Wochen absolut nichts mehr wissen wollte. Die bezüglichen Angaben waren so völlig gleichgültiger und harmloser Natur, die Verwunderung der Kranken selbst, die sie bei Vorhalt ihrer früheren Angaben zeigte, so natürlich, dass an eine auch nur einigermassen bewusste Lüge nicht zu denken war. Andererseits deuteten die bezüglichen Angaben zum grossen Teil gar nicht etwa auf Erlebnisse aus epileptischen Dämmerzuständen hin. Auch durch solche können aber Phantasiegebilde in der Vorstellung des Kranken entstehen, die ihm dann als Erlebnisse erscheinen und seine Erinnerungen wesentlich fälschen. In wie weit sich bewusste Lügen mit solchen Erinnerungsfälschungen auch beim Epileptiker mischen können, werden wir bei Besprechung der Hysterie sehen. Hier kam es uns nur darauf an, auf die durch die epileptischen Anfälle bedingten Gedächtnislücken, sowie auf die Traumerlebnisse der Dämmerzustände als mögliche Ursachen für dauernde Erinnerungsfälschungen hinzuweisen. Man darf bei Epileptikern mit der Annahme einfacher Lügen, die allerdings bei ihnen auch besonders häufig sind, nicht zu voreilig sein.

Um nach dieser Abschweifung die wichtigsten Merkmale des akuten epileptischen Irreseins noch einmal zusammenzufassen, so sind diese: 1. der akute Verlauf der Störung von meist kürzerer Dauer mit mehr oder weniger plötzlichem Beginn und Ende; 2. das völlige oder teilweise Fehlen der Erinnerung nach Ablauf des Anfalls; 3. intensive Angst bei fehlender Hemmung; 4. extremste Gewaltthätigkeit; 5. sehr lebhafte (oft religiöse) Delirien mit charakteristischer Mischung von Grössen- und Verfolgungswahn, grotesk und märchenhaft, wie man es sonst nur bei weit vorgeschrittenem Blödsinn (also nach viel längerer Dauer der Krankheit) beobachtet und dann ohne den intensiven Affekt. Bei den früher beschriebenen Krankheiten wurde wiederholt darauf hingewiesen, welche Zustände mit epileptischen allenfalls verwechselt werden können, und welche Merkmale zur Unterscheidung Berücksichtigung verdienen. Auch die nahe Verwandtschaft — um nicht zu sagen die Identität — des Raptus melancholicus und der Mania ebriosa mit epileptischem Irresein wurde schon betont; wie zwischen chronischem Alkoholismus und Epilepsie ist auch zwischen alkoholischem und epileptischem Delirium mitunter keine Unterscheidung möglich. Endlich sei noch erwähnt, dass man akute tobsüchtige Aufregungen von nur mehrstündiger Dauer mit höhergradiger Bewusstseinstrübung wohl auch als „Mania transitoria" bezeichnet und als Varietät der Manie aufgefasst hat. Richtiger sind wohl auch diese Zustände der Epilepsie zuzuzählen.

Allen diesen Störungen wird man den epileptischen Charakter kaum absprechen, wenn sie bei notorischen Epileptikern auftreten; sie sind aber meist so charakteristisch, dass sie für sich allein die Diagnose ermöglichen und zum Wenigsten immer den Verdacht auf

Epilepsie erwecken sollten. Dieselbe wird in Fällen mit nur sehr seltenen Krampfanfällen mitunter erst nach einem solchen akuten Irresein constatiert, während sie bis dahin vielleicht nicht einmal vom Kranken selbst beachtet worden war. Für die gerichtliche Praxis ist diese Frage von der grössten Wichtigkeit, weil einerseits gerade diese Patienten leicht mit dem Strafgesetz in Conflikt kommen, andererseits aus den oben angeführten Gründen die krankhafte Ursache ihres Verhaltens leicht verkannt wird. Gelingt dann der Nachweis der Epilepsie, so wird sich bei sorgfältiger Nachforschung auch das akute epileptische Irresein zur Zeit der That constatieren lassen.

Der Verlauf der Gesammtkrankheit nun (nicht des einzelnen Anfalls) gestaltet sich ungemein verschieden.

Was zunächst die Häufigkeit und die Combination aller dieser Varietäten von „Anfällen" bei den einzelnen Kranken anbetrifft, so lässt sich darüber im Allgemeinen das sagen, dass in dieser Beziehung alles nur Denkbare thatsächlich vorkommt. Unzweifelhafte epileptische Krampfanfälle und sogar epileptische Äquivalente sind als einziger Anfall während des ganzen Lebens, wenn auch sehr selten beobachtet worden. Umgekehrt zählte man wieder bis zu 21 000 Anfällen in 26 Tagen bei Einem Epileptiker. Wenige Anfälle während des ganzen Lebens und umgekehrt mehrmals täglich auftretende Anfälle gehören schon nicht zu den besonderen Seltenheiten. Sie können wenigstens in begrenzten Zeitabschnitten (bis zu Jahren) in gleichen Zeitintervallen wiederkehren, aber ebenso auch ganz unregelmässig auftreten. Wenn ein solcher Typus vorhanden ist, kann er sich in unberechenbarer Weise ändern. — Die Art der Anfälle kann sich bei demselben Individuum ausserordentlich gleich bleiben (so dass sich der Kranke z. B. immer die gleiche Stelle des Kopfes im Krampfanfall verletzt); sie kann aber auch ausserordentlich variieren; man findet zahlreiche Kranke mit ausschliesslichen Krampfanfällen, solche mit Krampfanfällen u n d seltenen psychischen Äquivalenten und solche, bei denen die letzteren, namentlich auch die sogenannten petit mal-Anfälle überwiegen.

Wenn Alles dies für uns hier nur zur Stellung der Diagnose von Wichtigkeit ist, so interessieren uns die jetzt zu besprechenden Dauersymptome wieder an sich. Die meisten Epileptiker haben auch in den anfallsfreien Zeiten so charakteristische psychische Eigentümlichkeiten, dass der Kenner aus ihnen allein schon häufig die Epilepsie diagnosticieren kann. Die Intensität dieser Symptome ist bei den verschiedenen Kranken ungemein variabel, beim einzelnen Individuum aber verhältnismässig konstant und durchaus nicht etwa der Häufigkeit und Intensität der Anfälle analog. Es ist bekannt, dass unter den bedeutendsten Persönlichkeiten der Weltgeschichte (Cäsar, Napoleon, Mahomet) Epileptiker waren und im alltäglichen Leben findet man zahlreiche solche Kranke, die ohne Störung ihrem Beruf nachgehen können, wenn ihnen auch die Anfälle an sich hinderlich sind. Andererseits sind wieder sehr Viele von frühester Jugend auf blödsinnig, oder werden es allmählich im Laufe des Lebens, und bedürfen deshalb dauernd der sorgfältigsten Pflege. Sehr häufige und intensive Krampfanfälle beschleunigen wohl die Verblödung; mitunter beobachtet man solche aber wieder gerade bei überwiegenden petit-mal-Anfällen. In sehr seltenen Fällen kann hochgradige Verblödung sofort an einen epileptischen stupor anschliessen, in den meisten schreitet sie allmählich fort, kann aber auch sehr lange stationär bleiben.

Der epileptische Schwachsinn äussert sich darin, dass die Auffassung zunächst in sehr auffälliger Weise verlangsamt, schliesslich immer mehr erschwert wird; neue Erfahrungen werden nicht mehr gemacht, der Schatz der alten schrumpft immer mehr zusammen, indem das Gedächtnis immer mehr leidet; naturgemäss rückt die eigene Persönlichkeit immer mehr in den Mittelpunkt des Denkens; der Kranke wird immer egoistischer. Dabei bleibt er aber — im Gegensatz zum akuten epileptischen Irresein — immer noch verhältnismässig besonnen; doch fällt in seinen sprachlichen Äusserungen die Langsamkeit und ungeheure Schwerfälligkeit des Denkens oft sehr auf. Dazu kommt dann allerdings, vollends in Fällen frühzeitig beginnender Epilepsie, vielfach noch eine verlangsamte motorische Innervation der Sprachwerkzeuge. — Dass Erinnerungsfälschungen vorkommen, die auch in phantastischen scheinbaren Lügen sich äussern können, wurde oben schon erwähnt.

Besonders und vielleicht noch mehr als die Intelligenz leidet aber bei der Krankheit der Charakter. Zunächst unabhängig von äusseren Einflüssen treten Stimmungsschwankungen auf; die Patienten sind mürrisch und menschenscheu, zwischenhinein können sie auch wieder überschwänglich glückselig sein, aber immer mit einem weinerlichen rührseligen Beigeschmack. Sie neigen dann sehr dazu, sich und ihre Familien zu loben und sind ausserdem fast alle übertrieben religiös. Bei dieser schwerfälligen weinerlichen Stimmung sind sie andererseits abnorm reizbar, geraten über die geringsten Kleinigkeiten, durch die sie sich beeinträchtigt glauben, in heftigen Zorn und lassen sich dann leicht zu den brutalsten Gewaltthätigkeiten, aber auch zu den raffiniertesten Bosheiten hinreissen. In solchen Fällen geht dann die ohnehin geringe Urteilsfähigkeit eventuell völlig verloren! Bei derartigen

Affektausbrüchen steht die ursprüngliche Veranlassung zur daraut-
folgenden Reaktion oft in gar keinem Verhältnis, oder die erstere ist
überhaupt nicht mehr nachweisbar. Es liegt auf der Hand, dass es
dann sehr schwierig sein kann zu entscheiden, ob es sich im gegebenen
Fall um eine durch die Aussenwelt veranlasste Reaktion, oder lediglich um innere Vorgänge, d. h. um einen psychisch-epileptischen Anfall
handelt. Eine scharfe Grenze existiert auch hier wieder nicht; doch
ist es für die Praxis in solchen Fällen auch ziemlich gleichgültig; es
unterliegt keinem Zweifel, dass auch durch die dauernde epileptische
Reizbarkeit und Intelligenzstörung, wenn beide in hohem Grade
vorhanden, sowohl die „Fähigkeit der Selbstbestimmung" wie die
„Urteilskraft" völlig aufgehoben sein kann. Dass diese Charakteranomalieen einen erheblichen moralischen Defekt bedingen, bedarf wohl
kaum eines besonderen Hinweises.

Im Verlaufe der Krankheit kommen nun nicht so selten neben
den oben skizzierten akuten schwereren Geistesstörungen auch länger
dauernde periodische Verschlechterungen des psychischen Allgemeinbefindens vor, die eventuell den Charakter eines „protrahierten epileptischen Irreseins" annehmen. Scharfe Grenzen existieren auch hier
wiederum nicht.

Der Vollständigkeit halber sei erwähnt, dass die oft schwer erblich belasteten Kranken verhältnismässig viele Merkmale angeborener
Entartung an ihrem Körper aufweisen. Bei vorgeschrittenen Krankheitsfällen findet man ferner oft die Zeichen der erworbenen Degene-
rationen, plumpe Gesichtszüge mit breitem Nasenrücken, mannigfache
von den häufigen Verletzungen herrührende Narben u. s. w. u. s. w.
Ausserdem hört man oft Klagen über Kopfschmerzen, Neuralgieen und
andere nervöse Beschwerden.

Dass zwischen der Epilepsie und anderen constitutionellen Geistesstörungen vielerlei Übergänge existieren, wurde schon Eingangs des
Kapitels erwähnt! Am auffälligsten tritt dies zu Tage bei der Idiotie,
d. h. dem angeborenen Blödsinn, der auch bei sonst reiner Ausbildung
mitunter vereinzelte typische epileptische Krampfanfälle aufweist. Je
früher andererseits die Epilepsie sich im Kindesalter entwickelt, desto
mehr geht das Bild des erworbenen epileptischen in dasjenige des angeborenen Schwachsinns über. Aber auch Mischformen mit nur
moralischer Idiotie, und vor Allem mit Hysterie und Alkoholismus sind
recht häufig.

Die Epilepsie spielt in der Criminalität eine fast gleich
grosse Rolle wie der chronische Alkoholismus. Es geht aus der vorstehenden Schilderung der Krankheit schon a priori hervor und wird

durch die Erfahrung unzähliger Thatsachen erhärtet, dass Epileptiker ungemein häufig mit dem Strafgesetz in Conflikt kommen, vor Allem durch ihre grosse Gewaltthätigkeit. Unter den Insassen der Zuchthäuser, Gefangenenanstalten und Arbeitshäuser findet man ausserordentlich viele Epileptiker. Ein Teil derselben ist jedenfalls in ihrer specifisch epileptischen Natur verkannt worden, d. h. sie haben ihr Verbrechen im Zustande eines akuten epileptischen Irreseins begangen und sind nichts desto weniger verurteilt worden. Ein grosser Teil ihrer Verbrechen ist dagegen auf das Conto der dauernden epileptischen Reizbarkeit zu setzen. Den Rest brachte der moralische Defekt um ihre Freiheit. — Diese Thatsachen veranlassten Lombroso in der 3. Auflage seines Buches über den geborenen Verbrecher den Begriff dieses mit demjenigen des Epileptikers für identisch zu erklären. Wir werden darauf bei Besprechung der moralischen Idiotie zurückkommen.

Wenn schon allein diese Thatsachen die ausführliche Besprechung der Epilepsie an dieser Stelle rechtfertigen, so nötigte dazu noch besonders folgender Umstand: Die Epilepsie ist eine ungeheuer weitverbreitete Krankheit und deshalb jedem Laien bekannt. Derselbe glaubt deshalb über sie viel eher ein Urteil fällen zu können, als über irgend eine andere Krankheit. Andererseits ist die Vorstellung, die sich die meisten Laien davon machen, meist eine recht unklare und vielfach eine sehr falsche. Rechnet man dazu endlich den Umstand, dass gar viele Verbrechen von Epileptikern besonderes Grauen und Entsetzen erregen und deshalb in hervorragendem Masse das Bedürfnis nach Vergeltung und Sühne hervorrufen müssen, so erklärt es sich leicht, dass gerade bei dieser Krankheit so häufig die Unzurechnungsfähigkeit nicht anerkannt wird; und es wird nötig sein, einigen besonders verbreiteten Irrtümern in dieser Frage noch ausdrücklich entgegen zu treten.

Zunächst ist festzuhalten, dass es ja für die Frage der Zurechnungsfähigkeit in erster Linie und gerade in Rücksicht auf die Sühne auf den Geisteszustand des Verbrechers zur Zeit der That ankommt, nicht aber auf die Häufigkeit und Schwere der Krampfanfälle. Der Laie ist nur allzusehr geneigt, nach diesem letzteren Moment die Schwere des Falles und danach in einer unklaren allgemeinen Weise die fragliche Zurechnungsfähigkeit zu beurteilen. Der Nachweis zweifellos epileptischer Anfälle hat natürlich keinen anderen Wert als den, das Vorhandensein einer epileptischen Constitution zu erweisen; hierfür aber ist er allerdings von grosser Bedeutung; in sehr vielen Fällen ist er ausserordentlich leicht und kann selbst von dem misstrauischsten

Richter nicht angezweifelt werden, in anderen dagegen ist er sehr mühselig, gelingt aber nichts desto weniger mit grosser Sicherheit. Ist es dem begutachtenden Arzt möglich, einen Krampfanfall selbst zu beobachten oder wenigstens durch sachverständiges Pflegepersonal beobachten zu lassen, ist das natürlich sehr wertvoll. Einen Krampfanfall zu simulieren, ist zwar bis auf einen gewissen Punkt möglich, aber sehr viel schwieriger, als sich die Laien meistens einbilden, und gelingt in einigermassen täuschender Weise höchstens einem Menschen, der schon viel in Zucht- und besonders Irrenhäusern Gelegenheit gehabt hat, welche zu sehen. Also kann eigentlich nur in solchen Fällen der Verdacht der Simulation entstehen; aber gerade dann ist umgekehrt der Verdacht auf bestehende Geistesstörung wieder in hohem Grade vorhanden, und wenn dann auch wirklich der Krampfanfall simuliert ist, so folgt daraus noch lange nicht das Fehlen schwerer geistiger Störung. In vielen derartigen Fällen wird sie vorhanden sein; das bedarf dann aber natürlich eines sorgfältigen Nachweises. Es kann sich dann auch um hysteroepileptische Anfälle handeln, bei denen die einzig absolut nicht zu simulierenden Symptome: Leichenblässe des Gesichtes und Pupillenstarre fehlen. — In allen Fällen, namentlich aber, wenn der Arzt die Anfälle nicht selbst beobachten kann oder Zweifel an deren Echtheit bestehen, ist nach früher überstandenen Anfällen zu forschen, die, wenn vor der eingeklagten Handlung beobachtet, natürlich von hohem Werte sind. Man ist dabei immer auf Angaben von dritten Personen angewiesen, die sorgfältig zu kritisieren sind. Anhaltspunkte für die Fragestellung sind in den oben genau beschriebenen Symptomen des Anfalls bereits gegeben. Besondere Beachtung verdient aber noch die Thatsache, dass die leichten petit-mal-Anfälle auch von der Umgebung, weil geringfügig erscheinend, oft nicht angegeben oder auch ganz übersehen werden; ja dies kann sogar bei schwereren Krampfanfällen vorkommen, wenn sie nur selten, und vollends, wenn sie nur Nachts auftreten. Sonst nicht erklärliches Bettpissen, nächtliches Aufschreien, Erwachen mit dumpfem Kopf, Kopfschmerzen und Gefühl der Abgeschlagenheit müssen daran denken lassen. — Wertvolle objektive Merkmale für schon überstandene Anfalle sind durch solche bedingte Narben, insbesondere solche von Zungenbissen! Sie können aber auch bei schweren Anfällen völlig fehlen! — Abgesehen von den Anfällen in allen ihren Varietäten hat man selbstverständlich auch nach allen anderen Symptomen, besonders nach akuten Geistesstörungen (nicht nur zur Zeit der That) sorgfältig zu forschen. Aber der zuverlässige Nachweis eines epileptischen Anfalles (nicht nur eines Krampfanfalles) genügt eventuell zur Stellung der Diagnose der epileptischen Constitution!

Ist nun diese sicher gestellt, so ist die Frage der Unzurechnungsfähigkeit zur Zeit der That besonders zu prüfen und zu erweisen; das ist ja schliesslich in jedem Gutachten, gleichgültig welche Krankheitsform es betrifft, notwendig; aber in vielen anderen Fällen hat dies nur theoretischen Wert; es ist kaum möglich, dass ein Mensch vor 14 Tagen und heute maniakalisch ist, vor 8 Tagen es aber nicht war. Dagegen ist es sehr wohl möglich, dass ein Epileptiker zwischen 2 Anfällen zurechnungsfähig ist. Hier sind nun 2 Fälle wohl zu unterscheiden, derjenige, wo der Epileptiker die That im akuten epileptischen Irresein begangen hat, und derjenige, wo das nicht der Fall ist. Im ersten Fall ist er unbedingt und unter allen Umständen für total unzurechnungsfähig zu erklären. Es giebt überhaupt keinen unzurechnungsfähigeren Geisteskranken, als einen Epileptiker im psychischen Anfall. Darüber sind auch sämmtliche Sachverständige einig. Gerade bei dieser sehr eigenartigen Geistesstörung aber will sich häufig der Laie nicht von der Unzurechnungsfähigkeit überzeugen, offenbar weil dem Unkundigen die plötzliche Rückkehr der Zurechnungsfähigkeit, die ja Untersuchungsbeamter und Richter allein vor sich sehen, unbegreiflich erscheint. Andererseits sollte allerdings gerade der Richter in erster Linie dem Wortlaut des Gesetzesparagraphen entsprechend nach der Zurechnungsfähigkeit zur Zeit der That fragen, und nicht nach der zur Zeit der Gerichtsverhandlung. Abgesehen von den oben erwähnten Momenten mag die Unbelehrbarkeit des Richters auch vielfach von der unvollkommenen Kenntnis der Lehren der Epilepsie herrühren, indem er den bisher besprochenen Fall verwechselt mit dem folgenden.

Wenn nämlich ein Epileptiker seine That im anfallsfreien Intervall begeht, dann sind in der That die Ansichten auch der medicinischen Sachverständigen geteilt, ob völlige Unzurechnungsfähigkeit oder verminderte Zurechnungsfähigkeit anzunehmen sei. Indessen wird auch dieser Widerstreit der Ansichten vielfach in dem Sinne missverstanden, als ob es sich hier um eine Principienfrage handle. Aber auch das ist wieder ein Irrtum. Es giebt zweifellos Epileptiker, die auf Grund ihrer dauernden epileptischen Urteilsschwäche und Reizbarkeit total unzurechnungsfähig sind, und umgekehrt solche, welche für völlig zurechnungsfähig erklärt werden können. Es kommt hier also lediglich auf die Intensität der Krankheitserscheinungen an, ob man verminderte Zurechnungsfähigkeit annehmen will oder nicht, und in diesem Sinne gehört die Epilepsie vor Allem zu jenen Übergangsformen zwischen geistiger Krankheit und Gesundheit, nicht aber das akute epileptische Irresein, die schwerste Geistesstörung, die es überhaupt giebt.

Was man vom Standpunkte der Zweckmässigkeit aus mit den Epileptikern zu machen hat, ist eine Frage für sich. Diejenigen, welche im akuten epileptischen Irresein ein Verbrechen begangen haben, wird man eventuell in Freiheit setzen können, wenn die Geistesstörung bis dahin die einzige im Leben war und der Kranke sonst nicht gefährlich erscheint. Traten aber schon wiederholt epileptische Geistesstörungen auf, so wird man den Kranken versorgen, um die Gesellschaft vor gemeingefährlichen Handlungen in eventuell wiederkehrenden Anfällen zu schützen. Wohl ausnahmslos ist diese Massregel angezeigt, wenn der Kranke auf Grund seiner dauernden epileptischen Degeneration mit dem Strafgesetz in Conflict geraten ist. Viele Staaten haben eigene Anstalten für Epileptiker. Handelt es sich um eine Mischform mit moralischer Idiotie, so könnten eventuell die „Strafabsonderungshäuser“ in Betracht kommen, die reinen Fälle von Epilepsie aber gehören unbedingt in eigentliche Krankenpflegeanstalten; nur bei den Mischformen wird man je nach Eigenart des einzelnen Falles besondere Massregeln zu treffen haben. Bei der Unberechenbarkeit des Verlaufes der Krankheit im Allgemeinen ist es mitunter schwer, etwas Bestimmtes darüber vorauszusagen. Die Therapie ist der Krankheit gegenüber ziemlich machtlos. Unser besonderes Interesse verdient aber auch hier wieder der Alkohol. Es giebt entschieden Fälle von reiner Epilepsie, nicht nur solche von Alkoholepilepsie, die durch den Alkoholgenuss in erheblichem Grade beeinflusst und durch Totalenthaltsamkeit wesentlich gebessert, ja sogar geheilt werden können. Im Zweifel ist also auch hier ein Versuch mit einer rationellen Abstinenzkur zu machen, wozu das vorige Kapitel zu vergleichen ist.

## § 2.

### Die Hysterie.

Die Hysterie is viel schwerer zu definieren und von verwandten Krankheitsbildern abzugrenzen, als die bisher besprochenen. Ihre wesentlichsten Merkmale sind: eine abnorme Neigung zu Autosuggestionen verbunden mit abnormer Suggestibilität für krankhafte, bizarre Erscheinungen; ausserdem besteht meist ein Doppelbewusstsein von Vorstellung und Gegenvorstellung: Pseudologia phantastica im weiteren Sinne des Wortes. Ursache der hysterischen Constitution ist die der Psychopathie im Allgemeinen; die Ursache des Ausbruchs der Krankheit ist immer ein psychisches Trauma. Die Krankheit findet sich namentlich bei Weibern, aber auch bei Männern. Die wichtigsten „nervösen" Symptome sind: Krämpfe, allgemeine und partielle, Anästesieen, Parästesieen, Schmerzen aller Art, Contrakturen, Blutungen, Sehstörungen. Hysterische Delirien haben wieder den deutlichen Charakter der Pseudologia phantastica. Die typischen Verbrechen dieser Zustände sind scheinbar sehr raffinierte Schwindeleien. — Die Intelligenz ist bei Hysterischen nicht wesentlich gestört, dagegen leidet der Charakter. Man beobachtet intensive Affekte mit rasch darauffolgender Ermüdung; die Affektäusserungen haben oft einen theatralischen Charakter. Neben Launenhaftigkeit findet sich intensiver Eigensinn in gutem, wie in schlechtem Sinne, ethischer Defekt, besonders Neigung zu lügen.

Diese Gewohnheit, die sich in Simulation von Krankheit wie in anderen Schwindeleien äussern kann, führt sehr oft zur Pseudologia phantastica. Durch dieselbe muss die Reproduktionsfähigkeit notwendig eine erhebliche Einbusse erleiden. Durch unbewusste Suggestion und Autosuggestion erzeugte Erinnerungsfälschungen können falsche Selbstanklagen und Zeugenaussagen veranlassen, deren wahre Natur leicht verkannt wird. Die pathologischen Schwindler finden Glauben bei ihrer Umgebung, weil sie sich ihres Schwindels nicht bewusst sind. Ihre Schlauheit ist nur eine scheinbare.

Die Frage der Zurechnungsfähigkeit ist nach dem Gesammtkrankheitsfall, nicht nach dem einzelnen Verbrechen zu beurteilen. Zum Schutze gegen gemeingefährliche Patienten können sehr verschiedenartige Massregeln angezeigt sein.

Auch die Hysterie ist eine seit dem Altertum bekannte Krankheit. Wenn wir aber bei der Epilepsie noch ziemlich genau angeben konnten, in welchem Sinne dieser Krankheitsbegriff in neuerer Zeit umgewandelt worden ist, so ist das bei der Hysterie kaum mehr möglich. So viel in den letzten Jahrzehnten darüber gearbeitet und geschrieben worden ist, so mannigfaltig sind auch die Theorieen der verschiedenen Forscher, und es ist nicht möglich, eine auch nur die Mehrzahl derselben befriedigende Definition der Krankheit zu geben. Für die gerichtliche Praxis bietet dieser Zwiespalt der Ansichten aber keineswegs so grosse Schwierigkeiten dar, als man meinen möchte; denn für sie kommt es auf das Wesen der fraglichen psychopathischen Erscheinungen an und nicht darauf, ob man sie „hysterisch" nennt. Dieselben gehören jedenfalls alle mehr oder weniger in die grosse Gruppe der constitutionellen Geistesstörungen; unter diesen auch nur einigermassen abgrenzbare Untergruppen zu statuieren, im Sinne charakteristischer Formen, ist heutigen Tages nicht wohl möglich; einzig für die Hysterie scheint uns eine gewisse Berechtigung vorzuliegen. Eine bestimmte Abgrenzung der Hysterie gegen die constitutionelle Psychopathie im Allgemeinen, gegen „Hypochondrie", „Neurasthenie", Epilepsie im Besonderen ist aber viel weniger möglich als die der bisher besprochenen von den ihnen verwandten Krankheitsformen. Mit diesem Vorbehalt wollen wir versuchen den Begriff, so gut als es eben möglich ist, zu bestimmen.

Die Hysterie hat zunächst nichts mit den weiblichen Geschlechtsorganen zu thun, wie die Alten und heutigen Tages auch viele Laien meinen, und wie der Name (abgeleitet von ὑστέρα = die Gebärmutter) besagt. Sie kommt bei beiden Geschlechtern vor und beruht auf einer abnormen Constitution des Gehirns, die zu sehr mannigfaltigen, gleichwohl ziemlich charakteristischen Funktionsstörungen desselben Veranlassung giebt. Alle gewöhnlich als hysterisch bezeichnete Krankheitserscheinungen, im Besonderen auch die sogenannten „nervösen“, haben nämlich das Gemeinsame, dass sie durch Vorstellungen erzeugt werden. Weil nun die Wirkung der Hypnose darauf beruht, dass der Hypnotiseur dem Hypnotisierten Vorstellungen eingiebt („suggeriert“), so ist es möglich, künstlich durch Suggestion auch bei Gesunden alle „hysterischen“ Symptome zu erzeugen, z. B. die vollständige Gefühllosigkeit des ganzen Körpers oder einzelner umschriebener Teile desselben, ebenso die Lähmung der gesammten Muskulatur, oder einzelner Glieder u. s. w. u. s. w. Diese Erscheinungen beruhen in beiden Fällen nicht auf dauernden anatomischen Veränderungen im Centralnervensystem oder in den Nerven, sondern lediglich auf der bezüglichen Vorstellung und verschwinden sofort mit derselben, im hypnotischen Experiment also durch eine entsprechende Gegensuggestion von Seiten des Hypnotiseurs. Der Unterschied zwischen einer hysterischen und einer in regelrechter Hypnose erzeugten Lähmung wäre also, dass die bezügliche Vorstellung im einzelnen Falle durch den bewussten Willen des Hypnotiseurs hervorgerufen (suggeriert) wird, im anderen Falle spontan (d. h. auf uns zunächst nicht erkennbare Weise) im Gehirn des Kranken zu Stande kommt (durch Selbsteingebung oder „Autosuggestion“ entsteht). Thatsächlich handelt es sich allerdings immer um ein Gemisch von Suggestion und Autosuggestion. Auch im hypnotischen Experiment wird jede Suggestion durch Autosuggestionen ergänzt. Wenn z. B. der Hypnotiseur sagt: „Sie sehen dort den grossen schwarzen Hund vor sich“, so wird der Betreffende den Hund in Folge der Suggestion sehen, aber in Folge ergänzender Autosuggestionen mit vielen Einzelheiten, an die der Hypnotiseur im Moment gar nicht gedacht hat; er wird eventuell den Hund, dessen Gesichtsbild der Hypnotiseur ihm suggeriert hat, auch bellen hören, auch wenn derselbe nichts davon sagte (suggerierte). Andererseits lässt sich bei einem hysterischen Symptom mitunter die, wenn auch unbewusste, Suggestion eines Andern nachweisen. So bekam eine Kranke einen sehr heftigen, Jahre anhaltenden,

hysterischen Husten am Tage nach einer sehr gewissenhaften ärztlichen
Untersuchung, bei welcher der Arzt unter anderen die Frage gestellt,
ob sie auch nicht an Husten leide, und dadurch unbewusst die Vorstellung eingegeben hatte, sie könne — werde an Husten leiden. —
Wenn somit Suggestion und Autosuggestion keine absoluten Gegensätze sind, so würde doch immerhin in dem Überwiegen des einen oder
des anderen Momentes schon ein bemerkenswerter Unterschied zwischen
einer hysterischen und einer durch Hypnose erzeugten Lähmung bestehen und das Charakteristicum der hysterischen Constitution wäre
demnach eine erhöhte Neigung zur Bildung von Autosuggestionen,
deren Voraussetzung unter Anderem eine rege Phantasie wäre.

Vor Allem ist nun aber die Empfänglichkeit für Suggestionen (die
Suggestibilität) bei verschiedenen Menschen und zu verschiedenen
Zeiten nicht nur ganz im Allgemeinen verschieden, sondern speciell
auch für die Art der Suggestionen. In diesem Sinne unterscheiden
sich wieder die Hysterischen von den Gesunden wesentlich dadurch,
dass sie hervorragend suggestibel sind für krankhafte und im Besonderen für auffallende oder gar bizarre Erscheinungen. Es gelingt
im Ganzen ausserordentlich leicht, einer Hysterischen neue Krankheitserscheinungen zu suggerieren; das wird am besten durch das oben
angeführte Beispiel des hysterischen Hustens illustriert; auch wirkt
das Beispiel anderer Hysterischer stets schädlich auf die Kranken ein;
dagegen ist es oft recht schwierig, hysterische Symptome weg-
zusuggerieren. Ohne hier also näher auf das Wesen der Suggestion
einzugehen, sei nur ausdrücklich betont, dass es ein Irrtum ist, wie
man vielfach gethan hat, anzunehmen, dass nur die Hysterischen
suggestibel, und die Hypnose eine artificielle Hysterie sei; dieselbe besteht vielmehr, um es noch einmal zu wiederholen, in einer abnormen
Neigung zur Bildung von Autosuggestionen und in einer besonderen
Suggestibilität für krankhafte und bizarre Erscheinungen.

Noch ein zweites charakteristisches Merkmal aber findet sich in
jedem hysterischen Symptom: Neben der bezüglichen (das jeweilige
Symptom bedingenden) Vorstellung ist sehr häufig, um nicht zu sagen
immer, die bezügliche Gegenvorstellung mit bald grösserer, bald
geringerer Deutlichkeit im Bewusstsein des Kranken vorhanden.
Dieses scheinbare Paradoxon wird am besten durch den Hinweis auf
analoge Vorgänge erläutert. Zunächst finden wir etwas ganz ähnliches im physiologischen Traum. Die durch einen solchen vor-
getäuschte Situation kann uns in grosser Deutlichkeit als wirklich
erscheinen und die betreffenden intensiven Gemütsregungen hervorrufen, und doch haben wir gleichzeitig das deutliche Bewusstsein, dass

das Alles nicht wirklich, sondern nur Traum ist. Das Gleiche beobachteten wir einmal in einem hypnotischen Experiment. Wir gaben einer hypnotisierten Person ein grosses Tischmesser in die rechte Hand und suggerierten ihr, sie habe in der linken ein ebensolches: sie sah und fühlte beide Messer (das wirkliche wie das suggerierte) mit gleicher Deutlichkeit. Darauf sagte man ihr, man nehme ihr nun beide Messer weg, ohne thatsächlich etwas zu ändern; und nun sah und fühlte sie das thatsächlich vorhandene Messer nicht mehr, wie sie angab, spreizte auch auf unsere Aufforderung hin alle 10 Finger der ausgestreckten Hände, Daumen und Zeigefinger der rechten Hand aber in einer so gezwungenen vorsichtigen Weise, dass sie das Messer nicht, wie wir erwartet hatten, zu Boden fallen liess. Diese Bewegung war offenbar dadurch veranlasst, dass neben der suggerierten Vorstellung, welche die Betreffende das Messer nicht fühlen und sehen liess, die durch Gefühl und Gesicht bedingte Vorstellung seines Vorhandenseins im Bewusstsein gleichzeitig gegenwärtig war. Die eine Vorstellung liess die Finger spreizen, die andere liess das Messer balancieren, um es nicht zu Boden fallen zu lassen. — Um endlich das Phänomen mit einer Beobachtung aus der Psychopathologie zu erläutern, so gab sich ein Bauernmädchen aus Österreich in der Schweiz für einen Dr. Mayer aus, trug natürlich Mannskleider, und wusste ihre ganze Umgebung mehrere Monate lang derartig zu täuschen, dass sich ein Schweizermädchen mit ihr verlobte, in der festen Überzeugung, in dem vermeintlichen Dr. Mayer einen ordentlichen Mann zu bekommen. Diese Schwindlerin, die dauernd an conträrer Sexualempfindung litt, lebte offenbar jene ganze Zeit über in dem Glauben, sie sei der Dr. Mayer, wie aus ihrem ganzen, sicheren, naiven Auftreten und Benehmen, welches nicht die geringste Angst vor Entdeckung oder Sorge um das Ende des ganzen Schwindels erkennen liess, hervorging. Gleichzeitig aber war sie sich ihres Betruges dunkel bewusst. Dieses dunkle Bewusstsein wurde durch Entdeckung, Verhaftung und Überführung sofort aufgehellt und liess sie den Schwindel unumwunden eingestehen, indem nunmehr die Vorstellung, sie sei der Dr. Mayer, sofort wieder im Bewusstsein verblasste, oder ganz aus demselben verschwand. Ein anderer derartiger Kranker, welcher geheiratet hatte, nachdem er die eigene, wie die Familie der Braut jahrelang über die eigene Person, wie über die Verhältnisse jeweils der anderen Familie getäuscht hatte, stellte Lüge und Betrug niemals in Abrede; trotzdem sagte er in Bezug auf die Schwindeleien: „Es war mir so — es dünkte mich — ich hatte die Vorstellung" und „Ja, es machte mir Freude — oder das kann ich nicht sagen, dass es mir

Freude machte — es war mir angenehm, wenn es so sein konnte,
etwas Böses habe ich dabei nie im Sinne gehabt"; auf Vorhalt sagte
er: „Ja, ich wusste es, dass es nicht der Fall war, aber es war mir
doch so — ich war dann überhaupt oft so grössenwahnsinnig, kam
mir selbst so gross vor!" Von „unumstösslicher Gewissheit" sei es ihm
gewesen, dass er in Zukunft ein grosses Kapital erhalten werde.
Auf den Vorhalt, dass er doch „gewusst" habe, dass er kein Geld
habe, erwiedrte er: „Ja einerseits wusste ich es wohl, aber
andererseits wusste ich es doch auch wieder nicht."

Die Beobachtung vieler solcher „pathologischer Schwindler" und
ihre psychologische Analyse lässt uns im Hinblick auf jene oben
angeführten Analogieen nicht an der Richtigkeit dieser Deutung
zweifeln. Diese widerspruchsvolle Mischung von Lüge und Wahnidee
haben wir als „Pseudologia phantastica" bezeichnet. Das Wesentliche
dieses Symptoms aber: das gleichzeitige Bewusstsein zweier einander
widersprechender Vorstellungen kehrt in jedem hysterischen Symptom,
nicht nur in den hysterischen Lügen wieder. Eine Kranke mit
hysterischer Lähmung der Beine z. B. kann Jahre lang im Bett liegen,
weil sie vorwiegend von der Vorstellung beherrscht wird, sie könne
die Beine nicht bewegen; bei der ärztlichen Untersuchung, wo diese
Vorstellung besonders stark betont wird, erscheinen sie völlig gelähmt.
Lässt man diese Vorstellung im Bewusstsein abblassen, indem man die
Aufmerksamkeit der Kranken ablenkt, bewegt sie die Beine vielleicht,
ohne es selbst zu merken, unter der Decke. Durch einen intensiven
Schreck aber (z. B. durch fingierten Feuerlärm) gelingt es unter
günstigen Umständen, die Vorstellung von der Lähmung völlig unter
die Schwelle des Bewusstseins sinken zu lassen, in welchem lediglich
die Vorstellung der grossen Gefahr gegenwärtig ist, welche die Kranke
schnell davonspringen lässt. — Aus den einzelnen Beispielen geht
wohl zugleich zur Genüge hervor, dass in jedem einzelnen Symptom
bald die eine, bald die andere der bezüglichen Gegenvorstellungen
stärker bewusst ist oder ganz unbewusst wird und der anderen die
ausschliessliche Herrschaft überlässt. So erklärt sich der oft sehr
auffällige Wechsel hysterischer Symptome, welcher aber sehr unbe-
rechenbar ist wegen der hochgradigen Neigung zu Autosuggestionen.
Es gelingt durchaus nicht immer, mit so einfachen Mitteln, wie einem
fingierten Feuerlärm, eine hysterische Lähmung zu heilen, vollends
nicht auf die Dauer!

Aber nicht die Heilmethode, welche die angeführten Thatsachen
natürlich stets im Auge zu behalten hat, ist es, die uns hier bei der
„Pseudologia phantastica" interessiert, um das Wort nun in dem oben

angegebenen erweiterten Sinne, also nicht nur in Bezug auf das
Lügen, sondern auf die hysterischen Symptome überhaupt zu gebrauchen.
Vielmehr ist das Phänomen für die gerichtliche Praxis von so hervor-
ragender Bedeutung, weil es den Beweis liefert, dass Krankheit und
Simulation nicht immer absolute Gegensätze zu sein brauchen und,
allgemeiner gesprochen, auch nicht Lüge, Schwindel, Betrug einerseits,
krankhafte Vorstellungen andererseits. Denn es bedarf wohl kaum
einer besonderen Erwähnung, dass in der beschriebenen Lähmung der
Beine sehr wohl ein Teil Simulation stecken k a n n. Durch das
Phänomen der Pseudologia phantastica ist es jedenfalls zu erklären, dass
alle hysterischen Symptome wohl ausnahmslos einen mehr oder weniger
simulierten Eindruck machen. Bei den sogenannten grossen hysterischen
Krampfanfällen z. B. kann man sich fast nie des unmittelbaren Ein-
drucks erwehren, dass die Kranke Comödie spielt, und trotzdem nötigt
der Verstand Einem die Überzeugung auf, dass alle diese Bewegungen
durch einen pathologischen Zwang hervorgerufen werden. Dieser Widerspruch wird eben durch die Pseudologia phantastica erklärt, und es liegt
auf der Hand, dass es ebenso irrtümlich als richtig ist, mit dem Begriff
der Hysterie stets den des Schwindels und der Simulation zu verbinden. Beim einzelnen Symptom zu entscheiden, welches der beiden
konkurrierenden Momente die Oberhand hat, ist oft ganz unmöglich.
Für die gerichtliche Praxis ist dies insofern ganz gleichgültig, als es
in derselben überhaupt nicht auf ein einzelnes Symptom ankommt,
sondern auf das Gesammtkrankheitsbild. Doch schien es uns wünschenswert, das Phänomen als solches, welches uns eben für alle hysterischen
Symptome charakteristisch zu sein scheint, möglichst deutlich verständlich zu machen. Wir werden später darauf zurückkommen,
welche Bedeutung es im Gesammtkrankheitsbild einnimmt.

Wir wollen uns mit diesem Hinweis auf die unseres Erachtens
charakteristischen Merkmale der Hysterie begnügen und müssen
darauf verzichten, eine präcisere Definition zu geben. Namentlich von
der Pariser Schule sind eine Fülle von hysterischen Einzelsymptomen
beschrieben und zum Teil als charakteristisch und für die Diagnose
unerlässlich hingestellt worden. Wir können aber diesen sogenannten
„Stigmata der Hysterie“ vollends für die gerichtliche Praxis keine
Bedeutung beimessen und wollen uns auch sonst im Folgenden auf das
für uns Wesentliche beschränken.

Hinsichtlich der Ätiologie haben wir die Ursache der hysterischen
Constitution wohl zu unterscheiden von den Gelegenheitsursachen der
ausgesprochenen Krankheiterscheinungen. Die hysterische Constitution
ist, wie die psychopathische Constitution überhaupt, ererbt, kann aber

auch erworben werden. Bei der Vererbung kommt wieder die Hysterie
in erster Linie in Betracht, daneben aber auch die anderen Erkrankungen des Centralnervensystems. Erworben wird die hysterische
Constitution namentlich durch allgemein und allmählich schwächende
Momente, wie schlechte Ernährung, Blutarmut u. s. w.; auch die Erziehung spielt hier zum Teil wohl schon eine Rolle, während schwere
Verletzungen und Alkoholmissbrauch eher zu Epilepsie als zu Hysterie
führen. Damit ist natürlich nicht gesagt, dass sich nicht Hysterie
mit Alkoholismus verbinden kann.

Die Gelegenheitsursachen, wie viele ihrer auch angegeben werden,
sind im Grunde alle als psychisches Trauma aufzufassen, sei es als
einmaliges, sei es als wiederholtes. Hier spielen Kummer, Sorgen,
Aufregungen aller Art eine grosse Rolle, und insofern die Vorgänge
des Geschlechtslebens im Gemütsleben der Frau überhaupt einen
wichtigen Platz einnehmen, so werden Erkrankungen der weiblichen
Geschlechtsorgane auch verhältnismässig häufig zu hysterischer Erkrankung Veranlassung geben. Unter den einmaligen Gelegenheitsursachen kommt der Schreck im weitesten Sinne des Wortes in erster
Linie in Betracht. Das betreffende Ereignis ist für die Lokalisation
der Krankheitserscheinungen vielfach ausschlaggebend. Eine hysterische
Stimmbandlähmung entwickelte sich im Anschluss an den Brand des
Bettes der Kranken, offenbar weil der eingeatmete Rauch die
Stimmbänder gereizt und die Aufmerksamkeit zuerst auf dieses Organ
gerichtet hatte. Ein hysterisches Gelenkleiden des Hüftgelenkes nahm
seinen Ursprung von einem Fall auf das Gelenk, welches anatomisch
in keiner, oder doch in keiner nennenswerten Weise verletzt worden
war. — Wie geringfügige Anlässe — natürlich immer nur bei schon
bestehender hysterischer Constitution — eine Krankheitserscheinung
auslösen können, beweist am besten der schon oben angeführte Fall
von hysterischem Husten. Im einzelnen Fall zu entscheiden, in
welchem Verhältnis die Constitution einerseits, die Gelegenheitsursache
andererseits für ein bestimmtes Leiden verantwortlich zu machen sind,
ist oft ausserordentlich schwer, so z. B. wenn der erste grosse Krampfanfall auftrat, als ein grosser Hund unerwartet auf die betreffende
Kranke lossprang. Für allfällige aus derartigen Vorkommnissen
resultierende Entschädigungsklagen lassen sich keine allgemeinen
Gesichtspunkte aufstellen.

Die Hysterie kommt namentlich beim weiblichen Geschlechte, aber
auch bei Männern vor, hat jedoch bei diesen meist einen stabileren
und mehr hypochondrischen Charakter; sie kann in jedem Lebensalter
zum Ausbruch kommen.

Wenngleich uns hier besonders die psychischen Störungen interessieren, können wir doch die sogenannten „nervösen" Symptome
wegen der grossen Bedeutung, die ihnen von anderer Seite beigelegt
wird, nicht ganz übergehen. Da sie alle durch Vorstellungen erzeugt
werden, so können alle nur denkbaren Affektionen vorkommen;
andererseits braucht es nach unseren obigen Ausführungen wohl keines
Hinweises darauf, dass es zuverlässige objektive Merkmale, welche
Simulation mit Bestimmtheit ausschliessen lassen, nicht geben kann.
Deshalb legen wir so grossen Wert auf das Wesen der Sache, so
geringen auf die Einzelbeschreibung. Immerhin kann ja die Diagnose
durch charakteristische nervöse Einzelsymptome gestützt werden. Die
wichtigsten derselben sind folgende:

1. Allgemeine Krampfanfälle sind selten, aber wenn vorhanden in
typischer Form, sehr charakteristisch für die Diagnose. Das Bewusstsein
ist dabei niemals erloschen, sondern höchstens getrübt; die krampfartigen
Bewegungen machen einen mehr gewollten Eindruck, und sind scheinbar der Willkür nicht ganz entzogen. Die Kranken vermeiden daher
stets Verletzungen, schlagen mit Armen und Beinen um sich, wälzen
sich auf dem Boden herum, raufen sich die Haare aus u. s. w. u. s. w.
Die Anfälle wiederholen sich oft bei den gleichen Veranlassungen und
werden gar nicht so selten von der Kranken provoziert, d. h. wenn
man so will, anfänglich simuliert; doch verliert sie dann leicht die
Herrschaft über sich, indem die Vorstellung der beabsichtigten Bewegung zurücktritt hinter der autosuggerierten Gegenvorstellung, dass
sie einem Zwange unterliege. Der Anfall kann stundenlang dauern,
aber jeder Zeit durch irgend welche psychische Einwirkung unterbrochen werden, sei es durch einen plötzlichen Schreck, welcher die
Aufmerksamkeit ablenkt, sei es dadurch, dass man die Kranke, der es
immer mehr oder weniger auf die Wirkung des Anfalles auf die Zu-
schauer ankommt, allein lässt. In anderen Fällen tritt der psychische
Zwang mehr und mehr in den Vordergrund; der Anfall kann einen mehr
epileptischen Charakter annehmen; doch fehlt dann die Leichenblässe des
Gesichtes und die Starre der Augensterne. Solche Anfälle bezeichnet man
auch wohl als „hysteroepileptische". Diese und andere Typen finden
sich mitunter beim gleichen Kranken nebeneinander. Alle denkbaren
Varietäten der Anfälle kommen vor, im Besonderen auch Lach-, Weinkrämpfe u. s. w. Oft verbinden sich mit denselben deliriöse Zustände,
auf die wir noch zurückkommen werden. — Unter den Lähmungen
ist die häufigste die schon oben erwähnte Lähmung der Beine; doch
kommen auch andere isolierte und verbreitete Lähmungen vor, im

Besonderen gilt die Stimmbandlähmung (Heiserkeit) für charakteristisch (hysterische Aphonie).

2. Recht häufig beobachtet man Anomalien im Gebiete des Gemeingefühls: Schmerzen, Überempfindlichkeit, Empfindungslosigkeit, allgemein oder auf umschriebene Körperpartieen beschränkt. Halbseitige Unempfindlichkeit gilt wieder für ein hysterisches Stigma, ist aber jedenfalls in vielen Fällen ein ärztliches Artefakt, wie der oben angeführte hysterische Husten, denn der Kranke „weiss meistens nichts davon, das Symptom muss aufgesucht werden". Ferner sind häufig abnorme Sensationen: das Gefühl, als ob oben auf dem Scheitel ein Nagel in den Kopf geschlagen werde („Clavus hystericus"), und als ob eine Kugel im Halse auf- und absteige (wohl meist mit Schlundkrämpfen verbunden: „Globus hystericus") werden wiederum als Stigmata bezeichnet; ebenso abnorme Schmerzempfindlichkeit an bestimmten Druckstellen.

3. Ferner beobachtet man Unbeweglichkeit der Gelenke in Beugestellung („Contrakturen"), oft mit Lähmungen und Gelenkschmerzen (die aber thatsächlich mehr in der Haut, als im Gelenk lokalisiert sind) verbunden. Dadurch können Gelenkleiden vorgetäuscht werden, was wegen Entschädigungsklagen nach Verletzung von Wichtigkeit ist.

4. In allen Organen können autosuggerierte Störungen auftreten; für uns von besonderem Interesse sind die Circulationsstörungen. Allerdings nur in sehr seltenen Fällen können Blutungen unter der Haut an umschriebenen Stellen entstehen, lediglich durch Autosuggestion, z. B. die Kreuzesmale an Händen und Füssen. Ebenso können wohl Magenblutungen vorkommen. Häufig aber handelt es sich in scheinbar hierhergehörigen Fällen um bewussten Betrug der Kranken!

5. Endlich hat man wieder specifische, angeblich nicht simulierbare Sehstörungen in neuerer Zeit als hysterisches Stigma angesprochen, nämlich concentrische Einengung des Gesichtsfeldes und abnorme Grenzen der Netzhautempfindlichkeit für die verschiedenen Farben, deren Grenzen normal verschieden sind. Das hypnotische Experiment hat aber bewiesen, dass auch diese Störungen der Suggestion zugänglich sind, mithin auch der hysterischen Autosuggestion. Also stehen auch diese Störungen mit den anderen auf einer Stufe.

Alle diese nervösen Symptome kommen vereinzelt, aber auch zu mehreren nebeneinander oder nacheinander beim gleichen Patienten vor. Sie können in verblüffender Weise wechseln, für längere oder kürzere Zeit ganz verschwinden, aber auch sehr hartnäckig und constant sein.

Wie bei der Epilepsie beobachtet man auch bei der Hysterie akute deliriöse Geistesstörungen, die wieder die allgemeinen hysterischen

Merkmale an sich tragen: Das Bewusstsein ist nur getrübt; für Wahnideen und Sinnestäuschungen besteht vielfach halbe Einsicht. Das
ganze Bild hat im Gegensatz zu dem sehr ernsten, schaurigen epileptischen Delirium einen mehr theatralischen Charakter. Besonders
häufig sind Gesichtstäuschungen, ähnlich den alkoholischen; die
Kranken sehen bunte Käfer fliegen, Spinnen im Bett herumkriechen,
schnappende Hunde, „eine Katze, so gross wie ein Tiger" u. dergl. m.
Die durch solche Hallucinationen bedingte Angst macht mehr einen
komischen, übertriebenen Eindruck, als dass sie Mitleid erweckt. Auch
hier kommen religiöse Delirien vor in Form von himmlischen Visionen,
welche häufig den Glauben an religiöse Wunder nicht nur bei den
Kranken, sondern oft auch bei der ungebildeten Umgebung wachrufen.
Nicht so selten verbinden sich solche Delirien mit hysterischen oder
hysteroepileptischen Krampfanfällen. Das Bild des Deliriums ist, wie
das der Hysterie überhaupt, ein ungemein variables! man beobachtet
(wie bei den Krampfanfällen) Übergänge zum epileptischen Delirium
mit hochgradiger Bewusstseinstrübung (Zurücktreten der Krankheitseinsicht). Andererseits können die Kranken wieder verhältnismässig
klar sein, ähnlich wie in den epileptischen Dämmerzuständen, und
dann in diesen Zuständen scheinbar mehr bewusste Schwindeleien
ausüben. Eine der von uns beobachteten pathologischen Schwindlerinnen
reiste in solchen Zuständen im Lande umher, besuchte ganz fremde
Leute, denen sie sich als nahe Verwandte und hohe Gönnerin ausgab,
um dann plötzlich zu verschwinden, meist, indem sie ihr nicht gehörige
Effekten mitnahm; doch schien es sich dabei weniger um Diebstahl,
als um „Zerstreutheit" zu handeln, um eine einfache Bezeichnung aus
dem alltäglichen Leben zu brauchen. Ob sie in den verhältnismässig
gesunden (?) Zeiten irgend welche Erinnerung an die betreffenden
Schwindeleien hatte, konnte niemals ermittelt werden. Bei manchen
solchen schwindelnden Kranken lassen sich umschriebene Zeiten, die
man als hysterische Delirien ansprechen könnte, nicht constatieren;
in anderen Fällen wieder beobachtet man geradezu eine Verdoppelung
oder auch Verdreifachung der Persönlichkeit, indem die Kranken sich
in gewissen mitunter periodisch wiederkehrenden Zeitabschnitten für
eine andere ganz bestimmte Persönlichkeit halten, als solche verhältnismässig geordnet handeln, sich an Alles erinnern, was sie in solchen
Zuständen gethan haben — um in den Zwischenzeiten von Alledem
gar nichts zu wissen. Das gleiche Phänomen lässt sich übrigens künstlich im hypnotischen Experiment erzeugen. Die Verbrechen, welche
in solchen Zuständen begangen werden, unterscheiden sich wesentlich
von denen der akuten epileptischen Geistesstörungen; hier handelt es

sich nicht um Mord und andere brutale Gewaltthätigkeiten, sondern höchstens um Diebstahl und mancherlei scheinbar höchst raffinierte Schwindeleien. Auf das Verhalten des Gedächtnisses nach diesen Zuständen kommen wir später zurück.

Abgesehen von diesen sehr wechselnden nervösen und vorübergehenden geistigen Störungen zeigen nun aber alle Hysterischen dauernde psychische Anomalieen, die sich je nach ihrer Intensität bald noch völlig innerhalb der physiologischen Breite halten, bald als schwere Geistesstörungen darstellen; ihre Intensität steht aber durchaus nicht immer im geraden Verhältnis zur Schwere der nervösen Symptome. Dieselben können auch bei schwerer geistiger Störung ganz fehlen! In typischen Fällen von Hysterie bleibt die Intelligenz im Allgemeinen intakt, wiederum im Gegensatz zur Epilepsie. Höchstens beobachtet man bei scheinbarer geistiger Regsamkeit und lebhafter Phantasie mangelnde Tiefe des Urteils. Die Kranken kommen deshalb leicht in den Ruf grosser Schlauheit; eine Eigenschaft, die aber wohl vielfach mehr durch die specifisch hysterische Gewandtheit in Lügen und Schwindeleien ihren Grund hat, in dem oben erläuterten Sinne! In Fällen von stark ausgebildeter Pseudologia phantastica kann dieses Missverhältnis zwischen scheinbarer Klugheit und thatsächlicher Urteilsschwäche ein sehr auffälliges werden! Höhere Grade von Blödsinn wie bei Epilepsie kommen bei reiner Hysterie recht selten zur Entwicklung; doch können auch von Geburt an Schwachsinnige hysterische Symptome darbieten.

Am meisten abnorm zeigt sich bei den Hysterischen der Charakter. Zahlreiche der oben angeführten Beispiele von Entstehung hysterischer Symptome beweisen, wie lebhaft die Kranken auf geringfügige Anlässe reagieren; eine solche Reaktion ist natürlich immer von einer lebhaften Gefühlsbetonung begleitet; doch blassen die Affekte ausserordentlich rasch ab. So ist es oft auffällig, wie verzweifelt sich Hysterische z. B. beim Tode von Angehörigen geberden und mitunter schon wenige Tage darauf den schmerzlichen Verlust vergessen zu haben scheinen. Diese Lebhaftigkeit des Affektes mit rasch darauffolgender Ermüdung gilt nun allerdings als ein Zeichen der constitutionellen Psychopathie überhaupt. Der Affekt der Hysterischen aber ist nicht nur quantitativ, sondern qualitativ abnorm. Die Kranken fassen die Bedeutung der Ereignisse falsch auf, geraten über Lappalien in grosse Aufregung und bleiben bei wirklich ernsten Anlässen kalt, legen auch oft Ereignissen eine Bedeutung bei (auf Grund ihrer Autosuggestibilität), die ein Gesunder denselben nicht beilegen würde. Derartige Vorstellungen sind dann häufig durch die entsprechenden Gegenvorstellungen im Sinne der

Pseudologia phantastica begleitet, weshalb die Affektausbrüche der Hysterischen viel weniger den unmittelbaren brutalen Charakter haben und sich nicht in solchen Gewaltakten wie bei den Epileptikern äussern, sondern oft einen mehr theatralischen Eindruck machen. Aus diesen Gründen stehen die Hysterischen mit Recht im Rufe grosser Launenhaftigkeit. In der That findet man oft einen auffallenden Mangel an Energie und Ausdauer. Wie aber auch die anderen hysterischen Symptome sehr constant sein können, so beachtet man mitunter auch wieder eine ungemeine Hartnäckigkeit und Ausdauer namentlich in der Verfolgung bizarrer perverser Launen, mit anderen Worten einen intensiven Eigensinn in gutem wie in schlechtem Sinne. Die Kranken scheuen zum Teil keine Mittel zur Erreichung irgend eines Zieles, das sie sich einmal in den Kopf gesetzt haben. Ihre erhöhte Autosuggestibilität lässt sie dann oft wohl die Dinge in ganz falschem Lichte sehen, und ihr Handeln mag ihnen in Folge dessen durchaus nicht so unmoralisch erscheinen, wie dem unbeteiligten Beobachter; doch äussert sich in ihren rachsüchtigen Plänen und Intriguen oft ein erheblicher moralischer Defekt.

Ein solcher kommt häufig in ziemlich reiner Ausbildung vor, und eine scharfe Grenze zwischen moralischer Idiotie und Hysterie existiert durchaus nicht. Doch haben wir hier nur auf eine unmoralische Neigung einzugehen, die für Hysterie besonders charakteristisch und verhängnisvoll ist: das Lügen.

Wenn auch nicht bei allen Fällen, so findet sich diese Neigung bei vielen Kranken als ein intensiver unwiderstehlicher Trieb, durch den viele eine ganz erstaunliche Gewandtheit darin erlangen. Am bekanntesten ist es wohl, wie gern die Kranken, um bemitleidet zu werden, um nicht arbeiten zu müssen, um vom Arzte behandelt zu werden oder aus was sonst für Gründen, körperliche Krankheiten vortäuschen. Sie scheuen sich in solchen Fällen sogar nicht, sich schmerzhafte Verletzungen beizubringen, z. B. Hautausschläge durch ätzende Flüssigkeiten zu erzeugen u. dergl. m. In anderen Fällen wenden sie harmlosere Mittel an, mischen z. B. die ihnen verabreichte Chokolade mit Urin, und geben nachher diese Mischung als diarrhöschen Stuhl aus; mit solchen Machenschaften fahren sie oft lange Zeit fort, selbst wenn sie den vom Arzte vermuteten Zweck nicht erreichen und gar nicht selten kann man trotz aller Bemühungen schlechterdings kein anderes Motiv ausfindig machen, als die Freude an der Lüge und am Betrug an sich. Dies ist für uns von besonderer Wichtigkeit, weil in allen gerichtlichen Fällen natürlich sofort der Verdacht auf reine Simulation erwächst. Wir betonten aber bereits bei Besprechung derselben, dass

eine erwiesene Simulation körperlicher Krankheit durchaus noch nicht
geistige Gesundheit beweist, sondern im Gegenteil, wenigstens bei
Mangel anderer Motive, den Verdacht auf Geistesstörung und im
Besonderen auf Hysterie erwecken muss.

In anderen Fällen bringen sich die Kranken z. B. die Kreuzesmale
an Händen und Füssen bei, um den Glauben an religiöse Wunder zu
erwecken, in wieder anderen verbreiten sie die schändlichsten Verleumdungen, scheinbar aus Hass und Rachsucht, in vielen Fällen aber
lügen und verleumden sie, ohne dass sich ein auch nur einigermassen
zureichendes Motiv auffinden liesse. Es kann wohl keinem Zweifel
unterliegen, dass allein der unwiderstehliche Trieb zu lügen, derartige
Dimensionen annimmt, dass die Kranken gar nicht mehr anders
können und ihnen deshalb die Zurechnungsfähigkeit abgesprochen
werden muss.

Bei ausgesprochener hysterischer Constitution aber wird es selten
bei einfachen Lügen bleiben. Schon bei nicht hysterischen Gewohn-
heitslügnern des alltäglichen Lebens beobachtet man nicht so selten,
dass die Betreffenden schliesslich selbst nicht mehr wissen, wann sie
die Wahrheit sprechen, und mehr oder weniger selbst an ihre Lügen
glauben. Für die Hysterischen aber mit ihrer ausgesprochenen Autosuggestibilität und oft lebhaften Phantasie muss die Gewohnheit des
Lügens notwendig verhängnisvoll werden; die Überzeugung von der
Wahrheit des anfänglich Erlogenen wird immer mehr das Bewusstsein
der Lüge in den Hintergrund treten lassen und eventuell vollständig
unterdrücken, so dass man schon nicht mehr von einer pathologischen
Lüge oder Pseudologia phantastica reden kann, sondern das Phänomen
direkt als Wahnidee ansprechen muss. Das sind dann die Fälle, bei
welchen die Patienten auch nach der That absolut nichts von ihren
Schwindeleien wissen, die wir oben bei Besprechung der akuten hysterischen Geistesstörung skizziert haben.

Nun vergegenwärtige man sich aber, welche Zuverlässigkeit man
von dem Gedächtnis derartiger Kranker erwarten kann. Durch die
Macht der Gewohnheit des Lügens werden sie zunächst sich selbst
gar nicht mehr prüfen, ob mit ihren Erinnerungen ihre jeweiligen Angaben übereinstimmen; wenn nun aber vollends ihr Bewusstseinszustand
zur Zeit des Erlebnisses ein kritischer war im Sinne der Pseudologia
phantastica, so wird je nach den äusseren momentanen Umständen bald
die Erinnerung an das Bewusstsein der Lüge, bald diejenige an die
gleichzeitige Wahnidee wachgerufen werden, und es genügt mitunter
eine einzige suggestive Bemerkung, um die eine oder die andere zu
voller Deutlichkeit zu erwecken. Dazu kommt nun aber, dass selbst

wenn sich die Kranken bemühen sich über ihr Vorleben Rechenschaft zu geben, die unvereinbaren Widersprüche in ihrem Vorleben eventuell mit wirklichen Gedächtnislücken (in Folge von hysteroepileptischen Dämmerzuständen) verbunden, sie geradezu zu den gröbsten Erinnerungsfälschungen zwingen, die in der stets regen Phantasie eine unerschöpfliche Quelle finden. Das Gedächtnis derartiger Kranker wird so zu einer vollständigen tabula rasa und es ist sehr bezeichnend, dass es mitunter selbst mit allen Hilfsmitteln bei sorgfältiger Prüfung nicht möglich ist, Zuverlässiges über die einfachsten Daten (selbst Namen und Geburtsort) ihres Vorlebens zu ermitteln. So wenig deshalb geleugnet werden kann, dass zweckbewusste einfache Lügen bei Hysterischen vorkommen, so vorsichtig muss man doch mit der Annahme von solchen sein, und man muss sich sehr hüten, eine hervorragende Schlauheit zu diagnosticieren, weil es sich nur allzu häufig um schwere krankhafte Zustände handelt. So z. B. sind die Fälle nicht so selten, wo Kranke Briefe im Namen von Drittpersonen an solche oder sogar an sich selbst schreiben, scheinbar mit wohlüberlegter Absicht. In einigen solcher Fälle handelt es sich dabei gewiss um Zustände von doppeltem Bewusstsein in dem Sinne, dass die Kranken im Momente des Schreibens das Bewusstsein der eigenen Persönlichkeit ganz verlieren, um sich vollständig mit dem betreffenden angeblichen Briefschreiber zu identificieren. Ihr hartnäckiges Leugnen beruht dann nicht im Geringsten auf einer Lüge!

Wir haben hier das Gedächtnis solcher Kranken im Allgemeinen skizziert und bereits angedeutet, wie leicht es ist, dasselbe durch Suggestivfragen unwillkürlich zu beeinflussen; es ist aber nötig auf die Erinnerungsfälschungen noch besonders einzugehen. Durch das hypnotische Experiment gelingt es bei suggestibeln Personen leicht, ganz bestimmte, selbst dem Hypnotisierten fernliegende Erinnerungsfälschungen zu erzeugen, so dass sie z. B. mit aller Bestimmtheit angeben, an dem und dem Tage von einer bestimmten Person bestohlen worden zu sein, ohne dass diese Fiktion die geringste thatsächliche Unterlage hätte. Nach dem, was wir oben über die Suggestibilität und Autosuggestibilität der Hysterischen gesagt haben, braucht es wohl keiner Erwähnung, dass bei ihnen solche Erinnerungsfälschungen entstehen können, ohne dass ein bewusster Hypnotiseur sie absichtlich hervorruft. Namentlich wird dies natürlich der Fall sein, wenn es sich um Dinge handelt, die die Einbildungskraft stark aufregen. So kann es z. B. passieren, dass bei Mordprozessen, welche gerade in Zeitungen und im Tagesgespräch viel von sich reden machen, ein Kranker plötzlich auf den Gedanken kommt, er sei der bezügliche

Mörder und sich selbst als solchen angiebt. In gleicher Weise kann
natürlich auch die Erinnerung von Zeugen gefälscht werden. Derartige
Selbstanklagen unterscheiden sich wesentlich von den Selbstanklagen
des Melancholikers, die sich immer leicht als solche erkennen lassen.
Der Melancholiker kommt meist nicht über allgemeine Angaben wie:
„ich bin der Mörder" — oder: „ich habe den . . . gemordet" oder:
„ich bin der Schinderhannes" (ein zur betreffenden Zeit vielgenannter
Mörder) hinaus. Dazu kommt das ganze kaum zu verkennende Bild
der Melancholie. Ganz anders die Angaben, welche auf Autosuggestion
beruhen, seien es nun Selbstanklagen oder Zeugenaussagen. Der Betreffende zeigt einen der Situation völlig angemessenen Affekt, er ver-
arbeitet (unbewusst) zu der Erinnerungsfälschung Alles, was er über
das Ereignis gehört oder gelesen hat, und ergänzt das Alles mit
Zuthaten aus eigener Phantasie (ergänzt die ihm von Anderen unbewusst gegebenen Suggestionen durch Autosuggestionen), und gerade
hierin liegt das Bestechende, was den Unkundigen so leicht an die
Wahrheit solcher Angaben glauben lässt. Das bekannteste und vor
Allem markanteste Beispiel von suggerierten Zeugenaussagen ist die
aus dem Tisza-Ezlarprocess: Mitglieder einer jüdischen Gemeinde in
Ungarn waren angeklagt, zu religiösen Zwecken ein Christenmädchen
geschlachtet zu haben. Der Hauptbelastungszeuge war der neunjährige
Knabe eines Angeklagten, welcher in den ersten Verhören leugnend,
plötzlich den ganzen Hergang des Opfers, angeblich aus eigener Anschauung erzählte, mit den feinsten bis dahin unbekannten Einzelheiten.
Dies letztere und die Anschaulichkeit der Schilderung veranlasste die
Richter, dem Knaben Glauben zu schenken. Derartige complicierte
reine Erinnerungsfälschungen kommen natürlich nur bei sehr
suggestibeln Individuen, so im Besonderen auch bei Kindern vor. Einfachere Erinnerungsverfälschungen aber sind ziemlich häufig, und
sind auch nicht auffällig, wenn man diese Vorgänge und das Wesen
der Suggestion erst einmal beachtet hat, und wenn man auch nur
im alltäglichen Leben einmal darauf achtet, wie unzuverlässig Auffassung und Erinnerung bei Kindern oder lebhafteren Erwachsenen
sind, sobald es sich um unerwartete aufregende Ereignisse handelt.
Schon eine halbe Stunde danach sind da die Aussagen sonst wahr-
haftiger Augenzeugen mitunter schon recht widersprechend!

Diese Thatsachen sind für Richter und Gerichtsarzt gleich wichtig
und müssen zu grosser Vorsicht mahnen. Bei Patienten, deren
Reproduktionstreue in diesem Sinne verdächtig erscheint, thut man
gut, auch bei den scheinbar harmlosesten Daten über das Vorleben,
die eigenen Angaben des Patienten und diejenigen von Drittpersonen

sorgfältig auseinander zu halten; man ist dann oft erstaunt, welche
widerspruchsvollen Bilder man bei diesem Verfahren erhält; vielfach
wird man dann erst darauf aufmerksam, welche wundersamen Dinge
der Kranke zusammenphantasiert, die man anfänglich wegen ihrer
Natürlichkeit und Harmlosigkeit für bare Münze hielt.

Wer auf diese Dinge noch nicht viel geachtet hat, begreift oft
nicht, wie leicht solche Kranke, d. h. die pathologischen Schwindler
im Allgemeinen, Glauben finden. Das Rätsel erklärt sich offenbar
dadurch, dass die Patienten sich Verhältnissen und Personen, scheinbar mit erstaunlicher Gewandtheit, thatsächlich völlig unbewusst anpassen und sich in die Rolle, die sie spielen, so hineinleben, dass sie
— selbst von ihren Schwindeleien überzeugt — jede Befangenheit
verlieren und deshalb so natürlich in ihrem Benehmen sind. Legt
man sich nun übrigens das ganze Treiben derartiger pathologischer
Schwindler zurecht, so fällt stets neben der grössten Gewandtheit in
Einzelheiten die ebenso erstaunliche Unüberlegtheit und Sorglosigkeit
hinsichtlich des endlichen Ausgangs ihres ganzen Treibens auf. Der
oben citierte Kranke, welcher Jahre hindurch die eigene Familie und
die seiner Braut scheinbar auf das Durchtriebenste getäuscht hatte,
ging mit seiner jungen Frau in der grössten Sorglosigkeit auf die
Hochzeitsreise, ohne die geringsten Vorkehrungen zu treffen, um die
nunmehr allerdings unvermeidliche Katastrophe zu verhüten. Sehr
häufig steht der thatsächliche Vorteil, den der Kranke durch die
„Vorspiegelung falscher Thatsachen" erringt, auch in gar keinem
Verhältnis zu den aufgewandten Mitteln. Auch dadurch unterscheidet
sich der pathologische Schwindler grundsätzlich vom normalen. Natürlich aber giebt es fliessende Übergänge zwischen beiden.

Abgesehen hiervon handelt es sich bei Beurteilung solcher Fälle
vor Gericht nicht darum festzustellen, wie gross der Anteil der Lüge
an der Pseudologia phantastica bei der eingeklagten Handlung ist,
sondern darum, wie die gesammte Persönlichkeit des Verbrechers zu
beurteilen ist, das heisst darum, wie viel und in welcher Art er im
Allgemeinen schwindelt auf Grund seiner pathologischen Constitution.
Meistens wird man, wenn solche deutlich ausgesprochen, mit grosser
Bestimmtheit voraussagen können, welchen Wert eine allfällige Bestrafung haben würde, und ob es sich nicht statt dessen empfiehlt,
den Kranken durch dauernde Internierung in einer Anstalt unschädlich zu machen.

Wir kommen damit auf die Beurteilung der Hysterie im Allgemeinen zurück. Die Neigung zum pathologischen Schwindel kann
nämlich auch bei anderen constitutionellen Geistesstörungen vorkommen,

oder im Verhältnis zu anderen Krankheitssymptomen in solcher
Intensität auftreten, dass sie das Krankheitsbild ausschliesslich beherrscht. Ob man alle diese Fälle als Hysterie bezeichnen will,
wollen wir dahingestellt sein lassen. Die nahe Verwandtschaft des
Symptoms mit der Hysterie rechtfertigte jedenfalls die Besprechung
der Frage an dieser Stelle; und ausserdem wird in ihm die Hauptbedeutung liegen, wenn die Hysterie vor Gericht zur Begutachtung
kommt, sei es, dass Schwindeleien mit deutlicher ausgesprochenem
Betrug von Seiten mehr oder weniger berüchtigter Hochstapler ein-
geklagt sind, sei es, dass Verleumdungen, Ehescheidungsklagen, Skandal-
geschichten aller Art, Vortäuschung religiöser Wunder u. s. w. u. s. w.
zu Prozessen Veranlassung geben. Trotz aller Entrüstung, welche
das Treiben der Hysterischen oft im Publikum hervorrufen, findet das
Gericht mitunter gar keinen rechten Anhaltspunkt zur Anklage,
wenigstens nicht wegen eines Verbrechens, welches ein jener Entrüstung entsprechendes Strafmass zuliesse. Dies ist dadurch zu erklären, dass das Handeln der Hysterischen eben oft viel krankhafter
ist, als es auf den ersten Blick erscheint, und die im Strafgesetz angedrohten Strafen gar nicht auf solche krankhafte Handlungen be-
rechnet sind. In wie weit die Zurechnungsfähigkeit durch die Hysterie
beeinträchtigt wird, ist nach dem einzelnen Fall zu beurteilen, aber
wohl bemerkt nach dem Gesammtkrankheitsfall, nicht nach dem
einzelnen Symptom. Es wäre durchaus falsch, verminderte Zurechnungsfähigkeit nur deshalb anzunehmen, weil sich beim einzelnen Verbrechen e t w a s Bewusstsein des Schwindels (im Sinne der Pseudologia
phantastica) nachweisen lässt. Es kommt nicht darauf an, wie viel
Bewusstsein der Lüge beim einzelnen Verbrechen nachweisbar ist,
sondern darauf, „inwieweit die Bestimmbarkeit des Willens durch
Vorstellungen überhaupt der Norm entspricht". — Nicht unbedingt
alle Hysterischen und pathologischen Schwindler sind in Irrenanstalten
zu versorgen, wenn auch viele derselben; vielmehr ist die Gefährlichkeit der Kranken, sowohl der Krankheitsintensität, wie ihrer Eigenart
nach besonders zu berücksichtigen; und danach sind dann geeignete
Schutzmassregeln gegen die krankhaften Triebe zu ergreifen. In manchen
Fällen wird hier schon eine Bevormundung gute Dienste leisten. —
Umgekehrt wird in vielen Fällen, in denen man aus psychologischen
Gründen „verminderte Zurechnungsfähigkeit" annimmt, eine einfache
Strafmilderung durchaus nicht am Platze sein, wenn die Kranken
hochgradig gemeingefährlich sind.

## § 3.

## Die traumatische Neurose.

Als traumatische Neurose bezeichnet man diejenigen nervösen Symptome, welche nach einem Trauma entstehen, ohne durch anatomische Verletzungen bedingt zu sein; sie entstehen alle auf autosuggestivem Wege und sind deshalb nichts Anderes als traumatische Hysterie. Solche kann sich mit anatomischen Verletzungen verbinden. — Die Aussicht auf die Rente nach Unfällen ist als das ätiologische Moment zu betrachten. Begutachtung im Sinne der Gewährung und im Sinne der Nichtgewährung wirkt schädlich auf den Kranken. Ärzte wie Anwälte haben die Pflicht, in entgegengesetztem Sinne auf die Patienten einzuwirken.

Mit dem Namen „traumatische Neurose“ bezeichnet man heute gewöhnlich diejenigen nervösen Störungen, welche im Anschluss an eine leichtere oder schwerere Verletzung auftreten, aber nicht durch irgendwelche anatomische Verletzung des centralen oder peripheren Nervensystems bedingt sind. Die so entstehenden Krankheitsbilder haben viel Gemeinsames: vor Allem eine gedrückte missmutige Stimmung mit der hypochondrischen Befürchtung, nicht wieder gesund zu werden; Kopfschmerzen, oder Kopfdruck, Klagen über Müdigkeit, Reizbarkeit, Schwindel, kurz allgemeine nervöse Beschwerden. Dazu gesellen sich sehr häufig Störungen, welche scheinbar durch die lokale Verletzung bedingt sind, spontane Schmerzen, oder Schmerzen bei Druck oder bei willkürlicher Bewegung des betreffenden Gliedes, sowie Erschwerung der Bewegungen, oder auch völlige Lähmung, leichte Ermüdbarkeit u. s. w. u. s. w. Durch diese Beschwerden kann die Arbeitsfähigkeit des Kranken erheblich beeinträchtigt oder auch völlig aufgehoben sein.

Das Krankheitsbild hat eine wesentliche Bedeutung erst durch die neuen Unfallgesetzgebungen erlangt, oder man kann sogar sagen, dass es erst durch sie entstanden ist; jedenfalls ist der Anspruch auf eine allfällige aus der Verletzung resultierende Rente der einzige gemeinsame Zug aller unter diesem Namen zusammengefassten Krankheitsbilder, und das nicht nur hinsichtlich ihrer äusseren Bedeutung, sondern auch in Bezug auf das Wesen der Krankheit selbst. Die erste Aufgabe, welche nach Erkennung des Krankheitsbildes der medicinischen Wissenschaft erwachsen zu sein schien, war deshalb die Entlarvung der Simulanten. In diesem Bestreben ist man geradezu so weit gegangen, die Errichtung eigens hierfür eingerichteter Kranken-

häuser, sozusagen Simulantenentlarvungsanstalten zu fordern. Daneben
wurden mühselige Untersuchungen angestellt und bestimmte Untersuchungsmethoden erfunden, welche zum Nachweis objektiver Symptome
der traumatischen Neurose dienen sollten. Dazu sollte unter anderem
die concentrische Einengung des Gesichtsfeldes, die abnormen Grenzen
der Farbenempfindlichkeit der Netzhaut gehören. Der Wert dieser
objektiven Symptome im Allgemeinen wie im Besonderen wurde vielfach geprüft, besprochen, bald gepriesen, bald bestritten, bis man mehr
und mehr von allen diesen Einzeluntersuchungen zurückkam und jetzt
wohl ziemlich allgemein zu der Überzeugung gekommen ist, dass es
untrügliche objektive Symptome der traumatischen Neurose nicht giebt.
Man hat vielmehr erkannt, dass alle ihre Symptome lediglich durch
Vorstellungen bedingt sind, in dem Sinne wie wir das bei der Hysterie
besprochen haben. Vom wissenschaftlichen Standpunkte aus ist deshalb
die sogenannte traumatische Neurose nichts anderes als Hysterie, im
Besonderen traumatische Hysterie, und wir haben deshalb dem im
vorigen § über die Simulation Gesagten hier nichts hinzuzufügen. Für
die Diagnose, ob das bezügliche Symptom hysterisch (oder autosuggeriert)
sei, haben wir gleichfalls im vorigen § die nötigen Anhaltspunkte
gegeben. Es kommt eben immer darauf an, die Aufmerksamkeit des
Exploranden von der Körperstelle, die man gerade untersuchen will,
abzulenken. Besonders zu betonen ist hier nur, dass Beschwerden,
die durch anatomische Verletzungen bedingt sind, sehr wohl durch
Autosuggestion verschlimmert und vermehrt werden können. Der
Nachweis der autosuggerierten Natur Eines Symptoms beweist deshalb
nicht die gleiche Natur der anderen. In allen zweifelhaften Fällen
ist somit die psychiatrische Exploration mit anderen Untersuchungsmethoden zu kombinieren. Über diesbezügliche Einzelheiten vergleiche
man die Lehrbücher der Neurologie und Chirurgie. Abgesehen von
Untersuchung der angeblich kranken Gelenke in Chloroformnarkose
liefert wertvolle Anhaltspunkte vor Allem die Hypnose. Durch sie
gelingt es in günstigen Fällen alle autosuggerierten Symptome wenigstens
vorübergehend zu beseitigen, so dass nur die anatomisch bedingten
Beschwerden zurückbleiben. Auch durch Röntgenisieren ist in neuester
Zeit schon mehrfach die Berechtigung von Klagen nachgewiesen worden,
die man anfänglich hatte auf Simulation zurückführen wollen.

    Hinsichtlich der nervösen oder richtiger psychischen Beschwerden
nach Kopfverletzungen vergl. Kap. 2 § 3. Dort haben wir darauf hingewiesen, dass schwere Störungen auf Grund anatomischer Veränderungen vorkommen können, deren sicherer Nachweis im Leben nicht
gelingt.

Aber auch wenn wir von allen diesen Fragen der Differentialdiagnose, sowie von denen der Simulation, die natürlich rein, wie vor
Allem auch in Form von Übertreibungen, neben thatsächlich be-
gründeten Beschwerden vorkommen kann, absehen, so haben die
Unfallgesetzgebungen ganz eigene Schwierigkeiten hervorgerufen für
die „traumatische Neurose“, diesen Sammelbegriff aller autosuggerierten
Krankheitserscheinungen nach Unfällen. Wir haben oben bereits
betont, dass die Aussicht auf allfällige Renten, wie sie durch die
Gesetzgebungen geschaffen ist, das Krankheitsbild erst — man kann
geradezu sagen, erzeugt hat. Sie ist es, welche das suggestive Moment,
und zwar ein sehr wesentliches für alle jene Autosuggestionen abgiebt, sie ist somit geradezu als die Ursache der „traumatischen
Neurose“ aufzufassen. Sie legt immer den ersten Keim zur Krankheit, welcher durch fortlaufende Prozesse, und immer erneute ärztliche
Untersuchungen weiter gezüchtet und gepflegt wird, bis die Krankheit
endlich unheilbar geworden ist. Es wäre dringend wünschenswert,
diesen schädlichen Momenten einen günstigen suggestiven Einfluss
entgegenzustellen. Hier steht aber der Arzt vor einem, wie uns
scheint, bis jetzt nicht gelösten Dilemma. Auch wenn man von allen
billigen Rücksichten auf die Versicherungsgesellschaften absieht, so
wird dem Patienten durch ein entschiedenes Gutachten einer schweren
unheilbaren Krankheit allerdings eine hohe lebenslängliche Rente ge-
sichert, und diese Frage hört damit auf eine solche zu sein, und übt
keinen suggestiven Einfluss mehr aus. Gerade dann aber wird der
Arzt, der den Patienten zu der schönen Rente verholfen hat, diesem
eine grosse Autorität sein, sein Urteil, die Krankheit sei unheilbar,
deshalb einen mächtigen suggestiven Einfluss im ungünstigen Sinne
ausüben; am schlimmsten wird die Sache natürlich dann, wenn die
Gewährung der Rente dem Gutachten des Arztes nicht entsprechend
ausfällt und sich die beiden ungünstigen Einflüsse addieren. Behandelt
der Arzt aber die Sache als nicht gefährlich, was von therapeutischem
Standtpunkt das einzig Richtige ist, so bringt er den Patienten um
seine Rente, verliert deshalb seine Autorität bei ihm, und der be-
absichtigte therapeutische Einfluss von Seiten des Arztes hört auf;
daneben übt wieder der Verlust der Rente seinen schädlichen Einfluss
aus. Lässt man endlich die Frage der Besserung und somit weiterer
Renten offen, so wird die Aufmerksamkeit des Patienten auf seine
Krankheit durch die Ungewissheit, durch immer erneute Untersuchungen
und Gerichtsverhandlungen dauernd wach gehalten und wirkt ver-
schlimmernd!

Man hat geglaubt, einen Ausweg aus diesem Dilemma zu finden,

indem man den Patienten wenigstens im Beginne seiner Autosuggestionen
dafür verantwortlich machen wollte, indem man seine Begehrlichkeit,
seinen Hang zum Nichtsthun (welche Eigenschaften man als die Ursache
seiner Autosuggestionen ansieht) einerseits ihm zum Vorwurf macht,
andererseits als die wahre Ursache seiner Krankheit an Stelle des Traumas
anspricht. Abgesehen davon, dass diese Spekulation recht gewagt erscheint, dürfte in den meisten Fällen nicht Begehrlichkeit die wahre
Ursache für die Autosuggestionen sein, sondern die recht erklärliche
Furcht vor Erwerbslosigkeit und ökonomischem Elend, aus welcher Not
dem Kranken kein anderer Ausweg als die hohe Rente zu winken
scheint. Diese Furcht, die man ihm gewiss nicht zum Vorwurf machen
kann, erhält meist durch Erzählungen und Warnungen von Kameraden,
sowie durch Aufmunterung von Seiten der Anwälte zur rechtzeitigen
Geltendmachung der Rentenansprüche reichliche Nahrung. Derartige
Warnungen sind ja auch insofern berechtigt, als der Anspruch auf die
Rente in verhältnismässig kurzer Zeit erlischt. Vielleicht liesse sich
hier am ehesten helfen, wenn die bezüglichen Fristen verlängert
würden. Die Patienten würden sich dann vielleicht eher wieder an
die Arbeit gewöhnen und Unfall und Rente vergessen. Jedenfalls ist
es die Pflicht der Ärzte wie der Anwälte, gerade im Beginn der
Krankheit, wo sich die ersten Autosuggestionen bilden, denselben nach
Möglichkeit entgegenzuarbeiten, indem sie die Krankheit als unbe-
deutend hinstellen, ohne dem Kranken die Möglichkeit der Rente ab-
zuschneiden. Ärztliche Untersuchungen und Gerichtsverhandlungen
sind auf das notwendige Minimum zu beschränken, und der Kranke,
wenn nicht zur vollen, wenigstens doch zu halber Arbeit anzuhalten.
Überflüssige Untersuchungen, z. B. Untersuchungen der Augen, wenn
der Patient nicht darüber geklagt hat, unterbleiben wegen der hochgradigen Autosuggestibilität am besten ganz. — Ist die Krankheit
aber einmal vorhanden, so suche man durch billige Begutachtung dem
Kranken zu seiner Rente zu verhelfen. Die Thatsache, dass die
Krankheit in Folge des Traumas entstanden ist, lässt sich mit allen
Spekulationen nicht aus der Welt schaffen. — Theoretisch liesse sich
höchstens noch die Frage aufwerfen, ob man dem Trauma überall da
eine geringere Bedeutung beimessen will, wo eine deutliche hysterische
oder hypochondrische Constitution schon vor der Verletzung nachweisbar ist. In den meisten Fällen von traumatischer Neurose lässt sich
diese Constitution aber nicht nachweisen, so dass die Frage praktisch
wenig Bedeutung hat.

Kapitel 5.

# Die constitutionellen Störungen.

Die constitutionellen Störungen beruhen auf einer abnormen Gehirnconstitution, deren anatomischer Nachweis allerdings zur Zeit nicht möglich ist. Sie kann durch verschiedene Ursachen zu Stande kommen. Auch abgesehen davon ist das Krankheitsbild sehr variabel, ein Typus nicht aufstellbar. Häufig, aber nicht immer, findet man bei psychisch Entarteten körperliche Missbildungen. Man darf hier weder „Typen", die nicht existieren, construieren, noch umgekehrt das Pathologische dieser Fälle überhaupt negieren. In der Praxis ist immer die Gesammtpersönlichkeit zu berücksichtigen und diese nach ihrer Eigenart zu beurteilen.

In diesem Kapitel haben wir noch diejenigen geistigen Anomalieen zu besprechen, die sich als ein Ausdruck der krankhaften Gehirnconstitution mit den normalen Äusserungen geistigen Lebens vermischen und sich von diesen nicht als umschriebene Geisteskrankheiten abheben. Zu diesen verhalten sie sich etwa wie die körperlichen Krankheiten zu den körperlichen Missbildungen. Wie diese ein aus der Art schlagen der Körperformen, so sind sie eine Entartung des Gehirns, und in der That findet man in einer bestimmten Gruppe dieser Störungen, die man seit lange als solche anerkannt hat, auch anatomische Missbildungen des Gehirns, nämlich bei den höheren Graden der Idiotie. Mit diesen wesensgleich und nur durch die Intensität des Abnormen von ihnen unterschieden sind aber die niederen Grade der Idiotie, des angeborenen Schwachsinns, bei denen anatomische Missbildungen des Gehirns mit unseren heutigen Untersuchungsmethoden nicht nachweisbar sind; trotzdem hat man schon seit Langem kein Bedenken getragen, diese Störungen, ob mit ob ohne anatomische Missbildung, als „angeborene Formen" des Irreseins zusammenzufassen, und auch bei dem „angeborenen Schwachsinn" eine abnorme Gehirnorganisation als Ursache der mangelhaften Leistungen der Intelligenz anzusprechen. Wenn man nun aber die geistigen Äusserungen überhaupt als Funktionen des Gehirns ansieht, liegt natürlich kein Grund vor, als Ursache der anderen geistigen Anomalieen n i c h t eine abnorme Hirnorganisation in gleicher Weise anzunehmen, wie bei dem intellektuellen Defekt. Thatsächlich findet man diese anderen Anomalieen sehr häufig mit Intelligenzdefekten ver-

mischt; und lediglich wegen der klinischen Eigentümlichkeiten empfiehlt es sich, die Formen des angeborenen Schwachsinns von den
constitutionellen Störungen im engeren Sinne des Wortes (d. h. ohne
auffallenden Intelligenzdefekt) zu trennen und gesondert zu besprechen.
Alle diese Formen aber beruhen in gleicher Weise auf einer abnormen
Constitution des Gehirns.

Diese abnorme Constitution kann auf verschiedene Weise zu Stande
kommen. In vielen Fällen ist sie ererbt, indem die Abnormität, die
schon bei den Eltern vorhanden war, auch bei den Nachkommen wieder
zum Ausdruck kommt; in anderen Fällen ist sie erworben durch
alkoholische Vergiftung des Keimplasmas trunksüchtiger Eltern, in
wieder anderen durch Erkrankungen des Gehirns und seiner Häute
im Fötalleben oder in den ersten Kinderjahren. Bei verschiedenen
Fällen schwerer constitutioneller Geistesstörung ohne erheblichen intellektuellen Schwachsinn konnten wir keine andere Ursache als eine
Krankheit in den Kinderjahren, welche schwere Hirnsymptome, vor
allem Krämpfe (sogenannte „Gichter") dargeboten hatte, nachweisen.
Auch nach schweren Krankheiten im späteren Leben, wie z. B. nach
Typhus, sind konstitutionelle Geistesstörungen beobachtet worden. Für
die Beurteilung der Gebrauchsfähigkeit des Gehirns, seiner Fähigkeit,
in einer bestimmten Weise auf die Reize der Aussenwelt zu reagieren,
kann die besondere Ursache natürlich nicht massgebend sein, ebenso
wie ein Mensch nicht marschieren kann und deshalb zum Militärdienst
untauglich ist, ob er nun in Folge angeborener Anlage ein genu valgum
(sogenannte X-Beine) hat oder verkrümmte untere Extremitäten in Folge
einer Rhachitis („englischer Krankheit"), als deren Resultat jene erworbene Missbildung zurückgeblieben ist. Ja selbst die Erziehung
kann bis zu einem gewissen Grade so nachhaltig schädigend auf die
Gehirnconstitution einwirken, dass ihr Einfluss schliesslich nicht mehr
korrigierbar ist, in gleicher Weise, wie etwa eine unpassende Kleidung
unkorrigierbare körperliche Missbildungen, z. B. der Füsse, bedingen
kann. Der Einfluss der Erziehung auf die Gehirnconstitution wird
meist bedeutend überschätzt; aber auch soweit er in Betracht kommt,
können wir ihm keine principielle Bedeutung einräumen, sofern die
Frage entschieden werden soll, ob ein Mensch vermöge seiner Gehirnconstitution so oder anders hätte handeln können.

Aber auch abgesehen davon, dass derartige prinzipielle Unterscheidungen für die praktischen Consequenzen keinen Wert haben,
so sind sie auch für die Beurteilung des besonderen Falles meist nicht
möglich, weil sich jene verschiedenen Ursachen der abnormen Gehirnconstitution in mannigfaltigster Weise kombinieren können, und das

Entartungsirresein durchaus keine einheitliche Krankheitsform darstellt. Man kann allenfalls wohl einzelne Symptome als Entwicklungshemmung (z. B. den angeborenén Schwachsinn) oder als Atavismus (z. B. den Kannibalismus) ansprechen, ebenso wie einzelne körperliche Missbildungen (z. B. eine Hasenscharte oder einen sechsten Finger), es ist aber durchaus nicht immer möglich, den einzelnen Fall einer constitutionellen Geistesstörung entweder als Entwicklungshemmung oder als Atavismus zu bezeichnen.

Auch von rein klinischem Standpunkte aus hat man versucht, specifische Untergruppen der constitutionellen Störungen zu statuieren, ebenso wie man sich bemüht hat, sie von den Entwicklungshemmungen (dem angeborenen Blöd- oder Schwachsinn), der Hysterie, der Epilepsie abzutrennen und specifische Merkmale für die Diagnose aufzustellen. So hat man eine „constitutionelle Melancholie", ein „impulsives Irresein", ein „Irresein mit Zwangsvorstellungen", eine „conträre Sexualempfindung", eine „moralische Idiotie" u. s. w. u. s. w. beschrieben. Aber gerade auf diesem Gebiete wird es kaum zwei Autoren geben, welche ein Krankheitsbild in gleicher Weise bestimmen. Unseres Erachtens ist es zur Zeit jedenfalls nicht möglich, solche Abgrenzungen vorzunehmen, oder einen allgemeinen Typus des Entartungsirreseins aufzustellen. Die einzelnen Erscheinungen desselben können sich in der verschiedenartigsten Weise kombinieren, und — wegen der praktischen Bedeutung dieser Frage sei hervorgehoben — die Symptome der Entartung des Individuums überhaupt. Weil dieselbe in den verschiedenen Teilen des Organismus gleichzeitig auftreten k a n n, hat man nämlich geglaubt, eine Entartung des Gehirns m ü s s e immer mit körperlichen Missbildungen verbunden sein und meinte nun, diese „Stigmata der Heredität", als wie: missbildete Ohrläppchen, Hasenscharte, abnorme Zahl oder Stellung der Zähne, zusammengewachsene Augenbrauen, Bartwuchs beim Weibe, mangelnder Bartwuchs beim Manne, Epispadie, Hypospadie, Kryptorchismus (Missbildungen der Genitalien), ein sechster Finger u. s. w. u. s. w. — wären zuverlässige diagnostische Merkmale für das Entartungsirresein. Das ist aber durchaus nicht richtig. Man findet gelegentlich psychisch stark entartete Individuen bei völlig normaler Körperbildung und umgekehrt jene Missbildungen bei normaler geistiger Beschaffenheit. Ja selbst Difformitäten des Schädels lassen durchaus keinen zuverlässigen Schluss auf geistige Anomalieen zu. Richtig an allen diesen Theorieen ist nur das, dass man bei geistig Degenerierten häufiger jene körperlichen Missbildungen findet als bei geistig Normalen, und demgemäss lassen die „Stigmata der Heredität" eher eine geistige Abnormität vermuten als normale Körperbildung.

Um nun aber darauf zurückzukommen, so sind wir, wie gesagt, nicht in der Lage, eine Darstellung des Gesammtbildes der constitutionellen Geistesstörung zu geben; vielmehr werden wir uns darauf beschränken, die einzelnen Symptome zu skizzieren und uns im Allgemeinen mit dem Hinweis begnügen, dass dieselben sich meistens zu mehreren, mitunter sogar zu sehr vielen beim einzelnen Individuum in sehr wechselnder Intensität kombiniert finden.

Schon im Allgemeinen Teil wurde darauf hingewiesen, dass es ein fruchtloses Bemühen ist, unter diesen Umständen nach specifischen Merkmalen der pathologischen Natur dieser oder jener geistigen Eigentümlichkeit zu suchen, so angenehm das auch für die Praxis wäre. Man taxiere deshalb im einzelnen Fall zunächst die Quantität des Abnormen und gebe dann sein Gutachten ab mit Rücksicht auf die rein äussere Eigenart der bezüglichen Abnormität, die Gefahren, welche sie für die Gesellschaft mit sich bringt, die Mittel, welche zur Abwehr allfälliger Gefahren geeignet sind. Hieraus ergiebt sich von selbst, dass nicht davon die Rede sein kann, dass man nur die einzelne verbrecherische Handlung etwa als psychopathisch nachweist, sondern im einzelnen Fall immer die Gesammtpersönlichkeit beurteilen muss. Dies ermöglicht aber sehr häufig eine recht zuverlässige Vorhersage. Für diese ist zu berücksichtigen, dass auf dem Boden der psychopathischen Constitution eine ganze Reihe akuter und chronischer Geistesstörungen erwachsen können, welche dann das Bild complicieren. Aber auch, wo solche fehlen, darf man die Thatsache, dass diese constitutionellen Störungen viele Mischformen mit geistiger Gesundheit aufweisen, wie bei der Epilepsie, nicht in dem Sinne missverstehen, dass etwa alle Psychopathen für vermindert zurechnungsfähig zu erklären wären. Im Gegenteil giebt es viele Psychopathen, die in dem Grade krank sind, dass man sie für völlig unzurechnungsfähig, und umgekehrt andere, die man noch für zurechnungsfähig erklären muss. Ferner ergiebt sich aus dieser Sachlage, dass man nicht alle auf Grund von constitutioneller Geistesstörung für vermindert zurechnungsfähig erklärten Verbrecher wegen ihrer Gemeingefährlichkeit zur Verwahrung in bestimmte Anstalten einweisen kann, sondern dass man auch hierfür immer die Eigentümlichkeit des besonderen Falles zu berücksichtigen hat, wofür wir die nötigen Anhaltspunkte bei Besprechung der einzelnen Symptome geben werden.

## § 1.

## Die Abnormitäten des Geschlechtstriebes.

Der Geschlechtstrieb kann abnorm schwach oder abnorm stark, abnorm früh oder abnorm spät auftreten oder pervers sein. Die sehr verschiedenartigen Anomalieen sind durch krankhafte Anlage bedingt, aber zum Teil von suggestiven Einflüssen abhängig. Ausser Selbstbefleckung beobachtet man das Auftreten von Wollustempfindungen bei nicht auf Beischlaf bezüglichen Vorstellungen, Lustmord, geschlechtliche Handlungen mit Kindern und Thieren, sowie conträre Sexualempfindung. Dieselbe ist angeboren, oder erworben, oder ganz vorübergehend, häufig verbunden mit entsprechenden Anomalieen des Körperbaues und der Lebensgewohnheiten.

Die aus sexueller Perversion entspringenden Verbrechen sind nicht, wie jetzt üblich, besonders hart zu bestrafen, sondern im Wesentlichen den Verbrechen bei Heterosexualen gleich zu stellen. Ausserdem sind die meist vorhandenen anderen pathologischen Eigenschaften bei Beurteilung des Verbrechers zu berücksichtigen. Die Massregeln zur Unschädlichmachung der Patienten sind dem einzelnen Fall anzupassen.

Abnormitäten des Geschlechtstriebes können auch bei den eigentlichen Geisteskrankheiten zur Entwicklung kommen, z. B. bei dem Altersblödsinn, sind aber besonders ein tief constitutionelles Symptom. Der Geschlechtstrieb kann abnorm früh oder abnorm spät auftreten, sehr stark oder sehr schwach entwickelt sein; vor Allem giebt es Fälle, in denen er pervers ist, das heisst: nicht auf die Fortpflanzung gerichtet. Diese Perversitäten sind in neuerer Zeit mit wahrem Übereifer von den verschiedensten Autoren studiert und in einer sehr umfangreichen Litteratur beschrieben, insbesondere ist auch die gerichtliche Bedeutung dieser Anomalieen weitläufig diskutiert worden. Man hat eine Fülle von Varietäten aufgestellt und immer wieder werden neue beschrieben; doch ist es hier wie mit dem Entartungsirresein überhaupt! Fast jeder neue Patient hat seine besonderen Eigentümlichkeiten und es hat keinen Wert, für jeden Einzelnen einen besonderen Krankheitsnamen zu erfinden. Die Krankheitsbilder sind abwechslungsreich wie die einzelnen Symptome der Hysterie, und umgekehrt findet man auch immer wieder gleichartige Fälle, wie bei den Hysterischen; denn alle die zu solchen Perversitäten Disponierten sind meist auch in hohem Grade suggestibel und nehmen in Folge dessen viel von einander an. So beobachtet man bei den meisten dieser Kranken, dass sie, wie Hyochonder und Hysterische, ein besonders lebhaftes Interesse nicht nur für ihre

Leidensgenossen, sondern auch für ihr Leiden haben. Die bezüglichen Monographieen werden fast mehr von den Patienten als von den Ärzten gelesen, und eine grosse Anzahl unter ihnen besitzt eine erstaunliche Belesenheit in der betreffenden Litteratur, ist sogar mitunter selbst litterarisch thätig. Man darf bei Beurteilung der Einzelerscheinungen, wie bei den Hysterischen, nie den suggestiven Faktor vergessen. Suggestive Einflüsse werden natürlich bei normalen Individuen niemals bleibende erhebliche Abnormitäten erzeugen, sondern dazu gehört stets eine psychopathische Disposition, die aber bei den Patienten auch fast immer noch in anderer Weise zum Ausdruck kommt, sei es in hypochondrischen, sei es in hysterischen Erscheinungen, oder in sonstigen Verschrobenheiten des Denkens und Fühlens. Bei weniger disponierten Individuen können anscheinend vorübergehende leichtere derartige Perversitäten durch äussere Einflüsse zur Entwicklung gelangen, während sich bei intensiverer Disposition lebenslängliche unausrottbare Triebe einstellen, die aber durch äussere Einwirkungen wohl auch meist ihre besondere Richtung bekommen.

Die sociale Bedeutung der einzelnen Perversitäten ist natürlich eine sehr verschiedene. Bei weitem die häufigste ist die Neigung zur Selbstbefleckung (Masturbation oder Onanie). Ihre eigentliche Bedeutung in der Pathologie gewinnt sie erst dann, wenn sich daran intensivere hypochondrische Befürchtungen und Wahnideen anknüpfen, oder mit ihr verbinden. Nicht selten entwickelt sich um diesen Kernpunkt eine schwere unheilbare Hypochondrie, welche die Patienten mehr oder weniger arbeitsunfähig macht; doch ist hier wohl stets die Onanie mehr als Teilerscheinung des Gesammtleidens, denn als ätiologisches Moment aufzufassen. Die Onanie hat für die gerichtliche Praxis wenig Interesse.

Weit seltener und andererseits weit pathologischer sind die Fälle, wo Wollustempfindung n e b e n normalen Anlässen oder sogar ausschliesslich bei Vorstellungen auftritt, die mit der des Beischlafs in gar keinem oder nur in entferntem Zusammenhange stehen, beim Anblick von Damenstiefeln, weiblichen Hemden, Strümpfen, Nachtmützen, bei harmlosen Berührungen mit dem weiblichen Geschlecht u. s. w. u. s. w. oder auch beim Gedanken an derartige Sachen. Solche Triebe können zum Stehlen der betreffenden Gegenstände Veranlassung geben. In anderen Fällen wieder wird die Wollustempfindung nicht durch den Beischlaf, sondern durch Misshandlungen einer Person des anderen Geschlechtes oder von Seiten einer Person des anderen Geschlechtes hervorgerufen. Recht selten endlich und wohl nur bei auch anderweitig stark degenerierten Individuen verkommend ist das Bedürfnis, das bezügliche Opfer nach vollzogenem Beischlaf zu töten, zu massakrieren, in seinen Eingeweiden zu wühlen, welche Handlungen meist mit Wollustempfindungen verbunden sind. Solche Degenerierten, die berüchtigten „Lustmörder", wählen ihr Opfer häufig ohne jede Rücksicht auf seine körperlichen Reize. — Ebenfalls als Perversität muss ferner der, nicht nur bei Altersblödsinnigen, sondern auch, wenn auch weit seltener, bei Psychopathen vorkommende Trieb, den Beischlaf mit völlig unentwickelten Kindern zu vollziehen, aufgefasst werden. In sehr vielen derartigen Fällen kommt es aber gar nicht zu Beischlaf, oder auch nur beischlafähnlichen Handlungen; vielmehr beschränkt sich der pathologische Trieb darauf, die Geschlechtsteile von Kindern betasten zu lassen oder auch nur in ihrer Gegenwart zu entblössen (sogenannte „Exhibition").

Eine wiederum sehr berüchtigte, aber mit Unrecht berüchtigte Perversität ist der Trieb, den Beischlaf mit Tieren zu vollziehen. Derselbe, die sogenannte „Sodomie", kommt, wie die Neigung zum Lustmord, nur bei sehr entarteten, meist mehr oder weniger blödsinnigen Individuen vor. Die bezüglichen Handlungen werden sonderbarer Weise von den Strafgesetzbüchern mit harten Strafen bedroht, obwohl sie nur von Unzurechnungsfähigen begangen werden und die Gesellschaft verhältnismässig sehr wenig schädigen. Die Strafe hat um so weniger Sinn, als die bezüglichen Patienten abgesehen von jenem Trieb harmlose Leute sein können.

Nächst der Onanie wohl die häufigste Perversität, die zugleich heutigen Tages am meisten von sich reden macht, ist die conträre Sexualempfindung, d. h. die Neigung zu Personen des gleichen Geschlechtes, wie die meisten dieser Perversitäten mehr, aber nicht ausschliesslich, bei Männern vorkommend. Sie kann sich in ganz gleicher Weise äussern wie die Liebe oder geschlechtliche Neigung zu Personen des anderen Geschlechtes, in schwärmerischen Liebschaften mit zärtlichen Umarmungen und eifersüchtigem Streit sowohl, wie in coitusähnlichem Verkehr, der dann meist in Form von gegenseitiger Onanie, seltener von eigentlichen päderastischen Handlungen (immissio penis in anum) ausgeübt wird. In ausgebildeten Fällen besteht völlige Kälte oder nur freundschaftliche Beziehung zu Personen des anderen Geschlechtes während des ganzen Lebens; doch beobachtet man conträre Sexualempfindung auch n a c h normaler, d. h. als erworbene, nicht angeborene Perversität, sowie auch gleichzeitig neben normalem Empfinden, ja sogar nur als vorübergehende Erscheinung. Alle denkbaren Mischungen kommen hier vor, und dieser Umstand spricht eben auch dafür, dass in manchen Fällen wenigstens das suggestive Moment nicht ohne Einfluss ist. Dazu kommt, dass der Geschlechtstrieb durchaus nicht immer abnorm früh und abnorm stark entwickelt ist. Vielmehr bestand in einigen von uns beobachteten Fällen anscheinend geschlecht- liche Indifferenz bis etwa zum 20. Jahre, die sich erst durch Verkehr mit Päderasten in conträre Sexualempfindung umwandelte. — Mitunter findet man bei den „Urningen", wenn auch natürlich nicht in den Ge- schlechtsteilen, so doch im allgemeinen Körperbau Anklänge an den Typus des anderen Geschlechtes: breites Becken, fehlenden Bartwuchs beim Manne u. s. w. u. s. w. Doch sind das allgemeine, auch bei normalem Geschlechtsrieb vorkommende Degenerationszeichen, so dass ihr innerer Zusammenhang mit jener Perversität nicht sicher erwiesen ist. Das Gleiche gilt wohl von den mitunter, aber durchaus nicht immer, beobachteten Neigungen zu weiblichen Beschäftigungen bei Männern und umgekehrt, namentlich insofern hierbei der Einfluss rein äusserer Momente schon eine grosse Rolle spielt. Auch abgesehen von diesen Eigentümlichkeiten behaupten Urninge, sich gegenseitig durch einen ihnen innewohnenden Instinkt erkennen zu können. Dies dürfte aber kaum auf einer instinktiven Eigenschaft, sondern auf rein äusseren traditionellen Sitten und Gewohnheiten beruhen. Die Päderasten erkennen einander, wie der Lebemann auf den ersten Blick eine puella publica von einer anständigen Frau unterscheiden kann, auch wenn beide die gleiche Toilette tragen. Die conträre Sexualempfindung ist nämlich eine so weit verbreitete Perversität, dass sich in grösseren Städten eine ganz reguläre männliche Prostitution entwickelt und für den Umgang der conträrsexualen unter einander der gewöhnlichen Prostitution analoge Formen und Gebräuche aus- gebildet hat. Daran erkennen sich offenbar die Urninge unter einander, indem ihr gegenseitiger Verkehr naturgemäss meist Formen hat, die denen der gewöhnlichen Prostitution im engeren und weiteren Sinne mehr oder weniger ähnlich sind. Hierin liegt entschieden eine ge- wisse Schwierigkeit für die Beurteilung der conträren Sexualität: die Kranken, die man vor Allen kennt, besonders diejenigen, welche selbst in dem Fache litterarisch thätig sind, sind in gewissem Sinne alle mehr oder weniger Prostituierte. Ihre Leidensgeschichte, wie sie ver- führt und gefallen sind, stimmen oft sehr überein mit der Lebens- geschichte einer sexuell normal veranlagten puella publica, deren Lebens- lauf ja auch nur allzu häufig durch eine geringe sittliche Widerstands- kraft, vielfach durch angeborenen Schwachsinn, kurz durch allgemeine Symptome der Entartung bedingt ist. — Es handelt sich also auch hier wieder um eine Mischung mit anderen psychopathischen Eigen- schaften. Im Besonderen sei aber noch einmal betont, dass bei allen

Verbrechen, die auf Grund sexueller Perversitäten verübt werden, recht häufig der Alkohol einen wesentlichen Einfluss ausübt. Bald treten die Perversitäten überhaupt nur im Rausch auf, sei es in einem vereinzelten Fall, sei es regelmässig; bald ist der Rausch nur insofern ein begünstigendes Moment, als er bei dauernd bestehender Perversität die in nüchternem Zustande vielleicht noch vorhandene sittliche Widerstandskraft herabsetzt und so die verbrecherische Handlung ermöglicht.

In Folge eines gesunden Volksinstinkts werden nun die aus sexueller Perversität entspringenden Verbrechen in hervorragendem Masse verabscheut und in Folge dessen meist ohne Unterschied von den Strafgesetzbüchern mit besonders harten Strafen belegt. Die Erkenntnis, dass es sich dabei um krankhafte, und oft tiefeingewurzelte Eigenschaften handelt, muss solche Massregeln als eine ungerechte Härte bezeichnen. Die betreffenden Individuen können in Folge ihrer Abnormität den Geschlechtstrieb eben nicht anders als auf eine perverse Weise befriedigen, und insofern fordern im Besonderen die Urninge nicht ganz mit Unrecht, dass sie vor dem Gesetz den Heterosexualen (d. h. den geschlechtlich normal veranlagten Menschen) insofern gleichgestellt werden, als sie wie diese nur dann bestraft werden, wenn sie durch ihre Handlungen die Gesellschaft im Allgemeinen oder ein einzelnes ihrer Mitglieder schädigen. Demnach wäre die Päderastie nur dann zu bestrafen, wenn dadurch öffentliches Ärgernis erregt oder zu ihrer Ausübung Verführung angewandt wird, nicht aber da, wo sie mit gegenseitigem, freiwilligem Einverständnis, ohne Belästigung unbeteiligter Dritter ausgeübt wird. In gleicher Weise hat es, wie schon erwähnt, keinen Sinn, die Sodomie mit schweren Strafen zu belegen, sofern dadurch andere Menschen nicht belästigt werden. Wenn für sie nicht wie für die Päderastie Anwälte erstehen, so hat dies wohl lediglich darin seinen Grund, dass diese Perversität eben gewöhnlich bei schwachsinnigen Individuen vorkommt, die sich über ihre Abnormität und dadurch bedingte sociale Sonderstellung keine Rechenschaft zu geben vermögen, während conträre Sexualempfindung auch bei intellektuel gut veranlagten Menschen vorkommt. Wenn diese nun allerdings wegen ihrer Perversität sehr zu bedauern sind und insofern eine besondere Milde beanspruchen dürfen, so ist doch andererseits nicht ausser Acht zu lassen, dass der Begriff der Verführung, bezw. Nichtverführung ein sehr dehnbarer ist. Die Verführung kann aber bei Disponierten einen schädlichen suggestiven Einfluss ausüben und so zur Verbreitung der conträren Sexualität einen begünstigenden Faktor abgeben. Eine zu weit gehende Toleranz gegen die Urninge, z. B. durch Concessionierung einer Uringprostitution, wie das manche

Urninge gefordert haben, scheint uns deshalb nicht angezeigt. Wenn
man heutigen Tages mit Recht bemüht ist, die gewöhnliche Prostitution nach Möglichkeit einzuschränken, hat man sich wohl zu hüten,
einer Urningprostitution Vorschub zu leisten. Von höheren ethischen
Gesichtspunkten hat man sogar nicht mit Unrecht völlige Unter-
drückung des Geschlechtstriebes von allen sexuell Abnormen verlangt;
indessen hat ja die Strafgesetzgebung nicht mit höheren ethischen
Forderungen, sondern im Gegenteil mit einem Minimum in dieser Beziehung zu rechnen. — Würde man nun in diesem Sinne die Härten
des Gesetzes abschaffen und Heterosexuale und Homosexuale (denn
um solche handelt es sich ja vorzüglich) in gleicher Weise mit Strafen
bedrohen, so könnte man allerdings sagen, dass die sexuelle Perversität
als solche keine Unzurechnungsfähigkeit, oder auch nur verminderte
Zurechnungsfähigkeit mehr bedinge, indem der Abnormität eben schon
zur Genüge Rechnung getragen wäre. Dies trifft indessen nur insoweit
zu, als die sexuelle Perversion die einzige Abnormität ist. Wir haben
nun aber schon oft genug betont, dass die sexuelle Perversion meist
mit anderen constitutionellen Eigenschaften verbunden, im Besonderen
oft in Bezug auf die einzelne eingeklagte Handlung complicirt ist
(z. B. mit Rausch und Alkoholismus überhaupt). Von diesem Plus des
Pathologischen wird es dann also abhängen, inwieweit die Zurechnungsfähigkeit beim einzelnen Individuum für beeinträchtigt oder aufgehoben
zu erklären ist. Welche Massregeln zum Schutze der Gesellschaft
gegen die gemeingefährlichen Neigungen der Patienten anzuwenden
sind, hängt wieder ganz von der besonderen Eigenart des besonderen
Falles ab. Der Lustmörder ist in einer geeigneten Anstalt dauernd
zu verwahren. Der sonst harmlose Schwachsinnige, der sich einmal
sexuell an einer Kuh vergangen hat, ist freizusprechen und in Freiheit
zu belassen. Mit dem Gewohnheitstrinker, der sich im Rausch der
Exhibition schuldig gemacht hat, ist ein Heilversuch in einer Trinkerheilanstalt zu machen. Beiläufig sei übrigens erwähnt, dass auch mit
Hypnose bei sexuellen Anomalieen schon gute Heilerfolge erzielt
worden sind.

## § 2.

## Die Zwangsvorstellungen.

Vorstellungen, die sich bei klarer Erkenntnis ihrer Unsinnigkeit mit unwider-
stehlichem Zwang zur Qual des Patienten fortwährend aufdrängen, nennt man Zwangsvorstellungen. Sie sind ein Zeichen schwerer Psychopathie. In Form von Zwangs-
antrieben könnten sie zu Verbrechen führen, doch ist bis jetzt kein derartiger Fall
bekannt geworden.

Wiederum ein Zeichen schwerer Psychopathie sind die Zwangsvorstellungen: In Folge eines unwiderstehlichen krankhaften Zwanges
kann sich der Patient von einem bestimmten Gedanken nicht frei
machen, obwohl ihm derselbe ein peinliches, unangenehmes Gefühl erweckt, und obwohl ihm sein Verstand sagt, dass der Gedanke an sich
thöricht, und der Zwang ihm nachzuhängen krankhaft ist. In dieser
klaren Einsicht in den Zustand liegt das Charakteristische der Zwangsvorstellung. In leichtesten Anklängen beobachtet man etwas Ähnliches
beim Gesunden. Wohl Jedem ist es schon passiert, dass ihn z. B. der
Gedanke peinigte, er könne versäumt haben, eine Thür zu schliessen,
obwohl er sich sagen muss, dass das eigentlich nicht möglich sei. Hier
handelt es sich aber doch mehr um ein mehr oder weniger berechtigtes
Misstrauen gegen unser Gedächtnis, dem sich diejenigen Handlungen,
die wir mehr mechanisch, automatisch mit dem Unterbewusstsein vor-
nehmen, nicht so zuverlässig einprägen, wie diejenigen Handlungen, die
wir bei vollem Bewusstsein vollziehen. Deshalb genügt für den Gesunden eine bezügliche Nachprüfung bei klarem Bewusstsein, um ihn
völlig von jener peinigenden Vorstellung zu befreien. Bei der krankhaften Zwangsvorstellung hilft keine derartige Nachprüfung, auch wenn
der Patient sie noch so oft wiederholt, oder sie hilft höchstens ganz
vorübergehend. So muss er immer wieder das gleiche weggeworfene
Stück Papier ansehen, in der Meinung, es könne etwas Wichtiges
darauf geschrieben gewesen sein. Oder eine Kranke mag sich noch
so oft selbst versichern oder von Anderen versichern lassen, dass das
ganz unmöglich sei — immer wieder wird sie von der Vorstellung
geplagt, sie könne, im Obstgarten spazierend, eine Stecknadel verloren
haben, diese sei nun in einen Apfel hineingekommen, und der, welcher
ihn esse, müsse nun daran sterben, durch ihre Schuld. Solche Zwangsvorstellung kann so mächtig werden, dass sich z. B. die eben erwähnte
Patientin überhaupt nicht mehr traute, in den Obstgarten zu gehen,

noch überhaupt mit Nadeln zu hantieren. Aber selbst das befreite sie
nicht von der peinlichen Idee. Zu diesen Erscheinungen ist wohl auch
die sogenannte Platzangst zu rechnen: das heisst die Furcht, auf freiem
Platze umstürzen zu müssen, also eine Art Schwindel auf freier Ebene,
verbunden mit intensiver Angst; eine Vorstellung, die es dem Patienten
unmöglich macht, allein einen freien Platz zu passieren, während ihm
die Begleitung einer anderen Person oder das Gehen an einer Häuser-
reihe u. s. w. von seiner quälenden Angst befreit.

    Der Inhalt solcher Zwangsvorstellungen kann ungemein mannig-
faltig sein; man hat die verschiedenen Varietäten (eine „Grübelsucht“,
eine „Zweifelsucht“, eine „Berührungsfurcht“ u. s. w. u. s. w.) sorgfältig studiert und beschrieben. Sie alle spielen in der Pathologie eine
grosse Rolle, haben aber für uns nur Interesse als untrügliches diagnosti-
sches Merkmal schwerer constitutioneller Psychopathie. Besondere Wichtigkeit für die gerichtliche Praxis hätte höchstens diejenige Zwangsvorstellung, welche die Form eines Zwangsantriebes annimmt. Eine
Mutter, die mit ihrem Kind eine Brücke zu passieren hat, wird von
der Angst befallen, sie werde gegen ihren Willen das Kind in das
Wasser werfen müssen; oder beim Anblick des Brodmessers kommt
ihr der Gedanke, sie werde damit dem Kinde den Hals abschneiden.
Charakteristisch für diese Zwangsantriebe ist auch hier wieder die
klare Einsicht in das Unsinnige der betreffenden Handlung, sowie die
peinigende Furcht davor. Solche Vorstellungen sind keineswegs selten;
man sollte deshalb meinen, die Kranken müssten sehr gefährlich sein.
Thatsächlich ist aber bisher kein Fall bekannt geworden, in welchem
ein solcher gefährlicher Zwangsantrieb zu einer gefährlichen Handlung
geführt hätte. Eine unserer Kranken kämpfte lange gegen den Gedanken an, den Arzt bei der Visite mit dem Messer, mit welchem sie
Gemüse schälte, zu erstechen, bis sie endlich bat, sie nicht mehr in
die Gemüseküche zu schicken. Die gleiche Kranke verhalf zu einer
anderen Zeit einer Mitpatientin zur Flucht; sie gab nachher an, sie
sei lange vorher von der Vorstellung gequält worden, sie müsse dies
thun, obwohl sie eingesehen habe, dass die Betreffende krank sei.
Wenn diese Angabe richtig war, so hätte hier also der Zwangstrieb
zu einer — allerdings nicht sehr gefährlichen — Zwangshandlung geführt. Unbedingt lässt sich also die Möglichkeit eines solchen Vorkommnisses nicht ableugnen. Vor Allem haben wir auch hier wieder
zu bedenken, dass die Zwangsvorstellungen ein Symptom sind, welches
zwar oft das gesammte Krankheitsbild beherrscht, welches sich aber
auch mit anderen Störungen complicieren, und dann wohl zu gefährlichen Handlungen führen kann. Lässt es sich als Ursache einer ver-

brecherischen Handlung nachweisen, wäre der Betreffende natürlich für total unzurechnungsfähig zu erklären und wegen hochgradiger Gemeingefährlichkeit zu versorgen. Nötig wäre aber der Nachweis von Zwangsvorstellungen überhaupt, nicht nur in Bezug auf die einzelne That, sowie der Nachweis der psychopathischen Constitution im Allgemeinen.

## § 3.

## Die Stimmungsanomalieen.

Bei Psychopathen kommen Stimmungsanomalieen analog der Manie und Melancholie vor, häufig periodisch; dann bilden sie Übergänge zum periodischen Irresein. Ausserdem treten in Folge äusserer Veranlassungen intensive Affekte auf, die zu verminderter Zurechnungsfähigkeit und Annahme mildernder Umstände Veranlassung geben können.

Theoretisch kann man bei Psychopathen zwei verschiedene Arten von Stimmungsanomalieen unterscheiden: abnorme Intensität der Affekte bei qualitativ adäquaten Anlässen und umgekehrt Verstimmungen, die mehr oder weniger unabhängig von äusseren Veranlassungen auftreten. Unter diesen ist die häufigste die melancholische Verstimmung, etwa dem Bilde der einfachen Melancholie leichtesten Grades gleichend, aber als dauernde constitutionelle Eigenschaft auftretend. In vielen Fällen tritt diese Verstimmung in periodischen Zwischenräumen stärker hervor, in anderen wird sie direkt periodisch durch leichteste Grade submaniakalischer Stimmung abgelöst. Eine scharfe Grenze zwischen derartigen Verstimmungen und mehr oder weniger typischen Formen periodischer und circulärer Geistesstörung existiert natürlich nicht. Diese lernten wir ja auch als Erkrankungen, die vornehmlich auf psychopathischer Basis erwachsen, kennen. Es sei bei dieser Gelegenheit hinzugefügt, dass auch die anderen psychopathischen Symptome, wie z. B. die Zwangsvorstellungen, häufig periodisch sich einstellen oder wenigstens stärker hervortreten. Die Periodicität der Krankheitserscheinungen gilt deshalb als Zeichen der Psychopathie im Allgemeinen. In manchen Fällen nimmt die melancholische Verstimmung mehr einen hypochondrischen Charakter an, dass heisst: die trübe Stimmung verursacht vorzugsweise Befürchtungen in Bezug auf Erkrankungen des eigenen Körpers; Befürchtungen, die sich zu vollständigen hypochondri-

schen Wahnideen und totaler Hoffnungslosigkeit steigern können, oder
aber nur in einer krankhaften Sorgfalt bei der Pflege der Gesundheit,
Neigungen zu allerhand sonderbaren Lebensgewohnheiten und diäteti-
schen Massnahmen ihren Ausdruck finden. Durch Autosuggestion allein
oder in Verbindung mit wirklich schädigenden äusseren Einflüssen entwickeln sich hier oft mannigfaltige nervöse Beschwerden, oft sehr
quälender Natur; Störungen, die man heutigen Tages gewöhnlich mit
dem Namen „neurasthenisch" belegt. Es liegt auf der Hand, dass
sich auf solcher Basis leicht schwerere ausgesprochene Geistesstörungen
entwickeln können. Für sich allein werden diese Stimmungsanomalieen
keine Unzurechnungsfähigkeit bedingen und für die gerichtliche Praxis
keine besondere Bedeutung gewinnen, wohl aber in Verbindung mit
anderen constitutionellen Symptomen; und insofern haben sie für die
Diagnose immer Wert und mussten hier wenigstens erwähnt werden.

Eine grössere Bedeutung für die gerichtliche Praxis hat dagegen
die abnorme Intensität der Affekte; wir sind derselben schon bei der
Hysterie begegnet und erwähnten schon bei dieser Gelegenheit, dass
diese intensiven Affekte, oft von Apathie, d. h. Ermüdung gefolgt, als
Zeichen der constitutionellen Psychopathie im Allgemeinen gelten. Der
Affekt an sich wäre in diesen Fällen also der auslösenden Veranlassung
adäquat, und nur seine Intensität inadäquat. Diese psychopathische
Eigenschaft spielt also bei allen Leidenschaftsverbrechen eine Rolle;
für sich allein wird sie kaum je Unzurechnungsfähigkeit bedingen,
wohl aber in manchen Fällen „verminderte Zurechnungsfähigkeit".
Hier liegt dann einer der seltenen Fälle vor, wo dieselbe einmal mit
Recht zur Annahme mildernder Umstände veranlassen kann. Bei den
praktisch in Betracht kommenden Fällen wird auch der Richter stets
geneigt sein, solche anzunehmen; allerdings wird er den Milderungs-
grund mehr in den äusseren Umständen erkennen, als in einer constitutionellen Eigenschaft des Verbrechers; wir aber müssen betonen, dass
das Besondere, was zu dem Verbrechen Veranlassung gegeben hat,
mehr in der Individualität des Verbrechers als in äusseren Verhältnissen zu suchen ist, die ja für sehr viele Menschen sehr oft ein
Leidenschaftsverbrechen entschuldbar erscheinen lassen würden, trotzdem aber den normalen Menschen viel seltener zu einem solchen verleiten, als man meint.

## § 4.

### Die krankhaften Triebe.

Krankhafte Triebe besonderer Richtung, in Folge deren die Kranken ohne anderweitige Motivierung z. B. stehlen oder brandstiften, hielt man früher für isolierte Krankheiten (Monomanieen). Sie sind Ausdruck psychopathischer Constitution oder es handelt sich um specifische andere Krankheiten z. B. Epilepsie oder Hysterie. — Impulsives Wesen, d. h. die Neigung, trotz guter Urteilsfähigkeit sich vor dem Handeln zur Überlegung keine Zeit zu lassen, wird durch Combination mit anderen psychopathischen Eigenschaften verhängnisvoll.

Schon seit langer Zeit sind den Gerichtsärzten verbrecherische Handlungen aufgefallen (im Besonderen Diebstähle, Brandstiftungen und Morde), als deren Ursache sie einen krankhaften Trieb annehmen zu müssen glaubten, weil jede anderweitige Motivierung fehlte. So wenig die Juristen, wenn es schliesslich zur Entscheidung kommt, geneigt sind, in diesem letzteren Umstande einen genügenden Grund zur Annahme der Unzurechnungsfähigkeit zu erkennen, so verblüffend wirkt doch gerade auf sie oft die Thatsache, dass sie gar kein einleuchtendes Motiv für das Verbrechen entdecken können, so dass gerade in diesen Fällen häufig der Staatsanwalt und nicht der Verteidiger die Expertise beantragt. Derartige Fälle haben früher zur Annahme der sogenannten Monomanieen („Pyromanie", „Kleptomanie" u. s. w.) geführt, d. h. ganz isolierter Erkrankungen des Trieblebens gerade in der besonderen Richtung. Diese Triebe können periodisch oder auch nur vorübergehend, z. B. zur Zeit der geschlechtlichen Entwicklung auftreten; eine sorgfältige Prüfung der Fälle hat aber zu der Erkenntnis geführt, dass es sich hier nicht um ganz isolierte Erkrankungen handelt, sondern nur um eine Erscheinung des Entartungsirreseins, das sich bei sorgfältiger Prüfung auch in anderen Symptomen ausspricht. Ihr Analogon finden diese gefährlichen in anderen, harmloseren Trieben, die man bei Psychopathen beobachtet, so z. B. in dem nicht so seltenen Sammeltrieb. Derselbe richtet sich bald auf ganz wertlose Gegenstände, wie z. B. die Aufbewahrung der abgeschnittenen Fingernägel, bald auf wertvollere, z. B. seltene Bücher u. dergl. Das Krankhafte des Triebes spricht sich dann in der Leidenschaftlichkeit aus, welche die Kranken zu seiner Befriedigung an den Tag legen; in Folge davon kann es dann bei sonst ordentlichen Menschen zur Ausübung von Verbrechen, wie Diebstahl, angeblich sogar Raubmord, kommen. In solchen

Fällen von etwas vernünftigerer Begehrlichkeit einerseits, der Hintansetzung aller moralischen Rücksichten andererseits ist man allerdings genötigt, einen höhergradigen ethischen Defekt anzunehmen, wie ja auch hier das wesentlichste Merkmal der „Monomanie": der Mangel eines vernünftigen Motivs, an Deutlichkeit wesentlich verliert. In vielen Fällen sogenannten „moralischen Irreseins" spielt auch zweifellos ein krankhaftes Triebleben eine grosse Rolle. In anderen Fällen findet man neben dem krankhaften Trieb eine allgemeine geistige Minderwertigkeit, z. B. einfachen angeborenen Schwachsinn, so bei einem jungen, noch nicht entwickelten, sechszehnjährigen Mädchen, welches, erblich stark belastet, eine mangelhafte Schülerin war, von ihrer ersten Dienstherrschaft ein mangelhaftes Zeugnis erhielt, immerhin bis dahin noch keinen erheblichen moralischen Defekt dokumentiert hatte und nun das Kind ihrer neuen Dienstherrschaft mit Phosphor angiftete, ohne dass sie dafür irgend welchen Grund angeben konnte. Sie hatte das Kind nicht in Pflege, konnte von ihm in keiner Weise belästigt worden sein und hatte auch gar keinen Zwist mit der Herrschaft gehabt. In anscheinend nicht seltenen Fällen von „Monomanieen" handelt es sich um Epilepsie, Hysterie und verwandte Krankheiten, wie bei Besprechung derselben schon erwähnt wurde: Eine sonst gut beleumdete, in ihrem Beruf tüchtige, ökonomisch gut gestellte Schneiderin stahl in Kundenhäusern geringwertige Gegenstände (Taschentücher u. s. w.), die sie vielfach dem Eigentümer wieder heimlich zurückerstattete. Das völlig unmotivierte, triebartige, fast traumartige ihrer Handlungsweise veranlasste mich, in derselben ein epileptisches Äquivalent zu vermuten; bald darauf liess sich zweifellose echte Epilepsie bei der Explorandin nachweisen. Eine andere, noch jetzt sehr arbeitsame, früher gut beleumundete, aber intellektuell schwach begabte Frau wurde uns von der Staatsanwaltschaft mit der mutmasslichen Diagnose „Pyromanie" zugeführt. Sie hatte häufig Brandstiftungen im eigenen Haushalte versucht, um eine Nachbarin deren zu bezichtigen, die sie auch sonst mannigfach verleumdete. Sie entpuppte sich als pathologische Schwindlerin, die anscheinend von ihren Brandstiftungen so gut wie gar kein Bewusstsein mehr hat. Die Beispiele zeigen deutlich, wie sich die krankhaften Triebe mit anderen psychopathischen Eigenschaften mischen können. Wo sie das Krankheitsbild beherrschen, bezeichnet man dasselbe wohl auch als „impulsives Irresein"; immer aber ist zu dessen Diagnose der Nachweis der allgemeinen psychopathischen Constitution nötig. Reine Fälle werden immer tolale Unzurechnungsfähigkeit bedingen. Je nach der Gefährlichkeit des betreffenden Triebes ist Internierung in einer

Anstalt notwendig, deren Dauer natürlich ebenfalls von der Eigenart
des bezüglichen Falles, vor Allem auch von dem Verhalten des
Patienten in der Anstalt abhängig zu machen ist.

Im Anschluss an diese Triebe besonderer Richtung, die in Folge
ihrer Intensität zu völlig unmotivierten Handlungen führen können,
müssen wir nun darauf aufmerksam machen, dass überhaupt die
Leichtigkeit, mit welcher die einzelnen Menschen auf ihre Triebe
reagieren, um sie in die That umzusetzen, schon innerhalb der Gesundheitsbreite sehr verschieden sind. Extreme in dieser Richtung sind
entschieden psychopathisch; dabei kann sich sehr rasches impulsives
Handeln neben krankhaftem Zaudern finden, so bei Hamlet, der die
verschiedensten günstigen Gelegenheiten zu dem längst geplanten
Racheakt vorübergehen lässt, um dann in Folge eines plötzlichen An-
triebes ohne die nötige Überlegung zu handeln, und dadurch
den unschuldigen Polonius ersticht. Ein solches impulsives Wesen
kann das Handeln eines Menschen unabhängig von seiner Urteilsfähigkeit sowohl, wie von seinen moralischen Eigenschaften wesentlich
beeinflussen, bei gleichzeitigen Defekten in einer der beiden letzten
Richtungen aber geradezu verhängnisvoll werden, wie auch natürlich
in Folge besonderer äusserer Verhältnisse. Auch hier kommt es also
wieder auf die Combination mit anderen psychopathischen Eigenschaften an.

## § 5.
### Die ethischen Defekte (das moralische Irresein).

Des Gefühles des Mitleids und der Mitfreude unfähig, werden die Kranken
nur von egoistischen, nicht von altruistischen Motiven geleitet. Die Intelligenz
kann dabei erhalten sein. Der Defekt äussert sich schon in frühester Jugend. Der
Begriff der Ehre wird allmählich pervers; häufig besteht völlige Unfähigkeit zu
Vorbedacht: die Kranken stehen ganz unter dem Eindruck des Augenblicks. — Je
nach der besonderen Combination ihrer Defekte werden sie Vagabunden, Prostituierte,
Gewohnheitsdiebe, Mörder u. s. w. oder gehen auch trotz ethischen Defektes dem
Conflikt mit dem Strafgesetz aus dem Wege. — Ob man sie als „moralisch irrsinnig",
als „geborene Verbrecher" im Sinne einer anthropologischen Varietät, oder als unverbesserliche Gewohnheitsverbrecher bezeichnet — jedenfalls können sie nicht nach
dem § des Strafgesetzbuches bestraft werden, welches für mehr oder weniger
normale Menschen geschrieben ist.

Praktisch eines der wichtigsten psychopathischen Symptome ist
der ethische Defekt. Die Kranken werden lediglich von egoistischen

Antrieben geleitet und sind altruistischer Empfindungen überhaupt unfähig. Jeglichen Mitleidens bar lassen sie sich niemals von einer Handlung durch die Vorstellung abhalten, dass sie dadurch direkt oder indirekt Anderen Schaden oder Leid zufügen könnten und empfinden, wenn sie dies gethan haben, keinerlei Reue über die begangene That und höchstens Kummer, wenn ihnen der betreffende Plan missglückt ist. Ebenso wenig sind sie umgekehrt des Gefühls der Mitfreude fähig und giebt deshalb umgekehrt auch die Vorstellung, dass sie Anderen Freude bereiten oder sich ihnen nützlich erweisen könnten, kein Motiv für ihr Handeln ab. Der bezüglichen intellektuellen Vorstellungen sind sie dabei sehr wohl fähig; es fehlt aber die entsprechende Gefühlsbetonung, welche für das Handeln des normalen Menschen immer mehr oder weniger ausschlaggebend ist, denn „der Mensch handelt nicht wie er denkt, sondern wie er fühlt!" In Folge dessen geben diese Leute, wenn man ihnen über ihr Verhalten Vorwürfe macht, sehr klar Auskunft, erklären auch, dass sie sehr wohl wissen, dass es Unrecht ist, dieses oder jenes zu thun, lassen sich aber keineswegs abhalten, bei der ersten besten Gelegenheit wieder ebenso zu handeln, weil sie eben der Reue und dem Mitleid unzugänglich sind. Dieser Defekt lässt sich schon bei einfacher Exploration oder Beobachtung des Exploranden im alltäglichen Getriebe der Anstalt trotz des vernünftigen Redens sehr wohl konstatieren. Bei einer Frauensperson, welche des Giftmordversuches an ihrem sechsjährigen Kinde angeklagt worden war, stellten wir lediglich auf Grund der Anstaltsbeobachtung die Diagnose auf völligen ethischen Defekt und erfuhren erst später, dass sie nicht nur das eine Kind zu vergiften versucht, sondern sicher ein anderes thatsächlich, ein drittes möglicher Weise vergiftet hatte, und ausserdem nicht nur selbst eine berüchtigte Vagabundin war, sondern auch aus einer sehr berüchtigten Vagabundenfamilie stammte, aus deren sehr sorgfältig zusammengestelltem Stammbaum hervorging, dass von etwa 200 Familienmitgliedern nur 2 einen ganz unbescholtenen Ruf besassen. — Die genannten Charaktereigenschaften machen sich meist schon in früher und frühester Jugend geltend. Die betreffenden Kinder besitzen keine Zuneigung zu den Geschwistern und zu den Eltern, obwohl sie das vierte Gebot sehr schön auswendig lernen. Sie zeichnen sich durch Bosheiten gegen ihre Kameraden, Grausamkeiten gegen Thiere, Unfolgsamkeit und Verlogenheit in der Schule aus. Wenn nicht schon jetzt, macht sich jedenfalls später eine erhebliche Arbeitsscheu geltend, und selbst wenn die Kranken vorübergehend tüchtig arbeiten können, so fehlt es doch an Ausdauer und Fähigkeit zu gleichmässiger und stätiger Arbeit. Der Begriff der Ehre muss bei diesen Anlagen ein ganz perverser werden und sich von dem normaler Menschen immer mehr entfernen. In Folge dessen wird die Lebensführung eine immer unsocialere, den Anforderungen der heutigen Gesellschaft zuwiderlaufend; schliesslich erscheinen die noch im Gedächtnis aus der Schulzeit her haften gebliebenen Sittenregeln nur noch als leere Phrasen, deren Begriffe (abgesehen von der von früh auf fehlenden Gefühlsbetonung) nunmehr auch v e r l o r e n gegangen sind; — dies also im Gegensatz zu dem oben Gesagten. In diesem Sinne finden wir mithin neben dem ethischen Defekt bereits eine intellektuelle Störung. Eine solche macht sich ferner vielfach schon früh in einer anderen Eigenschaft geltend, welche bei den Kranken sehr deutlich ausgesprochen sein kann, nämlich in der Unfähigkeit vor- und rückwärts zu denken; die Kranken werden völlig von dem Augenblick beherrscht und denken ebenso wenig an die üblen Folgen, welche ihr Handeln für sie selbst haben kann, als sie sich von Rücksichten auf Andere leiten lassen. Namentlich diese Eigenschaft muss ihre Lebensführung verhängnisvoll für die Gesellschaft und in Folge dessen auch für sie selbst werden lassen, während Menschen ohne diesen letzteren, aber doch völlig ethischen Defekt vielfach in der Lage sind, sich durch die erhaltene Besonnenheit vor Conflikten mit der Gesellschaft zu hüten, oder wenigstens deren üblen Folgen aus dem Wege zu gehen. Dieser Mangel an Vorbedacht deckt sich bis auf einen gewissen Punkt mit dem am Schlusse des vorigen § erwähnten impulsiven Wesen, dessen verhängnisvolle Folgen bei moralischem Defekt wir schon betonten.

Wie sich die Lebensführung ethisch defekter Individuen gestaltet, hängt also wesentlich von der besonderen Combination der einzelnen Fähigkeiten des Charakters und des Intellekts ab, wie bei den Psychopathen überhaupt. (Die Franzosen haben für die ungünstige Combination der verschiedenen geistigen Eigenschaften den sehr treffenden Ausdruck „déséquilibré".) Viele dieser Individuen ergeben sich schon in jugendlichem Alter der Vagabundage oder der Prostitution, um erst später zu schweren Verbrechen, wie besonders dem gewohnheitsmässigen, oder noch richtiger gesagt, gewerbsmässigen Diebstahl überzugehen. Andere beginnen ihre Verbrecherlaufbahn frühzeitig mit Mord, Raubmord oder anderen schwereren Verbrechen, wieder andere, mit mehr Besonnenheit begabt, oder in günstigeren Verhältnissen aufgewachsen, führen ein abenteuerndes Leben, in dem sie gegen den Sittencodex sittlich höher stehender Menschen zwar häufig verstossen, den Conflikt mit dem Strafgesetz aber vermeiden, und es auch wohl zu einer angesehenen Stellung im Leben bringen können.

Wir haben im Vorstehenden versucht, einen kurzen Überblick
der in Frage kommenden psychopathischen Eigenschaften zu geben
und glauben mit dieser Schilderung auf keinen erheblichen Widerspruch zu stossen. So sehr wir uns bemühten, uns dabei auf die
ethischen Defekte zu beschränken, so konnten wir doch nicht umhin,
dabei mancher anderer psychopathischer Eigenschaften zu erwähnen.
Bei dem ungemein complicierten psychologischen Problem, welches die
moralischen Eigenschaften uns darbieten, war dies nicht wohl anders
möglich. Wir wollen aber doch ausdrücklich betonen, dass die psychologische Analyse der ethischen Defekte schon zu sehr verschiedenartigen, einander widersprechenden Theorieen Anlass gegeben hat;
von der einfachen Annahme eines „moralischen Sinnes", den man
womöglich in eine Reihe mit den anderen Sinnen stellte, bis zu der
Lehre, dass es einen moralischen Defekt ohne intellektuellen überhaupt nicht gebe, indem von den moralischen Eigenschaften eben die
verschiedenartigen intellektuellen Componenten in keiner Weise ab-
gespalten werden könnten. Wir haben oben bereits angedeutet, in wie
weit ein mehr oder weniger ethischer Defekt ohne intellektuellen
möglich ist. Diese reinen Fälle kommen aber verhältnismässig selten
oder nie zur beruflichen Begutachtung des Psychiaters.

Sehr widersprechende Theorieen sind auch wieder aufgestellt
worden in Bezug auf die systematische Stellung, welche man dem
Leiden unter den anderen geistigen Störungen einräumen sollte. In
der richtigen Erkenntnis des durchaus fremdartigen, vom normalen
abweichenden Charakter der Kranken kam die englische Psychiatrie
schon vor etwa siebenzig Jahren dazu, den Begriff eines „moralischen
Irreseins" als besonderer Krankheitsform aufzustellen, eines Begriffes,
der sich auch heute noch einer weit verbreiteten Anerkennung er-
freut. Eine besondere Krankheitsform im Sinne der eigentlichen erworbenen Geisteskrankheiten (im Gegensatz zu den psychopathischen
Zuständen) ist das moralische Irresein nun allerdings keineswegs, und
ebenso wird es kaum möglich sein, diesen Begriff in der Weise von
anderen psychopathischen Zuständen abzugrenzen, wie etwa die Dementia
paralytica von anderen organischen Geistesstörungen. Wegen der
grossen praktischen Bedeutung gerade dieser Fälle aber lässt sich
nichts dagegen einwenden, wenn man diejenigen mit vorwiegendem
ethischen Defekt unter der Bezeichnung des „moralischen Irreseins"
oder der „moralischen Idiotie" zusammenfassen will. In diesem Sinne
wollen wir in unseren Darstellungen auch das Wort immer verstanden
wissen und haben ja häufig genug betont, wie häufig sich moralisches

Irresein mit anderen psychopathischen Eigenschaften combiniert, im Besonderen auch mit Epilepsie, Hysterie und Alkoholismus.

Nun hat man aber gerade in neuerer Zeit versucht, den Begriff von diesen letzteren Formen abzutrennen. Zunächst war es der Italiener Lombroso, welcher in den fraglichen Individuen eine anthropologische Varietät der menschlichen Rasse glaubte erkennen zu müssen, indem er nachzuweisen versuchte, dass sie sich nicht nur durch ihre psychischen Eigenschaften, sondern auch durch manche Eigentümlichkeiten der Körperbildung von dem heutigen Kulturmenschen unterscheiden, und dass sie sich in diesen Unterscheidungsmerkmalen in Geistes- und Körperbildung niederen Rassen und den prähistorischen Entwicklungsphasen der höheren Rassen, zum Teil sogar verwandter Tierspecies, nähern. Demnach wäre diese anthropologische Varietät aufzufassen als ein Stehenbleiben auf niedrigerer Entwicklungsstufe oder als Rückschlag (Atavismus) auf eine solche. Zum Teil glaubt man diese Varietät des „geborenen Verbrechers" sogar wieder auf Grund anthropologischer Merkmale in einzelne Untergruppen (Mörder, Diebe u. s. w.) einteilen zu können. Manche Schüler Lombrosos bringen in diesem Sinne den „geborenen Verbrecher" in entschiedenen Gegensatz zu den Verbrechern, deren moralischer Defekt durch „pathologische Momente", im Besonderen durch „Entartung" des Individuums, beziehungsweise der Familie, oder gar nur durch Erkrankungen des Gehirns und seiner Häute im Kindesalter bedingt sind. Lombroso selbst dagegen identificiert, zum Teil wenigstens, seinen geborenen Verbrecher mit dem Epileptiker und dem moralischen Idioten. Wir haben Eingangs dieses Kapitels eine Reihe verschiedener Ursachen der psychopathischen Störungen aufgezählt. Es wäre ja a priori durchaus nicht unmöglich, dass diese verschiedenen Ursachen auch verschiedene krankhafte Symptome bedingen. Der Versuch, in diesem Sinne Unterscheidungen zu machen, ist vom wissenschaftlichen Standpunkte aus vollkommen gerechtfertigt. Zur Zeit ist dies in der Praxis jedenfalls nicht möglich und es erscheint uns zweifelhaft, ob es je möglich sein wird, weil sich jene Ursachen eben zu mannigfach in der Natur combinieren, und reine Fälle in der Praxis ungemein selten anzutreffen sein werden. Man denke allein an die ungemein häufige Combination der anderen Krankheitsursachen mit der alkoholischen Vergiftung. Doch sei auch hier wieder daran erinnert, dass die psychopathische Familienanlage bei den einzelnen Familiengliedern zwar in sehr verschiedenartigen Störungen zum Ausdruck kommen kann, dass sich aber sehr häufig die gleichen Eigenschaften vererben. So erklärt es sich, dass zwar mitunter moralisches Irresein bei einem einzelnen Gliede einer moralisch hoch veranlagten,

aber psychopathischen Familie vorkommt, dass man aber umgekehrt
häufig auch wieder ganze Verbrecherfamilien antrifft, in denen mitunter sogar bestimmte moralische Defekte, z. B. Neigung zur Prostitution, vor anderen hervortreten.

Alle diese Theorieen werden nun heute in widerstreitendem Sinne
auf das Lebhafteste diskutiert und man könnte auch hier wieder den
Schluss ziehen, da die ganze Frage noch nicht spruchreif, wären alle
diese Theorieen für die Praxis noch nicht verwertbar. Im Besonderen
ziehen manche „Gegner" Lombrosos den Schluss, wenn sie ihn in
dieser oder jener Einzelheit widerlegt haben, dass demgemäss auch
die praktischen Konsequenzen, welche er aus seinen Theorieen ziehe,
keinerlei Berücksichtigung verdienen. Dieser Ansicht müssen wir nun
aber entschieden entgegentreten. Denn, wie man sich auch im Einzelnen
den Begriff des „moralischen Irreseins" zurechtlegen mag, welche
Stellung man zum „geborenen Verbrecher" als anthropologischer Varietät
einnehmen mag, dies Eine scheint nachgerade als nicht mehr zu be-
streitende T h a t s a c h e aus allen „Varietäten" der Theorieen hervor-
zugehen, dass die fraglichen Individuen auf Grund ihres von dem des
normalen Menschen abweichenden Charakters immer von Neuem mit
dem Strafgesetz in Konflikt geraten müssen. Denn auch abgesehen
und mehr oder weniger unabhängig von der psychiatrischen Forschung
über das „moralische Irresein" und der anthropologischen über den
„geborenen Verbrecher" sind auch die Kriminalisten, Juristen sowohl,
wie im Besonderen auch die Strafvollzugsbeamten, auf Grund zahlreicher Studien verbrecherischer Individualitäten zu der Überzeugung
gelangt, dass ein grösserer Prozentsatz der Insassen unserer Strafanstalten und Zuchthäuser das geworden sind, was sie sind, nämlich die
unverbesserlichen Gewohnheitsverbrecher, auf Grund einer eigenen,
von dem des Durchschnittsmenschen abweichenden Individualität, und
diese eben können wir einzig und allein auffassen als den Ausdruck
einer abnormen Constitution des Gehirns, wie dieselbe auch immer zu
Stande kommen mag.

Das ganze Strafensystem unserer modernen Gesetzbücher ist nun
aber ausgedacht und zugeschnitten auf Grund der Annahme, dass man
es im Verbrecher mit einem mehr oder weniger normalen Menschen
zu thun habe. Deshalb bestimmen auch die modernen Strafgesetz-
bücher, dass geisteskranke Verbrecher nicht nach dem § des Strafgesetzbuches bestraft werden dürfen, und gerade in diesem Sinne sind
eben die moralisch Irrsinnigen geisteskrank und unzurechnungsfähig.
Wenn auch mit etwas anderen Ausdrücken, oder sagen wir — anderen
Deduktionen, kommen deshalb eine grosse Zahl moderner Kriminalisten,

auch wenn sie sich durchaus nicht zur neuen italienischen Schule zählen, zu der Forderung, dass die unverbesserlichen Gewohnheitsverbrecher ganz anders bestraft — behandelt werden müssen als bisher. Alle diese Forderungen laufen im Wesentlichen darauf hinaus, dass die betreffenden Individuen nicht auf Grund einer einzelnen verbrecherischen Handlung mit einer danach ein für alle Mal fixierten Freiheitsstrafe bestraft, sondern auf Grund ihrer eigenartigen Individualität für längere Zeit, wenn nicht für das Leben, verwahrt werden sollen, damit sie auf diese Weise abgehalten werden, die Gesellschaft zu schädigen. Diese strafrechtlichen Reformbestrebungen welche in den letzten 15 Jahren mit grosser Geschwindigkeit an Bedeutung zugenommen haben und heute im Mittelpunkte des allgemeinen Interesses stehen, müssen notwendig die Stellung der Psychiatrie, beziehungsweise des psychiatrischen Sachverständigen, zur ganzen Frage der Unzurechnungsfähigkeit verschieben, wie das in den ersten Kapiteln dieses Lehrbuches bereits erörtert wurde. Ebenda haben wir auch darauf hingewiesen, inwiefern sich die Forderungen der Psychiater und der modernen Kriminalisten in Betreff der moralischen Idioten im Wesentlichen decken, zugleich aber auch darauf, dass das moralische Irresein weder nach anderen psychopathischen Störungen noch nach der Gesundheit abgegrenzt werden kann und dass namentlich deshalb die Anerkennung einer verminderten Zurechnungsfähigkeit im Gesetz nicht wohl zu entbehren ist.

In der Praxis wird man sich zunächst an die oben für die constitutionellen Psychopathen im Allgemeinen gegebenen Regeln zu halten haben und bei Fällen mit vorwiegend ethischen Defekten sich mit den gültigen strafrechtlichen Bestimmungen und Einrichtungen abzufinden suchen, so gut es eben geht. Dass es sich bei der ganzen Frage nicht so sehr um die Anerkennung wissenschaftlicher Theorieen handelt, als viel mehr recht eigentlich um eine praktische Aufgabe, das illustriert recht deutlich der oben mitgeteilte Fall der Kindesmörderin. Weil glücklicher Weise der zweite geglückte Mord sicher nachgewiesen wurde, konnte man allerdings, obwohl die Unzurechnungsfähigkeit von Seiten des Gerichts nicht anerkannt wurde, die 36jährige Mörderin zu 10 Jahren Zuchthaus verurteilen und dadurch wenigstens für so lange unschädlich machen. Wäre der zweite Mord nicht nachgewiesen worden, so wäre die Strafe noch erheblich kürzer ausgefallen. Auf Grund des psychiatrischen Gutachtens aber wäre es möglich gewesen, unabhängig von diesem von ganz äusseren Zufälligkeiten abhängenden Nachweis, die Person dauernd zu verwahren. Dadurch wäre sie nicht nur selbst unschädlich gemacht, sondern auch die Gesellschaft vor ihrer allfälligen Nachkommenschaft geschützt worden, ein Umstand, der durch .den Hinweis auf ihre sehr fruchtbare Verbrecherfamilie noch wesentlich an Bedeutung gewinnt.

Je nach der besonderen Eigenart des Falles kann natürlich auch die Errichtung einer Vormundschaft angezeigt erscheinen auf Grund moralischen Defektes. Die hier namentlich in Betracht kommenden Verschwender, deren es ja natürlich sehr verschiedene Arten giebt, können aber nach den heutigen gesetzlichen Bestimmungen meist ohne ärztliches Gutachten bevormundet werden, indem die meisten Gesetze Verschwendung als besonderen Grund zur Vormundschaft aufführen. Doch müssen wir betonen, dass auch die Verschwender als solche zu den geistig defekten Individuen gehören und im Zweifel unter dem Begriff des moralischen Irreseins zu subsummieren sind.

---

## Kapitel 6.

# Die Entwicklungshemmungen.

Die verschiedenen Grade des angeborenen intellektuellen Defektes bezeichnet man als „Imbecillitas" oder „Idiotie". Er besteht in der Unfähigkeit, aus den Einzelerfahrungen allgemeine Begriffe abzuziehen. Bei den Handlungen Schwachsinniger fehlt deshalb die zur Erkenntnis der Strafbarkeit der That erforderliche Urteilskraft. Ausserdem bleibt das Triebleben im Wesentlichen auf die Befriedigung egoistischer Wünsche beschränkt. Es fehlt deshalb a u c h die Bestimmbarkeit des Willens durch Vorstellungen. — Bei der Diagnose sind die langsame geistige Entwicklung in der Kindheit, die Schulfortschritte und die späteren Schicksale zu berücksichtigen. Man unterscheidet stumpfsinnige und aufgeregte Formen (mit regem aber abschweifendem Auffassungsvermögen). — Unter den Gewohnheitsverbrechern sind viele Schwachsinnige. Sie sollten geeignet versorgt und am Heiraten verhindert werden. — Die höheren Grade der Idiotie finden in unvollvollkommener oder fehlender Entwicklung der Sprache (oft verbunden mit motorischen Störungen) ihren deutlichsten Ausdruck. Geringere Anomalieen der Hirn- und Schädelbildung bieten keine zuverlässigen Anhaltspunkte für die Diagnose.

Unter der Bezeichnung der „Entwicklungshemmungen" fasst man gewöhnlich die in vorwiegend intellektuellem Defekt sich äussernden angeborenen Störungen zusammen. Über ihre Ursache und ihre Stellung zu den anderen psychopathischen Erscheinungen haben wir uns schon Eingangs des vorigen Kapitels ausgesprochen. Die höheren und höchsten Grade des Defektes pflegt man als Idiotie, die niederen als Imbecillitas oder angeborenen Schwachsinn zu bezeichnen; ein irgend principieller Unterschied zwischen beiden existiert natürlich keineswegs, ebenso wenig, wie zwischen dem angeborenen Schwachsinn und der gewöhnlichen Dummheit. In diesen Grenzfällen den Grad der Störung zu taxieren, kann mitunter Schwierigkeiten bereiten. Eine gewisse Gewandtheit der Conversation kann bis zu einem gewissen Grade die intellektuelle Schwäche verdecken, die in der allgemeinen Lebensführung, in der Unfähigkeit, sich selbständig durch das Leben zu helfen oder sich in ungewohnten Verhältnissen zurechtzufinden, deutlich zum Ausdruck kommt. So kann es geschehen, dass der Betreffende bei seiner Umgebung, die ihn genauer kennt, für durchaus schwachsinnig angesehen, nicht aber von dem Untersuchungsbeamten dafür taxiert wird. Umgekehrt können derartige Leute wieder zur Erlernung einfacher mechanischer Arbeiten und deshalb zur Ausübung eines einfachen Berufes sehr wohl fähig sein; mitunter sind einzelne technische Fähigkeiten sogar auffallend gut und in entschiedenem Missverhältnis zur allgemeinen geistigen Entwicklung ausgebildet. Geniessen die betreffenden Kranken dabei einen guten Schulunterricht und bleiben später in günstigen Verhältnissen, die gar keine höheren Anforderungen an sie stellen, so können sie auch wieder leicht von der Umgebung überschätzt und für sehr viel gescheidter gehalten werden, als sie sind. Die Prüfung der Schulkenntnisse darf übrigens deshalb um so weniger für die Diagnose ausschlaggebend sein, als das Gedächtnis verhältnismässig gut entwickelt sein kann. Die einfachsten Begriffe der Religion und der Rechtlichkeit werden deshalb mitunter von den Kranken in geläufiger Form reproduciert; und dann kann man sich bei flüchtiger Exploration über ihr Begriffsvermögen täuschen. Sofern wir nun aber hier auf den intellektuellen Defekt den Hauptnachdruck legen, so kommt es eben auf das Begriffsvermögen an. Die Leistung der Intelligenz besteht im Wesentlichen darin, dass wir in verschiedenen konkreten Einzelerscheinungen, die wir vermittelst unserer Sinne wahrnehmen, das Wesentliche und Gemeinsame herauskennen und uns daraus die allgemeineren Begriffe bilden. Diese Fähigkeit fehlt den Schwachsinnigen. So musste eine Patientin mit leidlichem Gedächtnis, die in Schaffhausen aufgewachsen und zur Exploration in die Züricher Irrenanstalt gebracht worden war, nicht anzugeben, wo sie war. Darüber belehrt und befragt, was

eine Irrenanstalt sei, wusste sie nur zu sagen: „Ja sie haben so ein
grosses Haus gebaut bei Schaffhausen." Sie wusste also nicht nur,
dass man dieses einzelne Haus, welches sie oft gesehen hatte, als
„Irrenanstalt" bezeichnete, sondern auch dass dies Haus erst kürzlich
erbaut worden war. Trotzdem hatte sie keinerlei Begriff davon, was
eine Irrenanstalt sei. Der Fall zeigte zugleich deutlich, wie leicht
man sich bei oberflächlicher Prüfung über die moralischen Anschauungen Schwachsinniger täuschen kann. Sie hatte Blutschande mit
ihrem Vater getrieben, hatte ferner geschlechtlichen Umgang mit einem
anderen, nicht verwandten, aber verheirateten Manne gehabt und war
nun schwanger. Sie zeigte nach verschiedenen Verhören und nach
des Vaters Drohungen zu schweigen entschieden Reue und böses
Gewissen, richtiger wohl, Angst vor Bestrafung, sagte, dass es nicht
recht sei „so etwas" zu machen und besass somit scheinbar die zur
Erkenntnis der Strafbarkeit der That erforderliche Urteilskraft.
Nähere Nachfragen ergaben aber, dass sie zwischen dem Beischlaf
mit dem Vater, mit dem „Ehemann" und dem Beischlaf zweier Ehe-
leute miteinander nicht den geringsten Unterschied zu machen wusste,
mithin von dem einzig wesentlich Strafbaren ihrer Handlungsweise
gar keine Vorstellung hatte. — Gerade bei geschlechtlichen Verbrechen
Schwachsinniger beobachtet man nicht selten einen derartigen
intellektuellen Defekt, während gerade hier Publikum und Richter,
von dem eigenen moralischen Fühlen, d. h. ihrer sittlichen Entrüstung
über die That, völlig beherrscht, am allerwenigsten etwas von Unzurechnungsfähigkeit wissen wollen. An jenem Beispiel lässt sich
zugleich der Unterschied mit dem rein ethischen Defekt gut erläutern. Der moralische Idiot kennt die Begriffe Blutschande, Ehe-
bruch, Beischlaf mit Ehegatten u. s. w. sehr wohl auseinander; er
begeht nichts desto weniger die bezüglichen Verbrechen, weil er durchaus keinen Abscheu vor der That empfindet, wie der normale Mensch:
wie das grosse Publikum und die Richter, wenn sie nur davon hören.

Durchaus nicht bei jedem Verbrechen Schwachsinniger kommt der
intellektuelle Defekt in Bezug auf die That so handgreiflich zum Ausdruck wie hier, so z. B. bei den nicht so seltenen Brandstiftungen,
die oft allerdings lediglich aus Freude an dem hellen Feuer begangen
werden, oft aber auch im Zorn und aus Rache. Dann hat also der
Thäter wohl eine Vorstellung davon, dass er mit dem Brande einem
Anderen Schaden zufügt; trotzdem kann dann aber die Fähigkeit fehlen,
die Grösse des allfälligen Schadens auch nur annähernd zu übersehen.
Abgesehen davon begegnen wir hier aber schon wieder dem Moment
mangelnder altruistischer Gefühle, die indessen hier, wie bei zahllosen

anderen verbrecherischen Handlungen Schwachsinniger mehr aus dem
intellektuellen Defekt resultieren als aus der ethischen Unempfindlichkeit. Die Unfähigkeit, aus verschiedenen Einzelerfahrungen das Wesentliche und Gemeinsame herauszufinden, macht es dem Schwachsinnigen
überhaupt unmöglich, einen grösseren Schatz von Erfahrungen zu
sammeln. Der vorhandene Erfahrungsschatz beschränkt sich notwendig
fast ausschliesslich auf die eigene Person, und so kommt es, dass
egoistische Triebe und Wünsche das Denken und Handeln des Schwachsinnigen fast ausschliesslich beherrschen und altruistische überhaupt
nicht für ihn in Betracht kommen. So sind wohl die meisten Diebstähle zu erklären, die ebenfalls häufig von Schwachsinnigen mittleren
Grades begangen werden, die sich zugleich dann aber durch ihre
Plumpheit und Ungeschicklichkeit auszeichnen. Wenn der Blödsinn
aber nicht sehr hochgradig, wird sich oft eine gewisse Vorstellung
des Unterschiedes von Mein und Dein nachweisen lassen.

Es lässt sich auf diese Weise leicht erklären, wenn der Schwachsinnige von einfachen primitiven Trieben mehr beherrscht wird und
dieselben sehr viel weniger unterdrücken lernt als der Vollsinnige.
Jedenfalls findet man diese Unfähigkeit oft in erheblichem Grade bei
den Schwach- und Blödsinnigen verschiedener Grade. Sie erklärt die
oft grausamen und brutalen Gewaltthätigkeiten, die diese Kranken
bald im Zornaffekt, bald aber auch aus einfacher Begehrlichkeit oder
Unbesonnenheit begehen. Wir finden also auch hier wieder, dass die
Unzurechnungsfähigkeit nicht nur durch Mangel an Urteilsvermögen,
sondern zugleich auch aus einer der Norm nicht entsprechenden Bestimmbarkeit des Willens durch Vorstellungen entspringen kann, und
finden zugleich, wie schwer es ist, den reinen intellektuellen Defekt
von anderen psychopathischen Störungen zu trennen.

Bei der Exploration Schwachsinniger wird man sich, abgesehen
von der eigenen Untersuchung, möglichst genaue Angaben über das
Vorleben verschaffen und dabei in Sonderheit achten auf allfällige
Krankheitsursachen und den ersten Beginn der Störung, die in der
langsamen Entwicklung des Kindes bereits zum Ausdruck kommt.
Wann es gehen und sprechen lernte, lässt sich meist leicht ermitteln,
ebenso wie die Leistungen in der Schule waren, nach dem Urteil des
Lehrers. Will man sich durch ein diesbezügliches, mit dem Patienten
angestelltes Examen ein Urteil über dessen Schwachsinn verschaffen,
so sind diese Resultate immer zusammenzuhalten mit dem guten und
schlechten Unterricht, welchen er genossen hat. Mitunter können diese
Leute, wenn man ihnen Exempel in abstrakten Zahlen aufgiebt, gar
nicht rechnen, wohl aber bei einfachen praktischen Beispielen aus dem

alltäglichen Leben, sei es dass sie erst im späteren Leben das Notwendigste erlernt haben, sei es dass ihnen die dürftigen Resultate der Schulbildung, die dann lediglich auf gutem Gedächtnis ohne begriffliche Verarbeitung beruhten, wieder abhanden gekommen sind. — Noch vorsichtiger muss man in der Deutung der späteren Lebensschicksale sein, wie oben schon angegeben. Bei den hier so häufigen Missverständnissen unterlasse man eventuell im Gutachten nicht, ausdrücklich darauf hinzuweisen, wie es zu erklären ist, dass der Betreffende trotz höhergradigen Schwachsinns sich bisher leidlich durch das Leben geschlagen hat. In der Mehrzahl der Fälle, wo die äusseren Verhältnisse ungünstiger sind, gelingt das den Patienten natürlich nicht; sie werden Bettler und Vagabunden, bevölkern die Arbeitshäuser, Korrektionsanstalten und Gefängnisse, wenn sie nicht gar schwerere Verbrechen begehen und kommen erst spät oder gar nicht in die Irrenanstalten. Nicht so selten geraten sie in schwerere Konflikte zuerst beim Militär, wo ihr intellektueller Defekt als Ursache des scheinbar moralischen auch gar häufig übersehen wird.

Man unterscheidet gewöhnlich eine stumpfsinnige (apathische) und eine aufgeregte (erethische) Form des angeborenen Schwachsinns. Intensive Affekte sind bei der ersten durchaus nicht ausgeschlossen. Abgesehen davon aber leben die Kranken bei mangelnder geistiger Regsamkeit still vor sich hin und machen auch auf den Laien schon eher einen beschränkten Eindruck. Anders die erethischen Formen. Bei reger, aber abschweifender, zerstreuter Beobachtung sammeln die Kranken einen grösseren, aber aus verzerrten Einzelbildern bestehenden Erfahrungsschatz, die sie dann nicht in einen geordneten Zusammenhang zu bringen vermögen — eben wieder in Folge Mangels des Abstraktionsvermögens. Bei dieser Form ist dann natürlich das Gedächtnis sehr viel unzuverlässiger als bei der apathischen und man beobachtet auch hier wieder häufig die verschiedenen Varietäten der pathologischen Lüge, deren Wesen und Bedeutung wir im Kapitel über Hysterie besprochen haben. Erheblicher intellektueller Defekt ist aber durchaus nicht Vorbedingung der pathologischen Lüge. Es kommt vielmehr auch hier nur auf das Missverhältnis zwischen Phantasie, Intelligenz und moralischer Qualität (Wahrheitsliebe) an. Man findet deshalb das Symptom auch bei nicht schwachsinnigen, aber in jener Beziehung desequilibrierten Psychopathen.

Die theoretische Beurteilung der Zurechnungsfähigkeit haben wir schon besprochen. Aus der vorstehenden Schilderung geht wohl auch zur Genüge hervor, welche ungeheure praktische sociale Bedeutung die Imbecillitas hat. Auch die Schwachsinnigen liefern einen nicht unbeträchtlichen Procentsatz der Gewohnheitsverbrecher. Auch bei ihnen hat es meist gar keinen Sinn, sie nach dem § des Strafgesetzbuches zu bestrafen. Erhofft man noch eine Besserung, so kann eventuell eine Verschärfung der Strafe eher am Platze sein als eine Milderung. Vor Allem aber handelt es sich darum, den Kranken dauernd die moralische Stütze zu geben, die ihnen ihre defekte Gehirnanlage versagt hat. Lassen sich die Verhältnisse günstig gestalten, kann man es mit Verpflegung in der eigenen oder in einer fremden Familie versuchen. In anderen Fällen wird eine geeignete Anstaltsversorgung nicht zu umgehen sein. Es ist eine verfehlte Finanzspekulation, wenn die Gesellschaft hier zu sparen versucht (vgl. hierzu S. 24 Anm.). Momentane Ersparnisse setzen sich in doppelte und dreifache Unkosten um, die der sich selbst überlassene Schwachsinnige der Gesellschaft bereitet, während er unter geeigneter Leitung vielfach noch zu einem leidlich nützlichen Mitglied der menschlichen Gesellschaft gemacht werden kann. Gerade der nur mit intellektuellem Defekt Behaftete ist einer geeigneten Leitung vielfach zugänglich, die allerdings nicht in einer schematischen Anwendung strafgesetzlicher Bestimmungen bestehen darf. In dieser leichten Bestimmbarkeit des Schwachsinnigen liegt andererseits eine grosse Gefahr, indem er von intelligenten gewissenlosen Leuten leicht ausgebeutet und als Werkzeug zu den verschiedensten Machenschaften, im Besonderen auch zu schweren und schwersten Verbrechen missbraucht werden kann. — Natürlich kann sehr häufig Bevormundung nötig werden. Über die Heiraten Schwachsinniger vgl. S. 43.

Über die höheren und höchsten Grade des angeborenen Blödsinns, so wichtig sie wissenschaftlich und praktisch sind, können wir uns kürzer fassen, weil die Notwendigkeit der Versorgung der Idioten, sowie ihre Unzurechnungsfähigkeit allgemein anerkannt wird und die Diagnose keine Schwierigkeiten bietet. Wir finden in der Idiotie die gleichen Elemente wie bei der Imbecillitas; die höhergradige Unfähigkeit der Begriffsbildung kommt am deutlichsten in der mangelhaften Entwicklung der Sprache zum Ausdruck. Der Wortschatz der Blödsinnigen ist ein geringer, bei höheren Graden wird die Satzbildung nur eine mangelhafte; die Kranken reden wie die kleinen Kinder nur in Infinitiven, oder endlich die ganze Sprache beschränkt sich nur auf einige wenige mehr oder weniger artikulierte Laute. Auch bei verhältnismässig grösserem Wortschatz beobachtet man häufig schon eine motorische Erschwerung der Sprache, indem die Kranken einzelne Buchstaben oder Silben überhaupt nicht oder nur mangelhaft auszusprechen lernen, stottern u. s. w. Das ganze Seelenleben beschränkt sich auf Befriedigung

der einfachsten Triebe, des Hungers und Äusserungen über Schmerzen.
Der Geschlechtstrieb fehlt häufig ganz, kann aber auch abnorm früh
und stark auftreten und dann in tierischer Weise Befriedigung verlangen.

Sehr häufig beobachtet man gröbere anatomische Missbildungen
und Unvollkommenheiten des Gehirns, die dann auch schon in äusseren
Missbildungen des Schädels zum Ausdruck kommen.  Es kann keinem
Zweifel unterliegen, dass diese anatomischen Abnormitäten des Gehirns
als die Ursache der geistigen Inferiorität aufzufassen sind.  Bis jetzt
ist es aber nicht möglich, beide Erscheinungsreihen im Einzelnen in
zuverlässigen Zusammenhang zu bringen.  Bei sehr auffälligen anatomischen Anomalieen des Gehirns besteht natürlich hochgradige Idiotie,
an deren Diagnose dann aber ohnehin nicht gezweifelt werden kann.
Geringere Anomalieen, im Besonderen abnorme Grösse und Kleinheit
des Gehirns sind aber mit normaler Geistesbeschaffenheit bis zu einem
gewissen Grade vereinbar und umgekehrt.  Dazu kommt, dass abnormer Schädelbau durchaus keinen zuverlässigen Schluss auf die
abnorme Bildung des Gehirns im Einzelnen zulässt.  Im Allgemeinen
findet man allerdings eine abnorme Kleinheit des Stirnhirns bei Schwachsinnigen, und sie kommt dann auch meist in der fliehenden, schmalen
Stirn äusserlich zum Ausdruck.  Zahlreiche andere Varietäten des
Schädelbaues hat namentlich die anthropologische Forschung bei geborenen Verbrechern als mehr oder weniger typisch (häufiger als beim
normalen Menschen vorkommend) nachgewiesen.  Einen untrüglichen
Schluss auf die Geistesbeschaffenheit im Einzelnen lassen diese Dinge
aber nicht zu.  So interessant sie wissenschaftlich auch sind, so sind
sie doch deshalb im einzelnen Fall bis jetzt nicht zuverlässig für die
Diagnose im einzelnen Fall verwertbar.  Wir glaubten uns in Folge
dessen auf diesen Hinweis beschränken zu dürfen und können auf die
Schädelmessungen gerade in zweifelhaften Fällen nicht zu grosses Gewicht legen; sie werden da die Diagnose höchstens stützen, niemals
sicher stellen.

Endlich sei erwähnt, dass man bei einer besonderen Form der
Idiotie, dem Kretinismus, ausser Mikrocephalie (abnorm kleinem Schädel)
verschiedene andere typische Missbildungen des Körpers, im Besonderen
Zwergwuchs und Kropfbildung beobachtet.  Ob der Kretinismus klinisch
überhaupt der Idiotie zuzurechnen und nicht auf abnorme Allgemein-
ernährung des Organismus zurückzuführen ist, ist neuerdings allerdings
in Frage gestellt, für die gerichtliche Praxis aber ohne Belang.

# Anhang.

## Irrengesetzgebung (Verwaltungsmassregeln zum Schutze der Geisteskranken).

Die Irrenpflege wird in eigenen Irrengesetzen oder in Form von behördlichen Verordnungen geregelt. Sie sollte weiter ausgedehnt werden, als es jetzt geschieht. Andererseits hat der Staat darüber zu wachen, dass Niemand in Irrenanstalten eingeschlossen wird, der der Anstaltspflege nicht bedarf. Im Interesse der Heilung sind aber die Aufnahmsbedingungen möglichst zu vereinfachen. — Die zur Behandlung der Kranken notwendige Beschränkung der persönlichen Freiheit ist auf das notwendige Minimum zu beschränken. Dies kann in einer modernen Anforderungen entsprechenden Weise nur in ärztlich geleiteten Anstalten geschehen; in nicht ärztlich geleiteten dürfen, wenn man solche überhaupt zulassen will, keinerlei Zwangsmittel angewendet werden. — Die Staatsaufsicht muss wie in Schottland auch über die in Privatpflege versorgten Kranken ausgedehnt und von wirklich sachverständigen Aufsichtsorganen ausgeübt werden.

Wir haben im Allgemeinen Teil des Lehrbuches die Fälle besprochen, in denen die für normale Menschen berechneten rechtlichen Bestimmungen nicht in Anwendung kommen können oder Abänderungen erfahren müssen, weil die in Frage kommenden Personen geisteskrank sind. Die Zahl der Geisteskranken ist aber so gross und die zu ihrer Behandlung und Pflege nötigen Massnahmen oft so einschneidender Natur, dass in allen civilisierten Ländern rechtliche Bestimmungen existieren, welche die Pflege der Geisteskranken regeln sollen. In manchen Staaten, wie Frankreich, England, Belgien, Nordamerika sind diese Bestimmungen in besonderen „Irrengesetzen" zusammengefasst, in anderen, wie vor allen in denen des deutschen Sprachgebiets, in einzelnen behördlichen Verordnungen und Reglementen niedergelegt worden, wie es gerade das besondere Bedürfnis der

14*

Irrenpflege im einzelnen Staate oder Landesteile mit sich brachte. Abgesehen davon, dass dieser letzterwähnte Sachverhalt im Zweifel auf eine gewisse Unvollkommenheit dieses Teiles der Gesetzgebung, sowie auf Mangel an Einheit hindeutet, ist der staatsrechtliche Unterschied zwischen Gesetz und Verordnung für uns natürlich ohne Belang, und können wir hier schon in Anbetracht der grossen Zahl und Verschiedenartigkeit der bezüglichen Bestimmungen nur auf deren allgemeine Grundsätze eintreten.

Bei Schilderung der einzelnen Geistesstörungen im Besonderen Teil haben wir gesehen, in wie mannigfaltigen Beziehungen die Patienten in Folge ihrer krankhaften Triebe und ihres gestörten Urteilsvermögens in die Lage kommen, sowohl wider ihr eigenes Interesse zu handeln, sogar ihre Gesundheit und ihr Leben zu gefährden, als auch die Gesellschaft zu schädigen. Abgesehen aber von dem Schaden, den sie durch ihre Aktivität sich selbst oder Anderen zufügen, ist bei zahlreichen Kranken die Gefahr nicht minder gross, dass sie, sich selbst überlassen, verkommen und verwahrlosen oder einer eigennützigen Umgebung zum Opfer fallen. Allen diesen Gefahren vorzubeugen ist die Aufgabe der Irrenflpege im weitesten Sinne des Wortes, und es erwächst hier dem Staate zunächst die Pflicht, dafür zu sorgen, dass alle diejenigen Kranken, welche der Pflege bedürfen, ihrer auch teilhaftig werden. Wie viel in dieser Beziehung zu wünschen übrig bleibt, namentlich in Folge falscher Sparsamkeit von Seiten der Familien- und Armenverbände, wie viel Unglück verhütet werden könnte durch eine grössere Ausdehnung der Irrenfürsorge von Seiten des Staates, wurde wiederholt betont.

Auf der anderen Seite bestehen nun die Mittel der Irrenpflege, wie sich dieselbe im Einzelnen auch gestalten mag, immer in einer mehr oder weniger ausgedehnten Beschränkung der persönlichen Freiheit. Viele Laien stellen sich wohl auch unter Irrenpflege im Wesentlichen nicht viel Anderes vor, als die Internierung der Kranken in geschlossenen Irrenanstalten, die ja namentlich früher Gefängnissen und Zuchthäusern recht ähnlich sahen. Im vorigen Jahrhundert legte man die gefährlichen Kranken geradezu in Ketten, und Zwangsmittel in Form von Zwangsjacken oder anderem mechanischen Zwang sind heute noch in manchen Irrenanstalten in mehr oder weniger ausgiebigem Gebrauch. So milde aber auch die Beschränkung der persönlichen Freiheit sein mag, so liegt es doch auf der Hand, dass eine solche nur aus wirklich zwingenden Gründen angewendet werden darf, und es erwächst somit dem Staate auf der anderen Seite die Pflicht, darüber zu wachen, dass nicht ohne Grund ein Mensch wegen angeblicher Geistesstörung seiner

Freiheit beraubt, im Besonderen in einer Irrenanstalt interniert werde. Diese Aufgabe, der anderen, die Irrenfürsorge über möglichst Viele auszudehnen, in gewissem Sinne diametral entgegengesetzt, wird im Allgemeinen für die bei Weitem wichtigere gehalten, und in den bezüglichen administrativen Bestimmungen nehmen die Vorschriften über die Aufnahmen in Irrenanstalten oft einen ungebührlichen Raum ein. Man hat auch hier, wie bei der Bevormundung, zur Verhütung unrechtmässiger Vergewaltigungen eine Fülle von Formalitäten erdacht und vorgeschrieben und fordert sie in gewissen Kreisen zum Teile noch heute. Der Schwerpunkt muss aber auch hier wieder im ärztlichen Gutachten oder Zeugnis liegen, mithin in letzter Instanz in der sachverständigen Beurteilung des Krankheitsfalles. Die richtige Erkenntnis, dass die rechtzeitige Verbringung des Kranken in eine Anstalt, ganz abgesehen von der öffentlichen Sicherheit, im Interesse der Heilung von grösster Wichtigkeit oft geradezu entscheidend ist, hat sich aber in neuerer Zeit immer mehr Bahn gebrochen, und im Ganzen geht die Tendenz dahin, die Bedingungen für die Aufnahme in Irrenanstalten immer mehr zu vereinfachen. Namentlich für „Notfälle" genügt in vielen Anstalten zur Aufnahme die Beibringung eines ärztlichen Zeugnisses, das die Notwendigkeit der Aufnahme in die Anstalt begründet, sowie die bezügliche Antragstellung eines Angehörigen oder einer Behörde. Die betreffenden weiteren Formalitäten sind so ungemein verschieden, und dienen vielfach so ausschliesslich der rein finanziellen Sicherstellung der Anstalt für die Verpflegung des Kranken u. s. w., dass wir hier füglich darüber hinweggehen können. Für das ärztliche Zeugnis ist mitunter vorgeschrieben, dass es von einem Amtsarzt ausgestellt wird. Es liegt im Interesse rechtzeitiger Verbringung der Kranken in die Anstalt, dass das Recht, ein Aufnahmszeugnis auszustellen, jedem praktischen Arzt zuerkannt werde. Dann aber wäre es allerdings wünschenswert, dass die praktischen Ärzte etwas mehr von Psychiatrie verstehen, als es heutigen Tages der Fall ist. Mit Recht wird deshalb im schweizerischen medicinischen Staatsexamen seit einigen Jahren über Psychiatrie geprüft und für Deutschland seit langen Jahren das Gleiche angestrebt. Jedenfalls muss der Arzt, wenn er ein Aufnahmszeugnis ausstellt, den Kranken gewissenhaft untersuchen, und es wird auch mit Recht meist verlangt, dass er zu dem Kranken nicht in verwandtschaftlichen oder in pekuniären Beziehungen stehe.

Wir haben die Gründe angeführt, warum es wünschenswert ist, die Aufnahmen in die Irrenanstalten möglichst zu erleichtern. Dies kann auch ohne alle Gefahr geschehen, da trotz aller gegenteiligen

Behauptungen Einschliessungen Gesunder in Irrenanstalten thatsächlich nicht vorkommen. Fälschlicher Weise legen viele Laien, die von
der Sache nichts verstehen, auf Vorsichtsmassregeln in dieser Richtung
grosses Gewicht oder glauben darin geradezu die Hauptaufgabe eines
Irrengesetzes erkennen zu sollen. Thatsächlich braucht es ja aber
zur Verhütung eines solchen Vorkommnisses überhaupt keines Irrengesetzes, vielmehr würden die Strafandrohungen wegen widerrecht-
licher Freiheitsberaubung, die in jedem Strafgesetzbuch enthalten sind,
ausreichen, derartige Vergehen gebührend zu ahnden. Der Schwerpunkt eines wirklichen Irrengesetzes liegt jedenfalls ganz wo anders:
Wir haben vorhin schon die ja allgemein bekannte Thatsache
betont, dass jede Irrenpflege in einer grösseren oder geringeren Beschränkung der persönlichen Freiheit besteht, und dass thatsächlich
in der Behandlung von Geisteskranken immer mehr oder weniger
Zwang angewendet wird. Die wesentlichste Errungenschaft der
modernen Psychiatrie oder der Irrenpflege unseres Jahrhunderts ist
nun aber die Erkenntnis, dass zur Behandlung der Kranken viel
weniger Zwang notwendig ist, als man früher glaubte, als die Laien
sich noch heutigen Tages einbilden. Ende vorigen Jahrhunderts hat
zunächst der Irrenarzt Pinel den Kranken die Ketten abgenommen,
später hat namentlich England das „no restraint-System" weiter ausgebildet. Von der Beseitigung der eigentlichen mechanischen Zwangsmittel ist man weiter dazu fortgeschritten, wenigstens teilweise die
Fenstergitter in den Anstalten zu entfernen, die Thüren unverschlossen
zu lassen. Endlich hat man auch mit Erfolg versucht, namentlich in
Schottland, die Geisteskranken in völliger Freiheit in Familien auf
dem Lande zu versorgen. Die Resultate, welche man mit diesen
Systemen erzielt hat, sind im Prinzip bereits Gemeingut der wissenschaftlichen Psychiatrie in allen civilisierten Ländern geworden.
Deutschland namentlich darf sich rühmen, Erhebliches in dieser Richtung
geleistet zu haben. Bei dieser Sachlage muss man es heutigen Tages
als die Hauptaufgabe aller Irrenpflege und somit auch aller bezüglichen gesetzlichen Bestimmungen bezeichnen, dahin zu streben und
darüber zu wachen, dass der zur Behandlung der Geisteskranken nun
einmal unvermeidliche Zwang auf das wirklich notwendige Minimum
beschränkt werde. Wie das im Einzelnen zu machen ist, können wir
hier natürlich nicht erörtern; dagegen müssen wir betonen, dass eine
den modernen Anforderungen entsprechende Behandlung Geisteskranker
nur der wissenschaftlich und praktisch gebildete Irrenarzt zu leiten
im Stande ist. Jeder nur einigermassen vorurteilsfreie Kenner der
Geschichte der Irrenpflege wird zugeben müssen, dass alle modernen

Errungenschaften der Humanität auf diesem Gebiete lediglich den Irrenärzten zu verdanken sind, die die bezüglichen Neuerungen vielfach nur mit den grössten Austrengungen gegen den Widerstand der Laien durchzusetzen im Stande waren. Auch die tägliche praktische Erfahrung lehrt das Gleiche. Gar häufig werden selbst von liebevollen Angehörigen Kranke gebunden in die Anstalt gebracht, denen hier sofort die Fesseln abgenommen und nicht wieder angelegt werden, sofern die Anstalt unter sachverständiger Leitung steht; und man darf wohl ganz allgemein behaupten, dass im Zweifel in einer Anstalt um so weniger Zwang angewendet wird, je mehr ihr Leiter ein sachverständig gebildeter Irrenarzt ist.

Somit ist es die Aufgabe des Staates, nur solche Irrenanstalten überhaupt zu dulden, welche unter sachverständiger Leitung mit ausreichendem ärztlichem Personal stehen, oder wenigstens nur in ärztlich geleiteten Anstalten Zwangsmittel irgend welcher Art zuzulassen. Dahin geht auch das allgemeine Streben in allen civilisierten Ländern. Die meisten staatlichen Anstalten stehen heutzutage unter ärztlicher Leitung, und wo noch Anstalten, seien es öffentliche oder private, existieren, die nicht fachmännisch geleitet sind, hat das wohl meist nur darin seine Ursache, dass der Staat aus finanziellen Gründen es noch nicht dahin gebracht hat, für seine Geisteskranken in ausreichendem Masse zu sorgen. So viel in dieser Beziehung auch zu wünschen übrig bleibt, so ist man sich doch über das Princip im Grossen und Ganzen einig.

So günstig aber auch in dieser Beziehung sich die Verhältnisse in Zukunft gestalten mögen, so wird doch jeder Zeit, wie heute, das Bedürfnis vorliegen, die Irrenpflege einer staatlichen Aufsicht zu unterstellen, wie ja denn allein die Notwendigkeit, staatliche Anstalten zu erbauen und private staatlich zu konzessionieren, dazu drängt, eine Centralstelle zu schaffen, die diese Aufgabe zu erledigen hat. Thatsächlich existieren denn auch in allen civilisierten Ländern Aufsichtsorgane für das Irrenwesen, aber allerdings von sehr verschiedenartiger Zweckmässigkeit.

Will zunächst der Staat seiner Aufgabe, allen Kranken, die deren bedürfen, eine geeignete Pflege zukommen zu lassen, gerecht werden, so ist es notwendig, auch alle Kranken der bezüglichen staatlichen Aufsicht zu unterstellen. Eine derartige Einrichtung besteht bereits in Schottland, während sich die staatliche Aufsicht in deutschen Ländern im Wesentlichen nur auf die in Anstalten Verpflegten erstreckt, zum Teil sogar in ganz unzweckmässiger Weise, wenn auch nicht officiell, so doch praktisch — auf die staatlichen Anstalten.

Eine gleichmässig über alle Kranken ausgedehnte Aufsicht aber ist
das unbedingt zu erstrebende Ziel. Eine solche Institution wird einerseits viele Kranken, die heute verkommen und verwahrlosen, vor
solchem Loose schützen, andererseits wird sie eine grössere Ausdehnung
der freien Verpflegungsarten, z. B. in Familienpflege, auf solche
Patienten zulassen, welche man bei unseren gegenwärtigen Verhältnissen in den Anstalten verpflegen muss, weil sie nach der Entlassung
eben jeder sachverständigen Controle entzogen werden. Es lässt sich
erwarten, dass dadurch das Budget für die Irrenpflege, welches durch
grössere Ausdehnung derselben auf der einen Seite natürlich erheblich
belastet werden müsste, auf der anderen Seite wieder nicht unerheblich entlastet werden könnte. — Die Forderung, alle Kranken der
Aufsicht zu unterstellen, schliesst natürlich die Anzeigepflicht für
Ärzte und andere Behörden in sich. Man hat hieran Anstoss genommen und darin eine Verletzung des ärztlichen Geheimnisses erblicken wollen. Eben so gut aber, wie der Staat heutigen Tages die
Anzeige von verschiedenen Infektionskrankheiten dem Arzt zur Pflicht
macht, wäre es wohl möglich, eine gleiche Institution für die Geisteskrankheiten zu treffen, wie sie in Schottland, wie schon erwähnt,
bereits existiert. Ob man zunächst die Aufsicht nur auf gewisse
Kategorieen von ausserhalb der Anstalt verpflegten Kranken, z. B. auf
die gegen Entgelt in Privatpflege versorgten, ausdehnen will, das ist
eine Frage der lokalen Opportunität, auf die wir in dieser unserer
allgemeinen Besprechung nicht eintreten können.

Von principieller Bedeutung aber ist wieder die Art der Aufsicht
und der Aufsichtsorgane. In deutschen Ländern bestehen dieselben
ausschliesslich aus Laien, wozu wir mehr oder weniger auch nicht
specialistisch geschulte Medicinalbeamte rechnen müssen. Ihre Thätigkeit beschränkt sich deshalb in den meisten Fällen auch auf die
Controle der ökonomischen Verwaltung der Anstalten, oder auch der
allgemeinen hygienischen Einrichtungen, nicht aber der eigentlich
psychiatrischen Behandlung der Kranken. In dieser Beziehung bestehen Vorschriften für die Thätigkeit der Aufsichtsorgane im Wesentlichen nur wiederum in der Hinsicht, dass dieselben darüber zu
wachen haben, dass nicht geistig Gesunde in Irrenanstalten eingeschlossen werden; Vorschriften, die zur Beruhigung des Publikums
gewiss unerlässlich sind, die aber doch im Wesentlichen nur einem
ideellen, keinem praktischen Bedürfnis entsprechen. Übrigens liegt
es auf der Hand, dass die Aufsichtsbeamten auch in dieser Hinsicht
nur dann ein kompetentes Urteil haben könnten, wenn sie wirkliche
Sachverständige wären. Wir müssen aber hier noch einmal betonen,

dass der Schwerpunkt eines Irrengesetzes nicht in dem Schutze der Gesunden gegen die Irrenärzte, sondern vielmehr in dem Schutze der Kranken zu suchen ist. Wenn die Aufsichtsorgane wirklich die Irrenpflege als solche, in ihren eigenartigen Aufgaben, und nicht nur insofern sie zur Krankenpflege überhaupt gehört, überwachen sollen, so müssen sie notwendig aus Fachleuten bestehen, und zwar aus solchen, die in dieser Beziehung noch über dem Durchschnitt der Anstaltsärzte stehen und insofern befähigt sind, eine obere Instanz zu bilden, auf Grund ihrer thatsächlichen fachmännischen Überlegenheit, nicht nur auf Grund der ihnen vom Staate zuerkannten Competenzen. Nur eine so beschaffene Aufsichtsbehörde wäre im Stande, die Irrenpflege ganz im Allgemeinen in der Weise zu überwachen, wie es allerdings dringend wünschenswert erscheint. Die Anstaltsärzte würden es wohl alle nur auf das Wärmste begrüssen, wenn sie die schwere Verantwortung, die ihnen ihr Beruf auferlegt, in allen schwierigeren und irgend bestrittenen Fällen mit einer solchen, wirklich sachverständigen oberen Instanz teilen könnten.

Eine solche Institution besteht bis jetzt auch wieder allein in Schottland, doch wird sie im deutschen Reiche, wie in der Schweiz, immer dringender von allen Sachverständigen gefordert. Es bedarf wohl keiner besonderen Erwähnung, dass in ihr wiederum eine grosse Gewähr gegen die stets gefürchtete Internierung Gesunder in Irrenanstalten liegen, und somit dem Publikum ein Ersatz geboten würde für die von uns als notwendig erachtete Erleichterung der Aufnahmsformalitäten. Wie die Aufsichtsbehörde in dieser Beziehung, sowie in der Aufsicht der Irrenpflege überhaupt, ihre Aufgaben zu erfüllen hätte, das zu erörtern ist natürlich nicht möglich ohne eingehende Erörterung der psychiatrischen Therapie überhaupt. Beides aber würde die Grenzen eines Lehrbuches der gerichtlichen Psychopathologie weit überschreiten. Wir mussten uns deshalb auf die Erörterung der allgemeinen Gesichtspunkte hier beschränken.

# Register.

Lippert & Co. (G. Pätz'sche Buchdr.), Naumburg a/S.

www.ingramcontent.com/pod-product-compliance
Lightning Source LLC
Chambersburg PA
CBHW030316270326
41926CB00010B/1386